知味

杨多杰——著

吃茶趣

中国名茶录

生活·讀書·新知 三联书店 生活書店出版有限公司

图书在版编目（CIP）数据

吃茶趣：中国名茶录 / 杨多杰著 .—北京：生活书店出版有限公司，2022.5（2024.12 重印）
ISBN 978-7-80768-371-1

Ⅰ．①吃… Ⅱ．①杨… Ⅲ．①茶文化－中国 Ⅳ．① TS971.21

中国版本图书馆 CIP 数据核字（2022）第 059167 号

责任编辑 程丽仙
装帧设计 汐 和
内文制作 康玉琴
责任印制 孙 明
出版发行 生活書店出版有限公司
（北京市东城区美术馆东街22号）
邮 编 100010
经 销 新华书店
印 刷 天津睿和印艺科技有限公司
版 次 2022 年 7 月北京第 1 版
2024 年 12 月北京第 11 次印刷
开 本 880毫米 × 1230毫米 1/32 印张14.125
字 数 280千字 图80幅
印 数 40,001-50,000 册
定 价 68.00元
（印装查询：010-64052612；邮购查询：010-84010542）

目录

辑五 普洱风云

辑六 六堡传奇

辑七 花茶详说

序一
PREFACE

多杰的《吃茶趣：中国名茶录》即将出版了，邀我在书前写一点文字。遗憾的是，虽然喝了一辈子的茶，但终究对茶是外行，完全不像多杰那样，这些年来对茶有了那么多深入的研究。因此，以外行的身份给内行的文字写序，实在是很惶恐的。

多杰是个十分用功的年轻人，这些年来，全身心致力于茶文化的研究与探索，尤其是对茶文化的推广与普及，做了很多实际工作，令人佩服。他有原创文章800多篇，从访茶、问茶，到饮茶、品茶，广有涉猎，更精于茶道，做了许多饮茶的知识普及，线上线下不遗余力，他做的“多聊茶”讲座，粉丝众多。此外，他还广涉关于茶事、茶诗的古籍，出版了《茶的品格：中国茶诗新解》，编注了《唐茶诗钞》。

我从小生长在北京，于是养成了喝茉莉花茶的习惯，喜欢那种茉莉的馥郁香气。从真正的饮茶角度而言，我确实是俗人。但是每到仲春，南方的不少朋友也会寄来上好的明前、雨前，或是西湖龙井，或是洞庭碧螺，也有安吉白茶、武夷水仙等等，对于这些新茶，自然要恭恭敬敬地饮用，视为珍品。不过，几次之后，又故态复萌，还是日常喝我的茉莉花茶了。因此，与多杰相比，就完全是茶的外行了。

从古到今，茶的饮用在中国是极其普遍的，也有着悠久的历史，早在唐代就出现了陆羽所撰的《茶经》，饮茶则出现于历代的史书和文学作品中。说得俗一些，“开门七件事，柴米油盐酱醋茶”，几乎生活中须臾不离。说得雅一些，则“琴、棋、书、画、诗、酒、茶、花”，也是风雅生活中不可或缺的一项。

茶可以荡涤心性，祛除人的虚浮之气，让人沉静。难怪旧时的锡制茶叶罐上总是写些“不向此中谈契阔，更从何处畅心怀”之类的话。当前，饮茶不仅是中老年人的偏好，而且已经成为青年人的时尚。

茶是有性灵的，山川物候，都是茶性灵的来源，而采撷后的加工，更是原茶成为某一品种至关重要的过程。因此，茶是要品的。品鉴之初，就需要对各种茶有所了解。多杰对于茶，绝对不是坐而论道，也非纸上谈兵，而是对各种名茶的原产地都进行了实地探访，从茶种植的历史、地理、物候到生长、培植、加工等都做了深入的了解。这本札记共分七辑，汇集了他近年对众多不同类别的茶的研究。我不能代表读者的感受，但是我读来确实获得不少新知。

这本札记不单是介绍茶的品种知识，同时也记下了许多与之相关的人文掌故，甚至是名茶的销售转输。

对茶爱到极致，才会有此成果。这本札记的文字流畅自然，也很诙谐，可以看出，很多文字都是他在实地考察途中撰写的，于是集腋成裘，才会有这部札记的诞生。

小文不敢称序，仅仅是读后大致一点感想而已。

赵珩

2021年5月

★赵珩，原北京燕山出版社编审、总编辑。著有《老饕漫笔》《老饕续笔》《彀外谭屑》《百年旧痕》《旧时风物》等。

序二
PREFACE

最近多杰打来电话，邀我为其新书作序。现如今的茶文化学者中，多杰的勤奋与努力有目共睹。如今又有佳作出版，实在替他高兴。本世纪初，我曾与原中华全国供销合作总社杭州茶叶研究院院长骆少君研究员一起，发起并主编了《中国名茶丛书》。现如今，借多杰新书出版之际，便再谈一谈我对中国名茶的认识。

名茶是中国茶文化的重要内容。随着我国经济、文化水平的提高，人们对名茶的了解和需求也在不断增长。

名茶的产生是在历史的发展中逐渐形成的，每款名茶的出现，与其产地有着密切的关系。如人们提到龙井、碧螺春，马上便联想到美丽的西湖和洞庭山，也许这就是杜牧所言“山实东吴秀，茶称瑞草魁”的道理吧？

每款名茶的出现，与连绵不绝的历代茶人的不断摸索、追求密不可分。他们通过不断地努力提高，逐渐形成一套精湛的加工技艺，使该茶形成独特的品质特征，一直受到市场的追捧。

中国的历史文献绵延不绝，无论是官修还是民记，对历代出现的名茶都史不乏书，文人墨客也不断吟咏。这些都为今天我们了解名茶历史提供了丰富的资料。近些年，中国茶产业蓬勃发展，名茶层出不穷。多杰这册新书也就具有了现实意义和补白之功。

多杰长于文献，又遍访各大茶区。理论与实践相结合为他之所长。在聊茶访茶之余，爬梳资料，回顾经历，撰成此书，使得爱茶人在品茗之时，知其然亦知其所以然。

本书的写作与编排，照顾到了读者的阅读现状，可以在散碎的时间里逐一了解，集腋成裘。

本书随文附有珍贵、精美而又富有历史价值的图片数十幅，既做到了图文并茂，又提供了一定的历史资料。

谨以为序。

穆祥桐

2021年3月27日

于望京茗室

★ 穆祥桐，原中国农业出版社编审，南京农业大学兼职教授，《中华大典·农业典》主编，《中华茶通典》编撰委员会副主任。

辑一　绿茶漫谈

龙井之兴

○ 中国名茶属第一

几年前，参与一档旅游节目的策划与录制，我首先推荐的地方便是杭州。茶为国饮，杭为茶都。杭州名声在外，本也不在乎多一两档节目的宣传。怎奈杭州当地同人宽厚，总将我的行为定性为积极宣传杭州茶文化。

于是每年一过清明，杭州的茶人总要寄些龙井与我分享。却之不恭，受之有愧，便用白居易“不寄他人先寄我，应缘我是别茶人”两句，来安慰自己吧。

托大家的福，每年我都能“过手”数斤龙井茶。何为“过手”？原来每年收到这些龙井茶后，我几乎又都转赠了出去。真正自己享用到的并不多，因此只是“过手”，而未“过口”。

为何如此？

我在海外的朋友们，似乎都对龙井茶情有独钟。尤其是东京的刘君，是游走于政商两界的人士。礼尚往来，多以茶为媒介。他与我熟不拘礼，每年都嘱咐我带去些好茶。特别讲明，多带龙井。

我曾问他：为何如此钟情于这款茶？换个白茶或是乌龙怎么样？

答：不行！日本的政客、商人，都认为龙井是第一好茶。

其实何止是日本，在海峡两岸，龙井至今仍是茶中魁首。龙井是公认的至味极品，不仅因其滋味甘醇，更因为数百年来酝酿发酵的情趣传统。文学的渲染，历史的加持，名人的助阵，为龙井渲染出雅逸的氛围。从茶学出发，直通美学范畴。

龙井，由文化名茶升级为文化名片，跨越江南，成为华人世界的美食神话。

○ 文人偏偏爱龙井

说起龙井的历史，有些商家认为能追溯到《茶经》时代。不客气地讲，这是子虚乌有的说法。

这几年，我一直致力于《茶经》的解读与宣讲。因此，也常有些地方邀我去开设与《茶经》相关的讲座。只要时间允许，我一般都欣然前往。多让一些爱茶人了解《茶经》，总是一件好事。

但去年有家杭州茶企的邀请，被我拒绝了。他们希望我讲讲《茶经》中的龙井茶文化，可问题在于，陆羽没提过“龙井”二字啊！《茶经·八之出》中记载，钱塘天竺、灵隐二寺产茶。

钱塘，即今日之杭州。这句话我们可以解释为，在《茶经》成书的年代，杭州已成为知名的茶区。

仅此而已！

至于天竺、灵隐二寺产的什么茶，陆羽没有明确记载。于是乎，龙井茶商们便联想发挥成龙井，再直接印在自己的包装上以示“尊古”。恰恰相反，这种行为是对于《茶经》的曲解。

龙井茶真正火起来，是明代以后的事情了。茶诗，可做证据。明代弘治朝礼部尚书吴宽，曾在《谢朱懋恭同年寄龙井茶》中写道：

谏议书来印不斜，但惊入手是春芽。

惜无一斛虎丘水，煮尽二斤龙井茶。

顾渚品高知已退，建溪名重恐难加。

饮余为此留诗在，风味依然在齿牙。

这首诗，明显受到唐代卢仝《走笔谢孟谏议寄新茶》的影响。时过境迁，顾渚、建溪都已是过去式，龙井茶正在轰轰烈烈地登上中国茶界的舞台。

除此之外，明代徐渭《谢钟君惠石埭茶》、陈继儒《试茶》、袁宏道《龙井》、于若瀛《龙井茶》、屠隆《龙井茶歌》等，都是歌咏龙井的著名茶诗。再喝龙井时，不妨也找来一读。犹如吃饺子要蘸醋，品龙井也是要配着几首茶诗才好。又做这么“粗俗”的比喻，罪过罪过！

○ 乾隆四次游西湖

当然，要说龙井茶诗中的名篇，贡献最多的人还得说乾隆皇帝。乾隆皇帝一生六下江南，都到了杭州。而其中有四次，驾临西湖茶区。对龙井茶若不是真爱，恐怕做不到吧？

乾隆十六年（1751），皇帝第一次游览西湖茶区，并写下了《观采茶作歌》。其中“火前嫩，火后老，惟有骑火品最好”一句，道出了龙井茶采摘制作以清明为限的传统。而“慢炒细焙有次第，辛苦工夫殊不少”一句，则又点明了龙井茶精工细作的特征。

20世纪50年代龙井茶包装纸

20世纪70年代龙井茶广告资料

龙井茶的制作，是出了名的讲究。近些年更有好事之徒，将龙井茶的炒制总结为“十大招式”，即抖、搭、搨、捺、甩、抓、推、扣、磨、压。这有点像北京烤鸭，据说讲究削成一百零八片。我曾经问过全聚德的大师傅：如果不小心削成了一百零七片，会不会味道就不好了？大师傅笑道：杨老师，甭听导游们瞎说。

反回头来，接着聊龙井。十招也好，二十招也罢，不外乎是旅游宣传的噱头。再说明白点，便于电视镜头呈现“炒茶”罢了。若总想着如何摆造型，茶能炒好才怪。制茶人只有心里存着“慢炒细焙有次第，辛苦工夫殊不少”，才能做出好茶。乾隆，不是土豪的茶客，而算得上龙井茶的知音。

此后，乾隆二十二年（1757），皇帝第二次到西湖茶区，又作《观采茶作歌》。乾隆二十七年（1762），皇帝第三次到西湖茶区，作《坐龙井上烹茶偶成》。乾隆三十年（1765），皇帝第四次到西湖茶区，作《再游龙井作》。回到京城后，乾隆皇帝对龙井茶竟还念念不忘，前后又作《雨前茶》《烹龙井茶》《项圣谟松阴焙茶图即用其韵》等茶诗，可见其对龙井之钟爱。

乾隆，相当于代言人。

茶诗，相当于广告语。

有皇帝级的代言人，加上高水平的广告语，龙井，想不火都难。乾隆对于龙井茶的痴迷，成了西湖畔的一段佳话。这些佳话不仅流传于市井，还随着时间的流逝，慢慢渗透进龙井茶汤的滋味之中。

○ 龙井冲泡有误区

当然，抛开文化不谈，龙井也是悦口娱心之茶。

上个月收拾书房，偶然发现了两盒龙井茶。放在角落里，免去了“出口”的命运。恰逢留学美国的学生回来看我，于是用好茶待“远人”。茶橱里取下一只梨形壶，细细冲泡品饮。

有人会问，龙井茶的传统泡法，不是该用玻璃杯吗？

不必！

龙井茶历史超过四百年，玻璃杯的应用又有多久呢？其实用玻璃杯泡龙井，不过是上世纪80年代之后才流行起来的。这样的冲泡法，有“二弊一利”。

弊端一，是玻璃材质导热太快。一般适合盛放冷饮，而非热饮。在餐馆里，可乐、雪碧、橘子汁才用玻璃杯。当然，冰镇啤酒、威士忌或是常温红酒也可以用玻璃杯。但若是烫过的绍兴黄酒或是老白干，喝的时候则一定要换瓷质酒盅了。

弊端二，是一般玻璃杯都难以耐高温。如上文所讲，玻璃杯一般盛放饮料或酒类，不涉及高温环境，工艺设计上，也就没有这层考虑了。因此一般市场上的玻璃杯泡茶，很容易有不好的物质析出。至于耐高温玻璃杯，是另一种工艺，价格不菲。玻璃杯泡绿茶，所谓优点不过是利于观赏茶叶条索。可若是冲泡后，将叶底倒在一个注满清水的瓷碗中观赏，则才真是别有一番情趣呢。玻璃杯泡绿茶，得不偿失。

泡绿茶，我还是习惯于一次性萃取。这种法子，灵感脱胎自老年间的“盖碗泡法”。投茶量极小，为注水量的百分之一即可。放茶前，泡茶器一定要先用沸水热透。冷茶入热壶，干香炸裂而出，一下子能窜得满屋子都是。与我常喝的石阡苔茶不同，龙井的干香偏近于豆香。后来我曾看到，清代康熙年间江阴知县陆次云所著《湖壖杂记》中也说龙井茶“作豆花香”。看起来，古人与今人在嗅觉上差不了多少嘛。

沸水浸泡十分钟，茶汤恰到好处。茶汤入口，感觉到的是若有似无的香甜。喝惯了茉莉花茶的北方人，起初不免觉得太淡。这就如同听惯了声震屋瓦的秦腔，偶尔来一段轻吟低唱的昆曲，好像觉得不太过瘾似的。

幸好，觉得龙井味淡的人，不止我一个。陆次云《湖壖杂记》中写道：

> 啜之淡然，似乎无味。饮过后，觉有一种太和之气，弥沦乎齿颊之间。此无味之味，乃至味也。为益于人不浅，故能疗疾。其贵如珍，不可多得。

龙井茶之淡，属于无味之味。无招胜有招，此高妙之处。陆老先生的“太和之气”，我一个凡夫俗子还不能完全参透，但龙井淡味后藏着的鲜，却是实实在在能感受得到。

按照学生的说法：这哪是茶啊？撒点盐这就是鸡汤啊！的确，龙井够鲜。几乎令人怀疑，是否真的掺了味精。但那浑然天成的丰富层次，又绝非单调造作的味精能够比拟。初尝似淡而无味，细品实软嫩鲜浓。这是否就是“太和之气”呢？我不敢妄下断言，埋头喝茶就是了。

学生边喝边摆弄着茶叶罐，在原料栏赫然看到“大佛龙井”四个字。不由得惊呼：原来这么好喝的龙井，竟还不是西湖龙井！众所周知，龙井茶起源自西湖之畔。但上世纪80年代之后，广泛种植于全国各大茶区。单单是浙江省境内，就还要分为西湖龙井、钱塘龙井和越州龙井。

其中历史上原有龙井产地所生产的龙井茶，就叫西湖龙井。沿钱塘江、富春江两岸各县所产的叫钱塘龙井。绍兴及周边各县所产的龙井，则是越州龙井。我招待学生的大佛龙井，就属于越州龙井的范畴。

中国人的饮食，喜爱讲究“正宗”二字。还拿北京烤鸭举例吧，最正宗的似乎要数老字号全聚德。各地朋友进京，也都要去打卡朝圣一番。

很多学员来北京旅游也问我：老师，全聚德真的好吃吗？

答：总店还可以，但是价格真的太高，还总得排队。

学员接着问：分店哪家好吃？

答：良莠不齐，名大于实。吃到了真的分店还算幸运。若是再碰到“全泵德”一类的李鬼，那就更糟糕了。

学员追问：那老师吃哪一家？

答：店里没有游客的那一家。

西湖龙井，面临着与北京烤鸭一样的问题。若一味追求所谓“正宗”，一定要喝到“狮”“龙”“云”“虎”“梅”的龙井，那首先是要花费大价钱。2016年北京某老字号，正产区西湖龙井标价就是8888元/斤。这个价格，绝对不是一般爱茶人可以承受的了。

不仅要资金充足，还得火眼金睛。喝每一杯茶都要自己品味，总怕自己买到假货，饮茶成了鉴宝，是享福还是受罪？谁知道呢？其实西湖龙井也好，钱塘龙井、越州龙井也罢，只要按照乾隆所说“慢炒细焙有次第，辛苦工夫殊不少”的原则，都可以做出不错的好茶。有的味道清淡些，有的味道馥郁些，风格不同而已。又何必人为地分出高低上下呢？

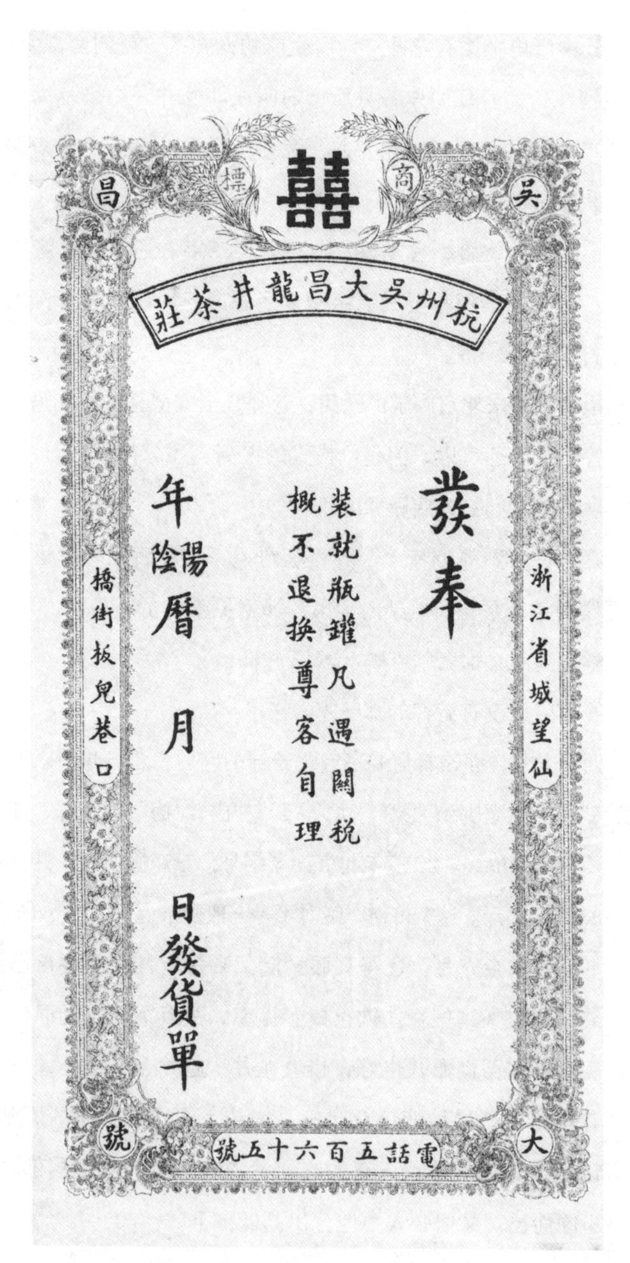
囍

商標

吴昌大號

杭州吴大昌龍井茶莊

浙江省城望仙橋街扳兒巷口

茲奉

裝就瓶罐凡遇關稅

概不退換尊客自理

陽陰曆　年　月　日發貨單

電話五百六十五號

民国时期杭州吴大昌龙井茶庄发奉单

明年春天，我一定要自己留下一罐龙井茶。

那留西湖龙井、钱塘龙井，还是大佛龙井？

我只留下好喝的龙井。

龙井之乱

○ 西湖与龙井

中国茶的命名，有着固定的模式。一般情况下，都是产地加茶名。提起猴魁，必说太平猴魁；提起毛峰，必说黄山毛峰；提起碧螺春，必说洞庭碧螺春。至于龙井茶，则一定是与“西湖”二字紧密关联。

明代万历年间的进士于若瀛，曾在《龙井茶》一诗中写道：

西湖之西开龙井，烟霞近接南山岭。

飞流密汩写幽壑，石磴纡曲片云冷。

拄杖寻源到上方，松枝半落澄潭静。

铜瓶试取烹新茶，涛起龙团沸谷芽。

龙井茶，因西湖景而扬名。

西湖景，因龙井茶而增色。

清乾隆十六年（1751），乾隆皇帝第一次南巡。到杭州后，便赶到西湖畔观摩采茶，并写下一首《观采茶作歌》。其中写道：

火前嫩，火后老，惟有骑火品最好。

西湖龙井旧擅名，适来试一观其道。

由此可见，乾隆皇帝是慕名而来。西湖龙井名声之大，也就可想而知了。怪不得清代美食家袁枚在《随园食单》里写道：

杭州山茶处处皆清，不过以龙井为最耳。

杭州，离不开西湖。

西湖，离不开龙井。

○ **西湖之乱**

问题随之而来。

到底什么茶，能叫西湖龙井呢？

西湖，是杭州的一处名胜。

西湖，也是杭州的一个区域。

只有在西湖畔的茶，才叫西湖龙井？

还是在西湖区的茶，就叫西湖龙井？

别急，官方给出了答案。

2001年6月，杭州市第九届人民代表大会常务委员会颁布了《杭州市西湖龙井茶基地保护条例》。该《条例》分别就西湖龙井茶的生产基地、后备生产基地、基地保护与管理做了明确的规定。我们来看一下，《条例》规定西湖龙井茶基地范围如下：

> 杭州市西湖区东起虎跑、茅家埠，西至杨府庙、龙门坎、何家村，南起社井、浮山，北至老东岳、金鱼井……

由此可见，《条例》同时将龙井茶生产基地分成两个级别。其中，一级保护区为西湖区西湖乡行政区域（东至南山村，西至灵隐、梅家坞，南至梵村村，北至新玉泉），其余的部分，就为西湖龙井茶二级保护区。也就是说，除去规定范围以外的其余地方，所产的茶便不可叫西湖龙井茶了。有了相关条例，西湖龙井的定义问题，算是迎刃而解。

但是新的问题，也应运而生了。

○ 协会之乱

官方确定西湖龙井茶的具体产区，旨在规范市场，从而更好地确保消费者的权利。那么在宣传时，自然是希望爱茶人购买规定区域内的西湖龙井茶。空口无凭，何以为证？难不成要消费者都赶到西湖边上亲自监督制茶？全国的爱茶人，又如何区别规定范围内的西湖龙井呢？

于是乎，官方想到了注册西湖龙井证明商标。商标的本质，是区别服务提供者和商品来源。证明商标，是商标的一种。根据《商标法》第三条第三款规定：

> 证明商标是指由对某种商品或者服务具有监督能力的组织所控制，而由该组织以外的单位或者个人使用于其商品或者服务，用以证明该商品或者服务的原产地、原料、制造方法、质量或者其他特定品质的标志。

现如今，西湖龙井证明商标，由杭州市西湖区龙井茶产业协会（下文简称“协会”）组织注册并监管。这个协会成立于2003年，并于2011年成功注册西湖龙井的证明商标。那么这个协会，是否对于西湖龙井证明商标具有监督能力呢？

按照协会官网上的说法，杭州市西湖区龙井茶产业协会为：

> 西湖龙井茶产区内进行西湖龙井茶生产、加工、流通等行业有关的企事业单位代表、西湖龙井茶生产大户和科研工作者自愿结成的区域性、协作性、行业性的非营利社会组织。

由此可见，协会里既有科研人员，也有许多是生产、加工、贩售龙井的企事业单位以及龙井种植大户。这与《商标法》规定证明商标应由持有组织以外的单位或个人使用于其商品或者服务的说法，可谓背道而驰。以这种协会，去监管西湖龙井茶证明商标，就像是运动员组织成立了一个队伍，而这个队伍要充当裁判的角色。

诸位，您觉得合适吗?

我们再来看看其他证明商标的情况。同属于农业范畴的“绿色食品”证明商标，管理人为中国绿色食品发展中心。中国绿色食品发展中心，是隶属于农业农村部的正局级事业单位，与农业农村部绿色食品管理办公室合署办公，是负责绿色食品标志许可、有机农产品认证、农产品地理标志登记保护、协调指导地方无公害农产品认证工作的“三品一标”专门机构。

没有对比，就没有伤害。

相比起“绿色食品”证明商标，“西湖龙井”证明商标的管理人杭州市西湖区龙井茶产业协会的监督能力就明显不足了。目前以该协会对“西湖龙井”证明商标进行监管，实有不妥之处。

○ 商标之乱

“西湖龙井”证明商标，于2011年6月28日正式注册，有效期至2021年6月27日。在此期间，协会是“西湖龙井”证明商标的持有者。所以讨论归讨论，如果想使用“西湖龙井”证明商标，就一定需要协会审核。

该协会公布的《“西湖龙井”地理标志证明商标使用管理规则》第三章第九条中明确规定：

申请使用“西湖龙井”地理标志证明商标的申请人应向杭州市西湖区龙井茶产业协会递交《西湖龙井地理标志证明商标使用申请书》。

也就是说，凡是需要商标的茶农或商家，都要到这家协会去办理申请。由协会审查合格之后，发放带有防伪标识的证明商标，以供茶农贴在自己的产品上。一切看似合理而有序。实际上，这其中有巨大的漏洞。

漏洞在哪里?

就在西湖龙井茶证明商标的申请之上。

在协会的网站上，可以下载《西湖龙井地理标志证明商标使用申请书》。其中对于申请人信息、企业注册资金、注册地点、QS证书等项，都有着严格的规定。也就是说，非西湖龙井茶保护区内的茶商茶农，想申请到西湖龙井证明商标几乎是不可能的事情。

但是，在保护区内的茶农，又能申请到多少张证明商标呢?这部分，完全靠估算。没错，仅仅是估算。也就是说，申请人在填写茶田面积和年产量后，由协会按申报数字进行审核。审核通过后，即可按申请的产量发放相应数量的证明商标。

请注意，西湖龙井产业属农业而非工业。

工业的产量，自己是可以固定的。

农业的产量，却存在着不确定性。

天气冷热情况，茶树健康与否，采工水平高低……众多因素都影响着龙井茶的产量。这个估算的西湖龙井茶年产量，根本不可能准确。

我们举个例子：

假定龙井村的茶农老杨，估算了今年的产量为100斤，并向协会申请了证明商标。年景奇好，产量上升。老杨会不会对100斤之外的茶就不采不做了呢?

答：不可能。

年景不好，产量下降。老杨申请的100斤西湖龙井证明商标根本用不完。那么富余的证明商标，老杨会不会当废纸丢掉呢？

答：更不可能。

久而久之，只会导致每个人申请时，都会适当多报一些年产量。

有人要问，虚报产量可以审核通过吗？

当然可以。

如果你去年年产100斤，今年报了500斤，这自然是没法批准。

如果你去年年产100斤，今年报了120斤，一定可以审核通过。

20%的产量浮动，在农业上也很正常。你不批准，会被人家说成“本本主义”了。可是，若每位茶农都多申报20%呢？西湖龙井证明商标的发放，就一下子膨胀了将近五分之一。

既然没有那么多西湖龙井，那多余的西湖龙井证明商标又去哪儿了呢？会不会有人将“非西湖产区”的龙井茶，贴上商标出售呢？要知道，西湖核心产区的龙井，价格可是周边龙井的数倍甚至十数倍。贴上商标，身价倍增。听起来，实在太诱人了。

我还真不是杞人忧天。2019年的春茶季，杭州电视台《新闻60分》的记者，在市场上就发现了兜售西湖龙井证明商标的人。记者在农户家，看到了由协会发放的西湖龙井证明商标，每一大张明码标价700元。

乍一听，还挺贵。

细一算，真便宜。

20 世纪 80 年代龙井茶广告卡片

一大张，是60张小商标。核算下来，每一张标签不到12元。按照规定，一小张标签，则可以贴在250g的茶叶上。也就是说，花十多块钱就可以让“其他龙井”升级为“西湖龙井”，何乐而不为？

当然，以上的假设还在于此协会每一次的审核，都是在极其严格的情况之下。若是稍有放水，西湖龙井证明商标势必出现通货膨胀般的效应。证明商标的公信力，最终将大打折扣。

其实，西湖龙井证明商标发放的乱象，已经引起了知识产权界的关注。个中问题，我这个法律外行不敢妄下断言。我只是将这些年在茶山里、茶农家、茶市上的所见所闻，聊与各位习茶人听。谁是谁非，自有公论。

○ 品质之乱

其实西湖龙井证明商标，只是在试图证明这款龙井茶的产地。但是在官方的宣传里，就是让大众购买西湖龙井要认准证明商标。此协会公布的《“西湖龙井”地理标志证明商标使用管理规则》第一章第二条中明确规定：

> “西湖龙井”是经国家工商行政管理总局注册的地理标志证明商标，用以证明具备“西湖龙井”该产品的原产地和特定品质。

注意！

这里面有一个概念，被悄悄替换了。

似乎，正产区，等于高质量。

实际情况并非如此。

2019年清明，我刚好留在杭州讲课，因而赶上了茶都最热闹的时节。龙井村，简直比北京还要拥堵。进出一趟，焦头烂额。后来我们吸取了教训，每次出行都采取安步当车的法子。

有一天，从龙井路出发，步行去上天竺吃晚饭。没走五分钟，我就想起杜甫的《兵车行》了。顺便窜改了几句，记下来供方家一哂：

车辚辚，马萧萧，行人相机各在腰。

奔驰宝马走相送，尘埃远处是断桥。

私家车和旅游大巴，密密麻麻，一辆接着一辆。我们倒是免受堵车之苦了，可一路走来，却又吸了一肚子灰尘。空气里那股子焦煳味儿，让我这个北京人不由得勾起了思乡之情。

可是在柏油路旁，就是一片片的茶园。按照《杭州市西湖龙井茶基地保护条例》规定，这一带可是西湖龙井的一级保护区。这里生产的茶叶，可以合理合法地贴上西湖龙井证明商标。但是这样的龙井茶，真的好喝吗？够呛。

我曾到访宝岛台湾的木栅茶区，也遇到过类似的情况。小小的茶山上，土鸡城比制茶坊还要多。旅游，确实带来了经济效益，却也带来了环境污染。以至于台湾木栅铁观音的品质，也是连年下降。

我还是那句话：

既为景区，难为茶区。

○ 全国之乱

任何一种茶的热销，都会带来模仿与作伪，西湖龙井也不例外。离开了西湖，还是龙井种的茶树，还是龙井茶的工艺，制出来的茶还能叫龙井吗？

答：可以。

这不是自封，而是官方认可。

经国家质量监督检验检疫总局2001年28号文批准，实行龙井茶地理标志产品保护。请仔细看，是“龙井茶”而非“西湖龙井茶”。实行地理保护后的龙井茶，产地划分为三部分，即西湖产区、钱塘产区和越州产区。

钱塘产区的范围是萧山、余杭、富阳、临安、桐庐、建德、淳安等地，越州产区的范围是绍兴、诸暨、嵊州、新昌、上虞、东阳、磐安、天台等地。更为详尽的内容，可参见GB/T 18650-2008地理标志产品龙井茶国家标准。我这里就不赘述了。

自此，在西湖龙井之外，便又拓展出了钱塘龙井与越州龙井的概念。

除以上三个地块外，其余地方生产的都不能叫龙井茶。

其实，大可不必。

一茶多产地，在中国茶史中是常见的现象。铁观音，就有福建安溪铁观音与台湾木栅铁观音之分。水仙起源自闽北建阳祝仙洞，后来也传到福建茶区各地，便也有了建阳水仙、武夷水仙、闽南水仙之分。龙井，自然也可以有西湖龙井、钱塘龙井、越州龙井。

大家都已经离开了原产地杭州西湖。既然钱塘、越州可以产龙井，那么福建、贵州为什么不能产龙井？岂不是五十步笑百步吗？

○ 尾声

龙井之乱，其实根源在于饮茶人的执念。

什么执念呢？

核心产区。

所谓核心产区概念的背后，还是一种“唯出身论”的思想在作祟。似乎只要是某某产地的茶，就一定是好茶。同时，只要是某某产地的茶，就一定没好茶。某些商人，其实就是利用了这种“执念”大做文章罢了。

得天下者，要占尽天时、地利与人和。

做好茶者，要具备树种、环境与工艺。

单独用一个“核心产区”的概念来判断一款茶的好坏，存在着太多的问题。

选茶，别看商标。

选茶，只认茶汤。

龙井之谜

春天，是绿茶的季节。绿茶，又以龙井为贵。虽然洞庭碧螺春、黄山毛峰、太平猴魁，乃至后起之秀安吉白茶，也都纷纷上市争奇斗艳，但若说人气，绿茶中确实还是以龙井为最。

2019年4月7日，我在浙江图书馆参加《茶经新读》的新书宣讲会。提前了几天到杭州，专为和茶都的师友们聚会。自然喝了不少龙井茶，也聊了不少龙井事。不禁感叹，龙井市场还真是够乱，许多事情甚至成谜。

不过想想也对嘛。

没有绯闻的名人，就不算是名人。

没有乱象的名茶，也不算是名茶。

乱也不怕，咱们多聊两句也就是了。

○ 树种之谜

很多人会问，龙井茶究竟应该怎么挑选？其实茶叶甄选技能的提升，都有一个渐进式的过程。

初学者，要从口味开始。

了解一款茶应具备的味道，是习茶新人的必修课。还是那句话，饮食之道相互连通。宫保鸡丁，不能有芥末味儿。大煮干丝，不能出辛辣口儿。手艺需要不断精进，但不可以完全颠覆。茶也是一个道理。建立正确的口味标准，是学习茶的第一步，这也就是标杆茶的意义所在了。

进一步，可以对工艺有所了解。

茶汤的口味，是工艺的最终呈现结果。若是想给茶汤打分，不了解工艺便是空谈。《茶经》中既有“五之煮”“六之饮”，也有“二之具”“三之造”。这便是陆羽的过人之处。作为鸿渐门人，我们都还在不断学习。

最后一步，就是了解茶树品种。

可以说，从茶汤口味到制茶工艺再到茶树品种，是一个由表及里的习茶过程。对于龙井乱象的破解，不妨也就从茶树品种开始。

首先，要聊的是龙井种。

所谓龙井种，市场上多称为群体种，杭州当地则称为老茶树。这是原产于浙江省杭州市西湖区的有性系品种，灌木型，中叶类。1992年，浙江省农作物品种审定委员会将龙井种正式认定为省级良种。群体种制出的龙井，像极了含蓄的西子湖。香沉内敛，深浸入水，气韵如兰，滋味丰富。

但是，群体种龙井也有短板。与其他有性系茶树品种一样，龙井种的构成比较复杂。其中发芽期有早生、中生与晚生，叶形也有长叶、圆叶、椭圆与瓜子等。所以群体种上市会相对晚一些，不利于抢占春茶市场。与此同时，由于叶形不一，做出的成品茶在卖相上也不会那么整齐划一。不能抢早，缺乏卖相，导致了如今的茶农更喜爱种植龙井43号。

龙井43号，其实与龙井种关系非常紧密。它是由中国农业科学院茶叶研究所从龙井群体种中采用系统选种法育成的灌木型，中叶类，特早生种。1987年，全国茶树良种审定委员会认定其为国家级良种，又称为华茶37号。龙井43号的成功选育，解决了龙井群体种的问题。上市早，卖相好，所以更为茶农所喜爱。

如今新闻上明前头批开采的西湖龙井，一般都是龙井43号的品种，而不是群体种。至于味道，龙井43号所制的成品茶香气更是高昂明显，鲜爽与回味比起群体种却总觉得略逊一筹。当然，萝卜青菜各有所爱。以上两个茶树品种，都能制出优质的西湖龙井茶。

○ 乌牛早之殇

但市场上大量的所谓“龙井茶”，其实都不是这两个品种所制，而是出自乌牛早。这个茶树品种的原产地不是杭州西湖，而是温州永嘉县罗溪乡。虽然也都是浙江老乡，但两地相距甚远。它也不是农科院的科学家选育的，而是由当地茶农用单株选种的方式育成的。

乌牛早最大的特点，就是属于特早生种。春茶市场，总是处于白热化竞争状态。谁能抢先上市，谁就能占据尝鲜人的味蕾，从而掏空他们的钱包。毕竟，明前绿茶的概念深入人心。市民百姓，总想要尝个鲜儿。那么离着清明节越靠前，自然也就越容易卖出高价。

在这样的背景下，乌牛早成了茶农的新宠。自然而然，就有人拿乌牛早去做龙井。每年市场上3月初就能喝到的所谓“龙井”，其实就都是乌牛早的血统了。

但是，这里面有很大的问题。我还想用美食举例。闻名天下的北京烤鸭，要用特殊饲养的填鸭制作，丰腴酥香的口感才能显现。我曾经在台湾的宜兰也吃过所谓正宗北平烤鸭，结果大失所望，肉紧而柴，味粗而淡。一打听，敢情鸭子用的是英国进口的樱桃鸭。虽然也是北平老师傅的嫡传手艺，但口味上确实不是味儿。再比如炸酱面。原料最好选择手擀面，退而求其次用切面也行。但若是拿挂面制作，就没有人会觉得这是炸酱面了。

美味与好茶，都是食材与手艺的结合。

龙井茶的制茶工艺，是因龙井种而生。

龙井茶的茶汤口味，也由龙井种而定。

用乌牛早所制，充其量只能叫扁形绿茶。

请注意，我绝非贬低乌牛早。1988年，浙江省茶树良种审定小组就认定乌牛早为省级良种，只是真正龙井茶的风味，没法从乌牛早中得以体现罢了。

毕竟，离开龙井种，莫谈龙井茶。

○ 工艺之谜

聊完了树种，我们再来说工艺。

龙井茶的制作，突出一个“炒”字，以至于别的地方都叫制茶高手，这里则叫炒茶高手。其实说是炒茶，还要分为青锅与煇（辉）锅两个步骤。所谓青锅，是利用高温炒制手法，不断去除、散发青草气，要求鲜叶含水量从75%下降到25%。至于煇锅，温度则一定要低。炒茶师傅通过不同手法的变化，进一步给西湖龙井定型，同时将含水量从25%左右再次降低到6%上下。看似轻描淡写的过程，实际操作上却不容易。

好友胡国雄老师，是西湖龙井炒茶技艺传承人。我曾到满觉陇向他问艺，方知龙井制茶之难处。坊间所传抖、搭、搨、捺、甩、抓、推、扣、磨、压的手法，将龙井炒茶技术描写得如武林绝学一般。虽然有艺术的夸张，但也足见龙井炒制的细腻讲究。像胡老师炒茶多年，手掌上早已起了一层厚厚的茧子。烧热了的电水壶，胡老师的手摸上去竟然已不觉得烫了。我想武侠小说里的铁砂掌，也就不过如此吧。由此我方知，制龙井需要真功夫。

除去功夫，更需匠心。例如在青锅与煇锅之间，一般还需要摊晾一个小时以上。其目的是让茶表里水分重新均衡。若求快不等，那势必造成龙井外表失活干死，内芯却还未全干透。当然这还是最基本的要求。国雄老师制茶，连煇锅都要分三次处理。炒制，摊晾，再炒，再晾……现在很多人图快，所有工艺环节都要缩短时间，以求省工省时，但这样做出来的茶，也肯定好喝不了。

红烧肉，讲究小火慢炖。

龙井茶，也要耐心细炒。

很多人会反驳，现在大家都很忙，凡事要讲求效率。忙，心亡者也。不少龙井茶农，在争名逐利的市场经济中，正逐渐丧失自己的初心。我真怕一个“忙”字，最终一语成谶。

制茶师傅，应为匠人。

制茶师傅，莫做忙人。

○ 机制与手工

现如今龙井茶炒制技艺，已列入非物质文化遗产。其实非遗从某种意义上说，很像是“保护动物”的称号。列为保护动物者，一是重要，二是濒危。龙井制茶技艺，其实境遇也是如此。

应该讲，龙井已是杭州、浙江乃至中国的一张文化名片。

但其炒制技艺，如今却岌岌可危。这时候有人可能会说，杭州不是满大街都支着炒茶锅吗？请注意，西湖畔、龙井旁支锅炒茶的人，不是匠人，而是艺人。那不是严肃认真的制茶，而是针对游客的表演。

很多游人误以为“现摘现炒现卖”的龙井，就是最为正宗地道，纷纷掏钱购买。殊不知，西湖龙井不是糖炒栗子，制作工艺相当复杂。若真是认真制作，没有十余个小时根本没法出品。这种现场制作的茶，不过是作作秀罢了，切莫当真。

其实市场上的龙井，大部分是机器炒制。那么机炒和手工，到底有没有区别呢？以我的经验看，区别还不小。手工龙井，滋味丰富，香气馥郁，较耐冲泡。机制龙井，大部分品质不如人意。原因何在？客观地讲，责任在人，而不在于机器。

随着人力成本的提高，制茶环节一定程度甚至很大程度地融入机器，是一个必然的趋势。但是问题在于，发展机制茶，不等于抛弃手工茶。恰恰相反，要想用机器也制出好茶，反而应该更为认真地学习手工制茶。因为机器再精密高级，也是为了模拟仿效手工制茶的过程。手工制茶是本，机器制茶是末。舍本逐末，才是今天龙井制茶技艺最大的问题。

现如今很多制茶工匠，甚至只会机器制茶，而不精于手工炒制了。这样若能做出好喝的龙井，那也是咄咄怪事了呢。如今总讲传承，可能不妥。要我看，还是承传更为准确。

先继承，再发展，才是正路。

不继承，便发展，定是歧途。

想谈机器制茶的人，必须先练成胡国雄老师那双铁掌才行。

20世纪80年代龙井茶广告纸

三峡碧螺春

○ 台湾的三峡

我国台湾茶区，素来以乌龙茶著称于世。像冻顶、梨山、阿里山，本都是台湾地名。因名气大，又几乎能直接代指特定的乌龙茶品种了。除去乌龙，近些年像日月潭红茶也很有名气。但很少有人知道，台湾也出产绿茶。而其中的代表品种，名叫“三峡碧螺春”。

出产碧螺春的三峡，与水库大坝无关，而是今天台湾新北市的三峡区。既然叫作“碧螺春”，那与江苏名茶“碧螺春”又有什么关系？是“师徒”，是“父子”，还是“兄弟”？这些问题，我曾一股脑儿地抛给身边的台湾朋友。结果，没人能为我答疑解惑。更让我惊奇的是，知道“三峡碧螺春”的人群下限基本定格在“50后”。至于台湾的“60后”“70后”乃至“80后”，不知道也就罢了，还都对台湾能出产碧螺春表现出强烈质疑。

出于对台湾“碧螺春”的好奇，我决定专程到新北市的三峡一探究竟。说实话，从台北市到三峡并不十分方便。捷运、台铁都不到，只能选择自驾。好在当地的竹木器制作名家林宪昌老师侠义心肠，愿意带我驱车前往。能够动用这位年逾古稀且具名匠资质的“专车司机”，这又是我访茶之旅中的一次骄傲经历了。

早听说三峡竹崙地区，还保存有一座日据时期的老茶厂——大寮茶厂。我们便将那里定为三峡行的第一站，想从中找寻到“三峡碧螺春”的遗迹。

20世纪80年代碧螺春广告卡片

位于三峡的这座“大寮茶厂”，建筑绝对值得一看。如今的一号展厅，据说就是当年厂长的住所兼办公室。覆盖在房顶鱼鳞片般的黑瓦，是典型的日式传统建筑风格。它具有高防水性及隔热效果，十分适合台湾的气候。至于白色的牛眼窗，也用于日式建筑的装饰。地基墙面部分加设的通气窗，也是老式装修办法，如今在台湾也难得一见了。

这座茶厂建于1924年，至今已有近百年的历史。可仔细观察厂房周边的山上，种植的茶树竟然多是阿萨姆种。内行都知道，阿萨姆种茶树是做红茶的优选。再一打听，原来人家大寮茶厂一直生产的都是红茶。大名鼎鼎的“日东红茶”，就曾是这里的拳头产品。

○ 产业的变迁

三峡碧螺春的产区，为何又曾以生产红茶为主？

带着满脑子的疑惑，我又一头钻进了文献档案当中。

细究台湾的茶业发展史，不难发现绿茶生产历史悠久。早在日据时期的1919年，台湾就有绿茶的出口记录。只是当时的日本人私心太重，担心台湾优质绿茶威胁到日本国内绿茶的市场，因此对台湾绿茶颇多打压，乃至于到1944年的年平均输出量仅有26吨而已。

相对于台湾乌龙茶、红茶的生产与出口，这一丁点绿茶真是不值一提。好在台湾岛上的居民，多是祖籍闽、粤两省的移民。大家饮的都是乌龙，对于绿茶也无特别嗜好。但1949年后，情况发生了很大的变化。退到台湾的军民，大都有饮用“炒青绿茶”的习惯。怎奈两岸相隔，一杯绿茶比一瓶威士忌都要难得了。

台湾茶树虽多，但多只适制乌龙或红茶。拿来愣作“炒青绿茶”，根本难显风味。而三峡地区，单有一种名叫“青心柑种”的茶树。别看它做乌龙不太好喝，做绿茶却特别合适。这种茶树萌芽率强，从早春三月一直到十一月都可采收。三峡茶农几乎全年无休，见芽轮采。一般茶树早就招架不住，而“青心柑种”竟还能生生不息，也算是一处奇观。

我曾仔细观察过“青心柑种”的鲜叶，质地柔软，色泽碧绿，确是上等茶青。至于做出的成品茶，条索整洁，白毫显著。将茶放入盖碗，再用沸水一冲，热腾腾碧莹莹，绝不失为一款优质绿茶。但是，若单说“碧螺春”三个字，我倒认为名不副实。

原因何在?

不像!

先说外形。碧螺春多以“一芽一叶”为标准采摘，再经反复揉、搓、团、炒，直到叶条紧密卷曲如螺为止。而三峡碧螺春，条索则是半卷半散，与一般炒青类似，却很难担得上这个“螺”字。

再说味道。碧螺春又名“香煞人”，由此可见其以香气高昂显著闻名。而据我品尝，三峡碧螺春的精彩不在于香，而在于水。由于茶树品种的不同，“青心柑种”制作的三峡碧螺春，味道更为丰厚。汤色金而腴，味道甘而鲜。呷一口在嘴里，就像是加了桂圆一起炖煮过的鸡汤一样。鲜里透甜，甘中有爽。

说实话，我爱三峡碧螺春甚至多过洞庭碧螺春。

○ **游子的乡愁**

可说实话，碧螺春是苏州的特产，三峡碧螺春充其量是个山寨产品。但在上个世纪六七十年代，全盛时期的三峡茶区，有大小绿茶厂300余家。山寨产品三峡碧螺春，为何如此红火？

答：乡愁。

时至今日，三峡地区的绿茶加工厂只有个位数而已。三峡碧螺春，为何今不如昔？

答：乡愁不再。

特殊的历史时期，台湾岛上拥挤着来自大陆各省份的军民。何日才能返乡？是否还能返乡？都是笼罩在人们心头的疑问。不可说，不敢想。岛上，四处皆是无处安放的灵魂。

有时候，我们记不住事情，会下意识地说自己脑子不好用了。可其实，五感皆可成为记忆的存储器。曾几何时，我们经常会因为听到一首老歌，而勾起一段回忆。有时候音乐响起，甚至会潸然泪下。这便是记忆储存在听觉中的典型例子了。

诚如陈荒煤先生在《家乡情与家乡味》一文中所说，家乡风味的食物，既可饱腹，也可清除怀乡症。我读唐代诗人贺知章，有名句“少小离家老大回，乡音无改鬓毛衰”。其实多年不改的不光是乡音，更是口味。有时候甚至连乡音都改了，这饮食的口味还是改不过来。

饮食之道，确实有趣。有时候，一口家乡的味道能勾起无限的乡愁。可有时候思乡病发作时，却又要靠家乡的味道去平复。对于台湾岛上的游子而言，一杯三峡的炒青绿茶，绝对是缓解“怀乡症”的良药。

他们愿意相信，这杯茶就是当年常喝到的中国名茶碧螺春。

仿佛能靠着一杯茶，营造出未曾远离家乡的假象。因此，非但没人拆穿，大家反而很推崇“三峡碧螺春”这个名字。杯中的不光是茶汤呀，更是关于故乡的记忆。如今，老一辈儿渐渐逝去，年轻人却没有那份乡愁。三峡碧螺春，自然也就没落了。

我不曾长时间地远离家乡，但茶汤也常给我带来慰藉。我给学生们上入门课，最常选用一款年份寿眉，几乎每一届都是如此。时间久了，每到独自喝这款寿眉时，还总能想起已在大洋彼岸的学生们。还有一年喝陈年熟普洱，一位助教非说自己在茶汤里喝到了炸天妇罗的味道，弄得大家哭笑不得。前不久我翻出这款茶喝，第一时间想到的就是这段多年前的趣事。

有时候，你以为已经丢失或删除的记忆碎片，其实就隐藏在茶汤当中。

茶汤，是最好的记忆存储器。

由此可见，喝茶这件事，不单单要纠结于茶、水、器。

在哪里喝？和谁一起喝？也都是极其重要的事情了。

太平猴魁

○ 出身名门也苦恼

最近电视剧《都挺好》热播荧屏。我虽然从不追剧，但跟着家里的老人有一搭无一搭地也看了几集，写实直白的表现方式，看哭了一大批观众，也使得大家再次开始热议一个心理学的词——原生家庭。人的成长轨迹，常常被原生家庭影响甚至牵绊。其实，茶的命运又何尝不是如此呢？

例如，名茶太平猴魁，能成为享誉全国的名茶，真是太不容易了。太平猴魁成功道路上的阻力，其实就来源于其“原生家庭”——安徽茶区。

安徽，产茶的传统十分悠久。而且一直以来，都是产好茶的地区。1999年，安徽全省名优茶产量1.25万吨，产值5亿元人民币。名茶产量，更是占到了全省茶叶总产量的25.56%。换句话说，当年安徽茶四分之一都是名优茶。

为了说明问题，我们可以拿同为茶叶大省的安徽与福建做个比较。1995年，第二届中国农业博览会上，安徽有11只名茶获得金奖，福建省则有5只名茶获得金奖，数量不及安徽的一半。1997年，第二届“中茶杯”全国名优茶评比中，安徽有2只名茶获特等奖，3只名茶获一等奖，1只名茶获二等奖。而同场评比中，福建省仅有铁观音、雪峰玉露1号、政和雁岭茶3款茶获得二等奖。

太平猴魁，可谓生在中国茶界的一个“名门望族”当中。猴魁，产于黄山太平县（今黄山区）。这一带，又可谓安徽茶区的重中之重了。在太平县周边，西有祁门，南有黄山，中间还夹着一个休宁。屈指一算，祁门的红茶、黄山的毛峰、休宁的松萝各个都是名茶。

先说休宁松萝。

这款茶，可以说早在明代就享有大名。明代冯时可《茶录》记载：

> 徽郡向无茶，近出松萝茶，最为时尚。是茶，始比丘大方。大方居虎丘最久，得采造法，其后于徽之松萝结庵，采诸山茶于庵焙制，远迩争市。

由此可见，这款松萝茶是秉承明代名茶虎丘茶的技法制作而成的。上市后即刻大受好评，最终达到了“远迩争市”的程度。《茶录》中，称赞松萝茶时竟然用了“时尚”二字。可见，这款茶在明中后期还属于新品种。但即使从晚明算起，休宁松萝的历史至今也有400余年了。很长时间里，松萝茶独霸绿茶的内销与外销市场。松萝茶上能讲的闲话还有很多，容我另辟一专篇讨论吧。总之，从辈分、资历来看，松萝茶绝对算是太平猴魁的大哥了。

再说黄山毛峰。

这款茶是清代光绪年间谢裕泰茶庄创制的。当时茶庄的创始人谢静和，精通茶叶采制技术。1875年前后，为迎合市场需求，每年清明节，他在黄山汤口、充川等地，采肥嫩芽尖，精细炒焙，标名“黄山毛峰”。

太平猴魁：
湯清鮮爽，兩刀一
龍飛鳳舞，相映成
Tai Ping Hou Kui looks lik
dragons flying and phoenix
dancing, and each tea is tw
leaves with one bud in betwe
It has a clear green liquor, a
refreshing aroma and a brisk
taste. After infusing, the buds
leaves, water & light reflect
interestingly.

20 世纪 80 年代太平猴魁广告资料

对了，还有祁门茶。

整个祁门地区，在清光绪以前也都以绿茶为主。光绪元年（1875），黟县人余干臣由福建罢官，返回原籍。因为看到红茶巨大的外销市场，所以他在家乡仿效闽红制法，试制红茶成功。从此，安徽茶界又多了红茶门类。

由此可见，太平猴魁“出世”前，家里已经有了休宁松萝、黄山毛峰、祁门红茶等几位强势的“兄长”。在他们的阴影下成长，想必不是什么太愉快的事情吧？

起初，太平县也确实笼罩在这些“带头大哥”的阴影之下。

清康熙二十三年（1684）《江南通志》记载，太平县出产松萝茶。看来，那时候太平还是松萝茶的代工地。清乾隆元年（1736）《江南通志》则记载，除去松萝茶，这里还产一种翠云茶。据说翠云茶口味“香味清芬”，但很遗憾，谁也喝不到了，因为这种茶并没有传下来。太平县自主研发的产品翠云茶，就这样夭折了。的确，想在有着这么多强势长辈的名门望族中脱颖而出，实在太难了。太平茶区，深受“原生家庭”的困扰。

○ 成功路上困难多

要想成为名茶，无外乎就是两点。

第一，口感绝佳。

第二，制作精细。

但是这两点看着容易，真要做好很难。

首先，口感是很主观的事情。也正因如此，才有了“适口为珍”一说。应该讲，想做到不难喝容易，想做到好喝真是有难度。更何况，那么多名茶一直占据着市场。某种程度上，消费者已经形成了口感的依赖。想打破这种口感惯性，谈何容易？况且，太平县是绿茶主产区。可是绿茶的口感差异度，本来就不容易区分，想靠着口感走红，太难了。

其次，做工就更不容易分出高下。想把茶做得很细致，只需要秉承“不惜工本”的四字真言即可。选料环节上严格把关，出厂时再来个精挑细拣。至于原材料以及人工的损耗，直接加入成本就是了。我们来看看红茶界。正山小种这样的传统红茶，多是以茶叶为原料制作。金骏眉、金针梅，就是秉承着精工细作的思路，以嫩采芽头制作而成。因此，这名门双姝也就很快在红茶界脱颖而出了。

可在绿茶界，大家的制作工艺都比较精细。这时候，再想单靠精工细作出人头地，已经是很难的事情了。但即使困难重重，太平猴魁竟然还是成为茶界新秀。

○ 崭露头角成名茶

关于猴魁兴起的说法很多，本文采取王镇恒、王广智主编的《中国名茶志》作为参考。

1900年前后，家住猴坑的茶农王魁成（王老二）在茶园里精心挑选又壮又嫩的芽叶制作魁尖。因其规格高、质量好、造型奇，最终的售价达到了1公斤2.4银圆。1912年，在南京叶长春茶叶店的建议下，由王文志（王魁成的儿子）等四人精心制作2公斤魁尖，当年陈列于南京南洋劝业会场和农商部，荣获优奖。这一次南京亮相，算是太平猴魁初露锋芒。

此后，太平猴魁一路可谓顺风顺水。1915年，巴拿马万国博览会上，猴魁作为珍品陈列展览，受到世界各国赞誉，荣获一等金质奖章和奖状。1949年以后，猴魁作为礼茶调拨，仅在大城市有少量供应。1955年，中茶公司对全国优质茶组织鉴定，猴魁被评为全国十大名茶之一。1956年，香港《大公报》刊登“中国十大名茶”榜单，太平猴魁仍然榜上有名。应该说，太平猴魁确实最终在安徽省这样的“茶界豪门”中脱颖而出了。不仅如此，名声甚至盖过了前面几位强势的“兄长”，算是茶界青出于蓝的典型代表了。

那么问题来了，太平猴魁到底是怎么成功的呢？

○ 成功背后应思考

太平猴魁，是一款具有颠覆意义的茶。

首先，从采摘角度上避开了名优茶一味嫩采的死循环。应该说，中国茶的历史就是一部追鲜追嫩的历史。古人以能够在早春时节喝上一杯新茶为荣，这才有了卢仝《走笔谢孟谏议寄新茶》中“天子须尝阳羡茶，百草不敢先开花”的诗句。但追早嫩采，总是有极限的事情。若觉得谷雨前后太迟，那清明前后也就算是极限了。总不能大冬天的采茶吧？

可其实，早采的茶主要意义在于“尝鲜”。若真是论味道，不一定就比后面采的好多少。明代许次纾《茶疏》中记载：

> 清明、谷雨，摘茶之候也。清明太早，立夏太迟，谷雨前后，其时适中。若肯再迟一二日期，待其气力完足，香洌尤倍，易于收藏。

许次纾在文中，论述了谷雨采茶的好处。可惜世人却多以清明为上品。只要贴上“明前绿茶”的字样，那肯定能卖得上价去。谷雨前后的茶青，在绿茶中绝算不得上品。

但太平猴魁反其道而行之，恰恰是在谷雨开园采摘，一直到立夏结束。应该说，这在当时的绿茶界绝对算是奇葩了。从市场经济学的角度看，太平猴魁的做法颇为巧妙。避开你争我夺的清明茶市，而等到谷雨后再出场。减少了与其他绿茶的竞争，在夹缝中求得了生存的空间。

除去开园时间，对于采摘标准，猴魁也有特别之处。太平猴魁不以纯芽茶为贵，反而以一芽二叶茎粗芽壮为采摘标准。以至于猴魁一斤干茶中，含有的芽头约10000个。而龙井一斤干茶中，含有的芽头则为60000~80000个。相比之下，猴魁就显得“粗糙”多了。

在谷雨前后，采摘老嫩程度适宜兼具芽叶的茶青，的确可以很大程度上保全口感。我们今天形容太平猴魁，总说其有种特别的韵味。其实这个韵味，要是真的早采嫩采的话，估计就该荡然无存了。开采期迟，嫩度适中，茎粗芽壮，不以小（芽头小）、嫩（嫩度高）、早（采摘早）取胜。以上这些，就是太平猴魁脱颖而出的所谓“秘诀”之一了。

太平猴魁茶的出现，某种程度上讲也是对绿茶精细化走向的一种反思。

○ 奇异造型卖点足

也正因为特殊的采制标准，使得猴魁有了独特的造型。传统太平猴魁外形为两叶抱芽，平扁挺直，自然舒展，白毫隐伏。民间也有“两头尖，不散不翘不卷边”的说法。按照今天广告圈的说法，猴魁的造型具有视觉冲击力。换句话说，很容易达到过目不忘的效果。

我在CCTV-10的《味道》栏目任顾问，审片子多了，也培养了一些电视人的思维。太平猴魁，就非常适合视觉角度的呈现。不管是拍纪录片，还是图册，效果肯定都很好。原因何在？因为它的条索很明显地区别于其他茶，呈现出来的镜头效果绝佳。

我有几年到台湾去交流，选择的礼品茶就是猴魁。大家看到它奇异外形的时候，都会忍不住拍个照片发朋友圈。即使是台湾老茶客，对猴魁也会高看一眼。原因很简单，遍寻中国茶界，再也找不到这样奇特条索的茶了。

爱茶的人，喝的是门道。

猎奇的人，看的是热闹。

猴魁的口感，能让内行看出门道。

猴魁的造型，也能让外行瞧个热闹。

内行外行通吃，猴魁做到了。以口感为本的务实精神，加之奇特造型的推波助澜，造就了20世纪太平猴魁的崛起。

○ 如今猴魁隐患多

正所谓成也萧何，败也萧何。太平猴魁的成功，得益于它独特的造型。但是太平猴魁在造型方面下的功夫，却有点用力过猛了。

我们如今看到的所谓“高档纯手工”猴魁，造型一定是笔直匀整，根根分明。按我学生的话说：这茶长得跟冰棍的棍儿似的。这样“棍状”的造型，来源于“理条”的环节。所谓“理条”，是经过杀青的鲜叶，在干燥之前经过的一个工艺处理。这项工艺的宗旨，就是给太平猴魁“塑形”。做出来的茶叶，是不是像一根笔直而碧绿的冰棍棍儿，就全靠这个环节的处理。所谓纯手工，也就是在这个环节上体现。

具体地说，是工人们一根根地捏起炒过的鲜叶，将一芽两叶捏紧。一定要手法稳定，用力均匀，才可以做到“不散不翘不卷边”。这是个劳动密集型工作，一个小茶厂也要雇上数十位“理条”的工人。太平猴魁的成本高，其实很大程度上也就在“理条”上了。

这样理条后的猴魁茶，有什么优点呢？

答：漂亮。

除去漂亮呢？

答：无他。

人工费劲的理条，其实不会对猴魁的茶汤口感产生直接的提升。现如今，甚至“两头尖，不散不翘不卷边”成了评判太平猴魁好坏的标准。甚至有的厂家，为了便于顾客欣赏太平猴魁独特的造型，而把它装在玻璃试管里出售。首先，透光的容器，根本不适合存储茶叶。其次，过分强调太平猴魁的奇异造型，绝不是务实的茶叶观念。难道不是这个造型的太平猴魁，就不能喝了吗？这岂不是咄咄怪事！

品茶，不能靠耳朵去听故事。

品茶，也不能靠眼睛去看造型。

品茶，要靠嘴，更要走心。

虎丘茶

○ 传说中的虎丘茶

《吃茶趣》这本书中记录的是我饮茶过程中的点滴体会。反过来说，能写出来的茶自然也是我喝过的，甚至是常喝的。这篇《虎丘茶》，算是例外。坦白讲，我并没有喝过真正的虎丘茶。时至今日，其实不要说喝，听说过这款茶的人都寥寥无几。

可在明代，虎丘茶却是名茶。名气有多大？如今妇孺皆知的龙井茶，当时都还是虎丘茶的“小弟”。明代文学家李攀龙《寄赠元美四首》其二《龙井茶》中写道：

美人持赠虎邱茶，起汲吴江煮露华。

龙井近来还此种，也堪清赏属诗家。

诗人要送给朋友龙井茶，却要先提起虎丘茶。意思是说，自己当然知道虎丘茶好。但这个叫龙井的茶虽是“近来”的新秀，也勉强可以品味一番吧。字里行间，透露出了虎丘茶的名声远在龙井茶之上。

当时的文人雅士喝到虎丘茶，都是赞赏有加。明代诗人王世贞，就写过《虎丘试茶》。明代大画家徐渭得到朋友送的虎丘茶后，也赶紧写了一首《某伯子惠虎丘茗谢之》：

虎丘春茗妙烘蒸，七碗何愁不上升。

青箬旧封题谷雨，紫砂新罐买宜兴。

却从梅月横三弄，细搅松风炖一灯。

合向吴侬彤管说，好将书上玉壶冰。

虎丘牌 一级茉莉花茶

YIJI MOLIHUACHA

"Huqiu" Brand First-Grade Jasmine Tea

外形条索紧结匀称，白毫隐显，色泽绿润微黄；茶汤淡黄、清澈、透明，叶底幼嫩；香气鲜灵，滋味醇厚，茶味花香谐调怡和。持续多次冲泡，仍香高味浓，经久不衰，为香茗中上品。

Well and fine, uniquely made, compact tight
Sleek green and light yellow lustre
Steamed crystal clear, rich with aroma
Mellow fragrant, refreshen-ingly sweet
It gives long aftertaste
Excels other varieties of jasmine tea

江苏省苏州茶厂

SUZHOU TEA FACTORY

地址：留园路24号
电话：6016，3358

Address: 24 Liuyuan Rd., Suzhou, Jiangsu
Tel: 6016 Cable: 3358

20世纪80年代苏州虎丘牌茶叶广告纸

饮过虎丘茶后的喜悦之情，跃然于诗句之间。好友送好茶，确为人生一大乐事。只不过古人是写诗，今人是发朋友圈罢了。

说回到徐渭。他在书画方面造诣极高，国画家齐白石先生是他的忠实粉丝。徐渭号“青藤老人”“青藤道士”，齐白石先生则自称“青藤门下走狗”。崇拜之情，可见一斑。明代陆树声，写过一本茶书叫《煎茶七类》。明万历二十年（1592）秋天，徐渭在石帆山下朱氏宜园中，曾对此书做了润色与修正，并刻写于石上。由此可见，徐渭不但艺术修行高，而且是一位懂茶之士。这么多文人墨客，都写诗撰文赞扬虎丘茶。可见这款茶的品位，为当时主流文化圈所接受与推崇。

○ 味道堪比婴儿肉

虎丘茶，产于苏州城西北角的虎丘山。当年国营苏州茶厂出品的茉莉花茶，注册商标就是“虎丘牌”。这个文化传统，就是打明代的虎丘茶而来。

据清代康熙十五年（1676）《虎丘山志》记载：

> 叶微带黑，不甚苍翠，点之色白如玉，而作豌豆香，宋人呼为白云花。

由此可见，早在宋代，虎丘茶就有了一定的名气。

到了明代，虎丘山人气开始爆棚。明代屠隆《考槃余事》记载虎丘茶：

> 最号精绝，为天下冠。惜不多产，皆为豪右所据。寂寞山家，无由获购矣。

这里面说得明白，虎丘茶地位居“天下冠”，也就是第一名了。由于名声在外，产量又少，因此常常供不应求。土豪们高价抢购，“寂寞山家”则很难喝到一次。怪不得徐渭喝到虎丘茶要写诗留念了。

明代茶书《茗笈》记载虎丘茶：

> 尝啜虎丘茶，色白而香，似婴儿肉，真精绝。

明末状元文震孟，就是苏州本地人。对于家乡的虎丘茶，自也是推崇备至。他讲：

> 吴山之虎丘，名艳天下，其所产茗柯亦为天下最，色香与味在常品外，如阳羡、天池、北源、松萝俱堪作奴也。

要说状元就是状元，推广软文写得就是高妙。夸虎丘的同时，还把其他竞品也都给贬低了一遍。阳羡、天池、北源、松萝也都是名茶，却都只能给虎丘“作奴”。这绵里藏针的文风，也是怪不厚道的了。

关于虎丘茶的“五星好评”还有很多，就不在这里一一赘述了。一句话，虎丘茶是大明王朝茶界No.1。可这样有名气的茶，至今怎么踪迹不见了呢？下面我们就来看看，明代第一名茶的消亡之路。

○ 第一名茶终消亡

明代天启四年（1624），京城里一位大员驾临苏州城。这位大人久仰虎丘茶的大名，因此到了苏州城第一件事就是要喝这款名茶。这款茶产于虎丘寺旁的茶园，采茶制茶皆靠僧人，因此献茶的任务就落在了虎丘寺住持头上。上文提过，虎丘茶产量极小，每年都是供不应求。由于这位大人来的正是青黄不接的时候，因此虎丘寺僧人一时拿不出茶献给这位大人。

这下可惹恼了这位大官，老子在京城吃馆子都不要钱，喝你几口破茶还推三阻四？官府一道命令，将虎丘寺的住持下了大狱，每日里严刑拷打。虽然这件事后来不了了之，但虎丘寺住持却险些丧命。回到寺中，老和尚越想越后怕。这次虽然躲过一劫，但后面的事情又有谁知道呢！这寺旁长的哪里是虎丘茶树，分明是索命的厉鬼。于是乎，住持传下一道法旨，将虎丘茶树全部砍掉。自此，虎丘茶绝迹世间，成了茶界“广陵散”。

《西游记》中唐僧取经，要经历九九八十一难。陆羽《茶经·六之饮》中，也记载了饮茶要经历的“九难”：

> 一曰造，二曰别，三曰器，四曰火，五曰水，六曰炙，七曰末，八曰煮，九曰饮。

茶圣言下之意，要经历了这“九难”才可以喝到一杯好茶。

但要我说，还可以再补上一难：“十曰红。”

明星红了，难免是非缠身。除非是极其爱惜羽毛的艺术家，一般名人难免要惹上一些绯闻。茶要是红了，也是相当危险的事情。虎丘茶，就是典型的例子。要不是名声在外，又怎么会引得达官显贵前来索要？本是名山古刹的佳品，却激起世人的“贪嗔痴”。老和尚砍掉的不是茶树，而是万千烦恼的源头。毕竟悲剧的结局，总要比闹剧的结局要好些。我们这些爱茶人，也只能这样安慰自己了。

的确，当一款茶过红之时，总是值得从业人员警惕的。我将茶由于名气过大而带来的危机，姑且命名为“虎丘现象”。

纵观这些年的茶界，这种“虎丘现象”比比皆是。铁观音，自本世纪初盛行于全国茶叶市场。火了，本是好事吧？但随即而来的连锁反应，却给了铁观音几乎致命的打击。由于市场需求量大，产地安溪便出现了过度采摘的现象。铁观音，原本主要只在春秋两季采制。到后来为了多卖钱，业者甚至于一年采摘七次。茶树的生长，原本跟不上这么快的节奏。为了高产，又开始过度使用试剂。

为了拓宽市场，快速俘获更多人的味蕾，铁观音业者开始放弃乌龙茶之精髓——焙火，从而打造所谓“清香型口感”。可没有焙火的铁观音，只不过是高级毛茶。茶中成分没有“焦糖化”，深沉厚重的观音韵根本出不来。更要命的是，未焙火的乌龙茶只想快速抓住饮茶人的口感，根本没有考虑过饮茶人的体感。结果众所周知，新工艺铁观音越喝越不舒服。

最终，铁观音从种植、采摘到制作等多个环节都出了问题。时至今日，大家都已经意识到了之前做法的偏颇。但怎奈铁观音伤了饮茶人的胃，更伤了爱茶人的心，再也难现当日的辉煌了。

金骏眉，是近些年创制出的高档红茶。由于名气太大，以至于市场上的“李鬼”比比皆是。拿别的红茶冒充金骏眉，那都算是“良心之作”。有的不法商家，甚至在茶中加入“糖精”“香精”来模拟金骏眉的味道。到现在，不少人谈金骏眉色变。与其费劲辨别真假金骏眉，倒还不如喝点名气小的红茶踏实省心呢。

至于普洱茶，如今更是狂涨。据说，2017年老班章茶树王成交价为每公斤320000元。对于这个天价，本文不予讨论。但过高的身价，对于普洱茶树与普洱茶业来说都不是件值得高兴的事情。

笔者福薄，没有喝到今年的天价茶。我们姑且假设，天价茶的品质很好。过高的价格，是否会导致对于普洱茶树的过度采摘？而既然是老树，又是否经得起这频繁的索取呢？如果老树供不应求，那是否“以新充老”的事情就会频频发生呢？如同《茶经》中所说，茶历经“九难”而扬名天下。但享有盛誉之时，恰恰又是考验从业人员的见识与素质之际。

正所谓：满招损，谦受益。

月圆则亏，水满则溢，茶红则乱。

下一个虎丘茶，又会是谁呢？

石阡旗枪

○ 千年茶区产紫芽

《茶经》中有“紫者上，绿者次”一句，曾让我百思不得其解。从字面上去理解，就是紫色的茶比绿色的茶要好。可是茶不都是绿的吗？哪里又有紫色的呢？有的文献工作者甚至认为，此处文字可能有误，不可尽信。

直到去了石阡县，我才算读懂了茶圣的这句话。这里的茶园，远望也没什么特别，总是绿油油一片就是了。可是走近了瞧，茶树上抽出的嫩芽竟是紫色。而且不是个别现象，而是接连成片，每株都是如此。记得我去考察那天还下着小雨，水汽萦绕间的茶树，如一团团紫烟相仿。原来《茶经》中的“紫者上”并非讹误，而是确有紫茶。古人常讲，读万卷书还要行万里路。此言不虚。

石阡，位于贵州省铜仁市，是历史悠久的产茶县。陆羽《茶经·八之出》一章中记载，茶叶在黔中“生思州、播州、费州、夷州”。据史学家考证，今天的石阡县就在唐代夷州境内。换句话说，早在1200年前，这里就已经有了茶叶生产的文字记载。

1949年以后，石阡成为全省红茶和青毛茶的主产区。茶叶出口苏联，同时也调配西北、西南、东南等地。1958年，周恩来总理还亲笔为石阡题词“茶叶生产，前途无量”，又成了贵州茶史上的一段佳话。

虽然产茶历史悠久，但这还不算是石阡茶文化的亮点。真正要说起特色，那还得首推当地特有的茶树品种——石阡苔茶。我看到的一团团紫烟，正是她的倩影了。

茶树为何会呈现紫色？奥秘在于树种与气候的双重功效。随着气温、光质、节令之变化，茶树中的花青素含量不断积累。这样一来，茶树顶端的嫩芽嫩叶便是紫红色的了。

今天的营养学家，发现了花青素对于身体的好处。由此，如今的市场上“紫色食品”比“绿色食品”卖得还要火热。《茶经》中“紫者上，绿者次”一句，竟然在当下得以应验。看来陆羽不光是茶圣，还是一位预言家了。

石阡苔茶富含花青素，是否营养成分就更高些？这话我不敢说。但有趣的是，石阡县除了是中国名茶之乡，还是中国长寿之乡。全县人口才46万，可80岁以上的老人就有7608人。其中百岁老人竟有45人之多。

我们去考察时，还专程去拜访了几位长寿老人。其中一位婆婆年过百岁，生活中有两样事坚持不变。其一是每餐要吃一块肉，其二便是每天要饮数杯茶。说起来这两样习惯我倒是都有，就不知是否有老婆婆这般的福气了。

○ 石阡苔茶滋味足

当然，茶不是药，一味地宣传其营养价值甚至医疗效果皆不可取。选茶不光要从健康角度出发，更要注意口感层面的享受。

石阡茶之奇，在于一个“紫”字。

石阡茶之妙，在于一个“苔”字。

这个“苔”字，外人就不好理解了。请教了当地人才知道，原来石阡土语中将茶树嫩梢的位置称为“苔子”。而石阡茶的精华，也都在这“苔子”之中。

作者探访石阡县茶园

作者观摩非遗项目石阡茶灯

贵州素以“天无三日晴，地无三里平”而著称于世。到了石阡，才知道此言非虚。路不好走，山山相连，已经让我们的访茶之路吃尽了苦头。可又是赶上阴雨，十天八天都见不到阳光，可就更受罪了。

即使短暂放晴，太阳也总是若隐若现。同行的北方老师不禁抱怨：这地方的太阳跟大姑娘似的，怎么性格这么腼腆？能不能大大方方地出来半个小时，让我们足足地晒一晒也好呀！由于一直没有太阳，我们旅途中洗了的衣服也干不透。糊在身上，就别提多难受了。

但就是这种“寡光照”的条件，恰恰适合茶树生长。这种环境下生长出来的茶树不仅节间长，而且苔粗叶厚。当地茶农以貌取“茶”，便以“苔子茶”相称。苔茶，也就因此而得名。

除去光照时间短，石阡低纬度高海拔的特点也极适宜茶树生长。纬度低，意味着气候温和。茶树喜温怕冷，因此茶区纬度不宜过高。但若以此逻辑，岂不是赤道上种出的才是极品好茶？殊不知，茶树喜温但不喜热。环境温度过高，同样做不出好茶。而石阡当地高海拔的山区气候，又恰恰中和掉了低纬度茶园有可能出现的劣势。

生长在这样环境下的石阡茶，想不好喝都难！

为何？

这便要牵扯到茶树生长环境与其内含物质之关系的问题了。其实说起来也不复杂，请大家记住两句话：温度、光照与茶多酚的含量成正比；温度、光照与氨基酸的含量成反比。

温度高，光照强，茶叶里的茶多酚就会升高，氨基酸就会下降。可茶多酚太高，苦涩味比较重。氨基酸比较少，鲜爽味比较低。这也就是为何把云南、海南等低纬度地区的茶青直接做绿茶不太适宜的原因。

温度适中，再加上寡光照，茶叶里的茶多酚就会降低，氨基酸的含量反而上来了。茶多酚含量不高，苦涩味就不会那么重。再加上富含氨基酸，茶汤口感自然鲜活灵动。

石阡县，可谓是贵州茶区之典型代表。所谓“黔茶味更浓”的说法，其根据便是如石阡县这般的气候特征。

这些年，许多茉莉花茶都以黔茶为基底加工制作。比起福建茶青的甘甜，黔茶有一股杀口的霸气。因此，北京茶客中还单有一批人，专找贵州茶青窨制的花茶呢。禁得住冲泡，耐得起回味，自成一家特色。

茶圣陆羽治学严谨，他自己在书中承认并没有去过黔地。但他对贵州茶，也给出了“往往得之，其味极佳”的好评。崎岖的山路挡住了茶圣陆羽的脚步，却也屏蔽了外界的干扰。现在很多人，都觉得紫色茶叶十分稀奇。其实只是因为后来茶树品种不断变化，紫芽茶逐渐淡出了人们视线。倒是石阡一地，忠实保留了唐代的茶叶审美。

虽然留有古风，但又不能免俗。茶叶赏嫩的风气，自也要波及黔地。如今苔茶，仍以细嫩芽茶为贵。怎奈我审美粗鄙，年年嘱咐制茶师傅莫要帮我做芽茶。一定要等到清明之后，再开始采一芽一叶或一芽两叶的茶青制作。

依旧例，叶为旗，芽为枪。由此，便取名作“石阡旗枪”。“旗枪”为雨前茶，自是价格适中，适合我这样过日子精打细算之人。但除去价廉，关键还是得质优。若非优质之茶，价廉又有何意义呢？

石阡县茶园

○ 古老习俗少人知

石阡当地，饮茶习俗也颇为有趣。除去正常冲泡之外，人们还爱喝一种“罐罐茶”。尤其是老人，真是离不开它。他们在一只貌似红茶奶杯的土陶罐里，加入比较粗老的茶叶，然后直接放在炭火盆里加热，直至小罐中的茶水沸汤冒泡。此时老乡会夹起一块炭条，熟练地抹去罐口的白色泡沫。若是天气寒冷，还可以把生姜切片加入一起熬煮。

“罐罐茶”口感极酽，却是当地老茶客的最爱。这种如今看起来“粗鄙”的饮茶手法，常常被冠以“边地习俗”。可其实很少有人知道，这却也是地地道道的“大唐饮茶法”。

类似于石阡罐罐茶的喝法，在唐代以前就已出现。甚至在陆羽生活的中唐时期，仍是饮茶的主要方式之一。所以陆羽才会无奈地说：“而习俗不已。”由此可以推断，石阡罐罐茶堪称中国饮茶习俗上的活化石了。

当然，如今我仍推荐用“盖碗泡茶法”来品饮石阡茶。欣赏一款茶，起码应动用嗅觉、味觉、视觉三项感官。芳与鼻触，洌以舌受，色为目审。三者合一，方不负一捧好茶。

落实回冲泡石阡旗枪，定要先行用沸水温杯。借水温将茶器沁透了，再抛茶入内。茶落香起，竟是一股独特的味道。香气扑烈，让人一时间乱了阵脚。定一定神，二次深嗅细品。香气非花非果，竟与刚煮熟的甜玉米同调。干香迥异，算是苔茶的一大特点。

以茶与水1:100的比例投茶，随即注沸水浸泡。稍后，色泽渐开，珠玑磊落。端杯轻嗅，茶未饮而香自流。与干茶的玉米香又不同，茶汤清芬扑鼻，是标准的绿茶特点。一口咽下，沉吟半晌，舌有余香。春末初夏，饮一杯可心的绿茶，释躁平矜，怡情悦性。

由于黔茶的特性，自带有三分乡野之气，加上“粗糙”的采摘标准，更是使得茶汤滋味厚重，因此石阡旗枪味老香深，具芝兰、金石之性，倒是符合我的重口味。喝顺了这款茶，有时候再品高档龙井，倒觉得力韵微怯了。

可这些年，要想喝上一口苔茶做的旗枪却非易事。如今的石阡县，广泛种植福鼎大毫、龙井43号、福云6号等高产品种。倒是土生土长的石阡苔茶，种的人越来越少。有的茶农觉得苔茶名气小、产量也不算高，干脆一股脑儿砍掉，改植其他树种。

以前我一直认为，一种茶突然间爆红，可能是危险的事情。现在反过来思考，若是一款茶名气太小，市场认知度过低，可能陷入更大的危机。市场持续性低迷，定会导致茶农对于这款茶丧失信心。随即，不仅这款茶会在市场上销声匿迹，甚至连茶园都会被人夷为平地。

因此，我愿为石阡苔茶撰作此文。

不求大红大紫，但愿她不要销声匿迹就好了。

沿河古茶

○ 思州古茶区

沿河县，位于贵州省铜仁市。虽然如此，却最好别直接飞到贵阳龙洞堡机场或是铜仁凤凰机场。因为沿河县距离这两个机场的车程都太远了。短的三个小时，长的要将近六个小时。

我是从北京坐一趟红眼航班，飞到了重庆黔江机场。下了飞机已是凌晨1点，晕头转向地拿上行李，再登上当地政府派来的大巴车，又足开两个多小时才到达县城。我再一看，天都快亮了。您可别嫌麻烦，这已经是最优的路程了。沿河，就是这样一座闭塞的小县城。

闭塞，是个含有贬义的词，使人联想到贫穷与落后。要想富，先修路。公路、铁路，就是财路。很多年来，沿河县因交通不便确实吃了大亏。但塞翁失马，焉知非福。正因为相对封闭的环境，使得沿河县至今自然环境极其良好，成为工业社会中的一方净土。

更重要的是，县内保存有极其丰富的古茶树资源。据县茶叶办公室的工作人员介绍，沿河县普查清点出的古茶树有40000株以上。其中光是挂着保护牌的古茶树，就超过了3000株。近些年，沿河被授予“中国古茶之乡”称号，倒是当之无愧。

古茶树集中出现的地域，需要具备两个条件。

第一，交通闭塞，少有外界打扰。

第二，茶区古老，多有历史积淀。

沿河县，二者占全。

交通闭塞，我是深切体会了。

茶区古老，则可在文献中寻找到力证。

说起文献，还要从我的老本行《茶经》讲起。

《茶经·八之出》中记载：

> 黔中，生思州、播州、费州、夷州……往往得之，其味极佳。

这是一条关于贵州茶产业的珍贵史料。其中记录了贵州茶在唐代的基本分布及情况。沿河县，就是《茶经》中提到的唐代“思州”所在地。

思州，在唐代也算不上什么重要的地方。我想只有熟读《茶经》的人，才会对这个地名有印象吧？可来到沿河县，倒是给我吓了一跳。时至今日，县里最大的酒店仍然叫思州大酒店。住在里面，老有一种穿越回大唐的感觉。

从《茶经》的记载算起，沿河茶业的历史也有千年之久了。

沿河古茶，能够留存至今，时也、运也、命也！

○ 访茶塘坝乡

在县茶叶办和茶企人员的陪同下，我们开车前往沿河县的塘坝乡榨子村。据说，那里的古茶树最为集中。

沿河县距离铜仁市将近200公里，车程大致需要3个小时。沿河县距离榨子村不足100公里，车程竟也需要3个小时。没办法，路太难走了。我们中途甚至还一度退出了贵州省，绕道重庆市酉阳县。翻山后，再次进入贵州境内。从县城出发，去自己县的乡镇，中途还需要跨省，也算是一次别样的经历。

但若不是这么不方便的交通，古茶树还能保存至今吗？

历尽千辛万苦，总算见到了古茶树。榨子村的古茶树，全都分布在老百姓的房前屋后，此乃一大特色。与其说村子里有很多茶树，倒不如说茶树林里有一个村子。你中有我，我中有你，茶与人和谐相处。

塘坝的古茶树不算高，多是灌木型。遒劲有力的树干，满布青苔的枝杈，都显露着它沧桑的经历。现如今，每一株茶树上还都挂上了二维码。想了解这棵树的年龄、品种、健康情况，一扫便知。我在老茶区，竟也看到了新气象，有趣。

这些年，所谓“古树茶”被炒得沸沸扬扬。“古树茶”的概念，先是从普洱开始，从而扩散到红茶、白茶乃至于绿茶。沾“古树”二字，必火；贴“古树”二字，必贵。不客气地讲，当下茶界，古树泛滥。

但榨子村老百姓眼中的古树，却并不神秘，更不高贵。它们就是房前屋后的大树，是先人留给子孙后代的念想。

沿河老百姓制“古树茶”，只当饮品，而不作商品出售。

沿河老百姓喝“古树茶”，只当生活，而不是炫耀资本。

据当地人介绍，当年沿河这些所谓“古树茶”价格极低。

有多低？

一斤干茶，8块钱！

“为什么价格这么低？”我问。

沿河县街景

作者探访沿河县古茶园

“城里的老板，讲究喝西湖龙井、都匀毛尖。喝我们乡下的老树茶，人家会觉得没面子。”村民答。

正因如此，虽然当地村民守着几千株古茶树，可日子过得仍然清苦。

○ 古树贵与贱

的确，茶价过低，伤农。

但是，茶价过高，伤树。

古树茶，如同茶树中的退休老人。

人到了退休年龄，工作就比不得年轻人。

树到了退休年龄，产量就比不了年轻树。

可若古树茶价格一路猛涨，势必导致产区过度采摘利用古茶树。本是到了退休年龄，不仅要返聘上岗，还得加班加点，古茶树怎么受得了？如今的云南，就是古树茶满天飞。若市场上的古树茶有三成是真的，那么云南的古树可就要遭受灭顶之灾了。潮州的凤凰山上，也有不少单丛古树。近些年就是由于过度采摘，已经有几株几百年的母树枯死了，这是我亲眼得见的事情。

古有竭泽而渔。

今有竭树而茶。

现如今，沿河县古茶树的价值，正在逐步为世人所接受。一斤茶8块钱的价格，一去不复返了。但值得高兴的是，这里的茶农仍然恪守着“一年只采一季茶”的老传统。全年只在春季采茶，夏、秋、冬三季则都给古茶树放假，不做任何的采制。除去“不时不采”，也力求“少采慎采”。

每一株古茶树，最多采摘四斤鲜叶，最终做成的干茶不足一斤。比起云南很多地方，贵州沿河县对待古茶的态度，要善意很多。有人说，可能是由于沿河古茶还不火。那么请允许我默默祈祷，沿河古茶不要太火。

○ 土茶与好茶

近几年，沿河古茶树的价值被当地政府日益重视。登记造册，挂牌扫码，修整茶园，一系列保护措施陆续出台。不要说乱砍滥伐，就是随意移栽，都是严令禁止的。在古茶树保护上，沿河县走在了全国的前列。

可其实，现如今有比古茶树更需要保护的对象。

是什么？

答：古茶树的基因。

魏武有诗云：神龟虽寿，犹有竟时。腾蛇乘雾，终为土灰。不论再怎么保护，沿河古茶树，也只会越来越少，这是自然规律罢了。当务之急，是在一定程度上推广沿河当地的土生茶树品种。不光是保护古树，更要把二代乃至三代茶树推广普及。

其实，这不仅是沿河县，而且是整个贵州茶区要面临的课题。作为古老而传统的茶区，千百年来贵州省的大地上，孕育出许多颇具特色的地方茶树品种。我给大家介绍过的石阡苔茶，就是其中之一。当然，贵州的特色茶树品种，还远不止苔茶一种，但它们一律不受重视。

近些年，贵州省大力发展茶产业。2014年，全省茶园面积为350万亩。2015年，就增加到了420万亩。2016年，更是突破了500万亩。放眼全国茶区，发展速度之迅猛，无出其右。

但新增的茶园里，种植的大多是名优品种，而非贵州当地品种。

行走在贵州，茶园里随处可见的都是龙井43号和乌牛早。这两个品种都引种自浙江，是制作贵州龙井的主要原料。除此之外，引种自福建的福云6号、福鼎大白、福鼎大毫也比比皆是。真是应了那句老话，外来的和尚好念经呀。

其实，贵州这些土品种制出的茶，别有一番风味。

单尝石阡苔茶，各位就知道我所言非虚。这次我在沿河县，同样也喝到了极其精彩的绿茶。茶汤饱满，鲜爽淋漓，呷汤入嘴，口鼻溢香。而浑厚的汤感里，又另有三分野趣。饮沿河绿茶，像和少林寺扫地僧过招。内力澎湃，绝非龙井、碧螺春这样的小家碧玉可比。

后来一打听，敢情就是拿这些古茶树的茶籽进行有性繁殖，从而繁育出的二代土茶树种。怪不得这么有特色！

可贵州当地原有的土生茶树品种，却被定有两宗“原罪”：其一，名气小，市场认知度低；其二，做出来的茶卖相差，看着不够高档。正因如此，贵州土生茶树品种遭到了“清洗”。人们将其大面积砍伐后，再种上乌牛早、福鼎大白等所谓优良品种。

这些年贵州茶产量连年提高，却多是给他人做嫁衣。贵州出产的龙井、碧螺春，白茶，充斥着全国各地的茶叶市场。其实我也多次喝过贵州龙井，风味独特，堪称佳茗。毕竟，贵州是得天独厚的好茶区。

可总是邯郸学步，却不是个办法。来贵州，就是要吃酸汤鱼、折耳根、土腊肉。牛排、汉堡、意大利面做得再好，也成不了贵州名菜，更不能代表贵州饮食文化。

说完了吃，再说说玩。我们现在去全国各地旅行，也会发现“同质化”情况极其严重。北京的南锣鼓巷、成都的宽窄巷子、厦门的鼓浪屿，几乎看不出区别。在里面逛一圈，除了鱿鱼、鸡排、臭豆腐，就是铺天盖地的义乌小商品。以至于这些当年火热的旅游景点，也正在不知不觉地没落着。

大家为什么不喜欢去了？实在太没个性了。吃喝玩乐，本是一理。茶虽高雅，也要在情理当中才是。

真正的爱茶人，不会在意名气。

真正的爱茶人，只会关注茶汤。

想必大家希望喝到的，就是地道的沿河古茶，而不是沿河龙井或沿河碧螺春。

禅茶一味，是文化。

千茶一味，是失败。

辑二 黄白之物

老白茶

○ 不怕老的白茶

秦始皇，是中国历史上很了不起的皇帝。变法革新，并吞六国。南平百越，北抗匈奴。书同文，车同轨，统一度量衡。设郡县，废分封，修道筑长城。但这么强悍的秦始皇，却专怕一个字——“老”。

要不是怕老，他也不至于迷信方士之言，沉迷于修道炼丹。甚至派遣徐福带着童男童女出海，寻找蓬莱仙境，求取长生不老之药。甚至有传说，徐福后来漂流到了如今的日本岛。他所带的童男童女就在当地落户生根，最后繁衍出了如今的日本大和民族。

我去日本时碰到了一位姓“羽田”的朋友，他就坚持认为自己是大秦朝徐福的后人。他的理由特别简单，“羽田”和“秦”在日语中发音相同，都是“HATA”。当然，这都是一些闲话，我们还是接着聊茶。

其实何止是秦始皇，世间谁又能不怕老呢？还真别说，还真有不怕老的。不仅不怕老，还希望自己越老越好。有时候不够老，还愣要给自己说得更老些才满意。这就是如今的白茶。

若以新老而论，中国茶大致分为三大类。

第一类，是新茶好喝，放久了就不好喝了，这自然是以绿茶为代表。

第二类，是新茶难喝，需要陈化后才好喝，这显然是以黑茶为代表。

第三类，是新茶就很好喝，陈化后又别有一番风味。白茶、乌龙、红茶，都属于这一类别。

也就是说，白茶既可以尝鲜，也可以陈放。但不知道从什么时候起，说白茶时前面一定要加上一个“老”字。老白茶，与老中医、老专家、老教授一样，似乎给人一种靠谱、优质以及昂贵的感觉。以至于如今市场上，新白茶总是不被人看重。反而是各种老白茶，可谓是层出不穷。

○ 不红火的白茶

六大茶类中，大器晚成的就要数白茶了。追溯白茶的历史，很多人老是抬出唐代陆羽的《茶经》或宋徽宗的《大观茶论》。这两本书里虽然都有“白茶”两个字，但是从树种到工艺都与今天的福建白茶风马牛不相及。

唐宋白茶，绝非今日之白茶。六大茶类中的白茶，历史要从19世纪前后开始算起。屈指算来，福建白茶也有两百年左右的历史了。但要说白茶为全国人民所熟知，那不过是近十年的事情而已。

在《中国茶产业发展报告（2011）》中，收录有叶乃兴、谢向英、吴守峰撰写的《中国白茶产业研究报告》。其中在分析2010年白茶发展面临的问题时写道：

鉴于中国茶区辽阔，茶类丰富，目前，在茶叶市场上有白茶类的福鼎白茶、政和白茶与绿茶类的安吉白茶、景宁白茶、徽州白茶、靖安白茶（江西）、天目湖白茶（江苏）、正安白茶（贵州）等茶叶产品的名称，容易引起消费者的混淆。除了福建生产的白茶类以外，其他“××白茶”都是属于绿茶产品，这些产品的鲜叶原料为白叶茶。

换句话说，即使就在2010年之前，全国人民对于福建白茶和安吉白茶还分不清呢。亦或者说，知道安吉白茶的人多，知道福建白茶的人少。

上个月我看到朋友圈里有人出售2001年的荒野牡丹。结果没过几天，该店又上新了1999年的老寿眉。价格自然不菲，要几千元一斤。学生也经常拿着这样的产品信息问我：这种二三十年的老白茶靠谱吗？很遗憾，基本上都不靠谱。

有人会质疑：你没喝怎么知道不靠谱呢？

答案很简单：不合理。

何以见得？还是拿数据说话吧。

福鼎与政和，是白茶的主产区，也是如今老白茶最泛滥的地方。根据《福建经济与社会统计年鉴》中的统计，2004年至2008年福鼎与政和的白茶产量如下：

福鼎：2004年，1938吨。2005年，3149吨。2006年，2985吨。2007年，3516吨。2008年，3896吨。

政和：2004年，300吨。2005年，500吨。2006年，495吨。2007年，720吨。2008年，1872吨。

通过分析以上数据，我们可以得出一些结论。进入21世纪以来，白茶产量呈现出明显的上升态势。其中福鼎市2008年白茶产量近4000吨，比2004年时增长了一倍。政和白茶产量，从2004年的300吨增至2008年的1872吨，增长达到5.2

倍之多。

但即使增长速度不低，截止到2008年，白茶的产量仍十分有限。福鼎与政和两个产区相加，2008年的产量才刚刚突破5000吨。而早在2000年时，福建乌龙茶的茶量已经有8.7万吨之多。此后每年仍以8%~10%的速度递增，到了2007年时已达到14.5万吨。（资料来源：2010年《中国茶产业发展报告》）换句话说，2008年时的白茶产量，刚刚够乌龙茶的零头。

其实即使是在2010年之后的几年间，福建白茶发展仍然十分缓慢。我们来看一下2011年至2012年的白茶生产数据：

2011年，白茶产量为13915吨，增产1.8%。

2012年，白茶产量为10244吨，减产28.7%。

（数据来源：《中国茶产业发展报告》）

分析以上数据可知，白茶产量在2011年较之2010年仅有微量的增长。这种产能的涨幅，小到可以忽略不计。而到了2012年，白茶则出现了明显的减产。较之2011年，白茶减产幅度超过了四分之一。

看着这样的数据，我们不禁要问：2012年白茶就真的火了吗？

答：并没有。

2014年，全国白茶产量达到15708吨，较之2011年增产1793吨。2015年，白茶总产量达到21993吨，较之上一年增产40.01%。2016年，白茶总产量为21695吨，与上一年基本持平。可到了2017年，白茶总产量达到30052吨，较上一年增长又达到38.5%。

总结来看，2012年之前的白茶并没有真的红火起来，产量也基本保持在一个稳定的数值上。到了2015年，白茶产量第一次突破了2万吨大关。而仅仅在两年之后的2017年，白茶产量又突破了3万吨的关口。应该说，自2014年起白茶才呈现出一种迅猛发展的态势。之前的白茶，一直处于一种产能有限的状态。

○ 不内销的白茶

也有人说，当年的白茶产量虽小，但是卖不出去呀。几千吨留到今天，也都可以变成老白茶。其实，这里面有一些对于白茶的误解。白茶所谓卖不出去，实际上是针对内销市场而言。作为中国的传统名茶，白茶在外销领域一直都有自己稳定的受众群体。

笔者收藏有一份1979年秋季中国出口商品交易会的白茶广告单。上面明确写道：

> 中国白茶，品质独特，气味芬芳，健胃提神，消暑解渴。港九各茶庄、国货公司均售。

像当年香港的协丰茶行、汇源茶行、元亨茶行、大来茶行、东荣茶业有限公司，都有大量的白茶业务。

在《中国茶产业发展报告（2011）》中也写道：

> 白茶，福州、福鼎、政和为主要产区，内销较少，大部分用于出口。随着白茶的保健功能为人们所认知，国内市场及欧盟、港澳台地区对其需求量逐年增加，白茶市场前景看好。

可见即使到了2010年前后，白茶仍然是以外销为主。

同为外销茶，白茶与普洱毛茶又有着本质的不同。云南大

慶祝一九七九年秋季中國出口商品交易會開幕
中國白茶
（大白牡丹・壽眉）
品質獨特　氣味芬芳　健胃提神　消暑解渴
協豐茶行
香港忠正街19號三樓
電話：5-483129
滙源茶行
香港東邊街23號閣樓
電話：5-498403
元亨茶行
香港德輔道西63號閣樓
電話：5-480351
大來茶行
香港德輔道西308號二樓
電話：5-471939
東榮茶業有限公司
香港德輔道西227號二樓A座
電話：5-473341
聯合經銷
港九各茶莊・國貨公司均售

20 世纪 70 年代白茶外销广告

叶种制作的普洱，新茶性烈且苦涩难耐，以至于一定要熟成后才适宜饮用。福建的白茶则不同，不管是大白、小白还是水仙白，当年饮用就非常甜润清爽。刻意存放，多此一举。同时，白茶条索蓬松，存放起来既占库存，损耗度又高。刻意存放，得不偿失。再加上白茶当年的价格十分亲民，只是港澳地区老百姓的口粮茶。刻意存放，意义不大。

2010年之前，作为白茶的传统销区，每年福建所产的白茶绝大部分都被港澳地区直接消费掉了。即使有零星的库存茶留到今天，那也都是机缘巧合罢了。且一定不会有量，根本没法作为商品参与市场流通。现如今市场上，各个商家的摊位上都有老白茶。如果加在一起，恨不得比当年的产量还要多。

合着这么多年，白茶不仅一斤没卖，反而库存还变多了。

您说，这合理吗？

○ 不畅销的白茶

可如今的市场上，很多商家动辄就拿出所谓十数年甚至数十年的老白茶。我很想问，这些茶都从何而来呢？也有的商家对消费者说：我卖白茶已经几十年了！自存自卖的资深白茶卖家，听起来是不是很可信？其实，更不靠谱。

本世纪初的北京茶叶市场上，流传着“福鼎白茶，白喝白拿”的顺口溜。话糙理不糙，真是一语道出了当年白茶市场的萧条。倒退十余年，甭说卖白茶，您就是白送都不一定有人要。

这话绝不是夸大其词。北京茶业商会副会长梁承钢先生，与我交情莫逆。他本人即是福建籍的茶商，在北京从事茶叶销售数十年。2018年北京市马连道举办“三十年·三十人·三十事”的评选，承钢先生也是榜上有名，可谓实至名归。有一次喝茶闲聊时，他曾给我讲过一段白茶往事，颇有史料价值。我不妨也写下来，以供爱茶人参考吧。

话说2003年，梁先生的公司与北京市百货大楼有业务上的合作。当时的百货大楼里货物齐全，绿茶、黄茶、乌龙、红茶和黑茶应有尽有。但是，唯独就没有白茶的销售。梁先生本就是福建人，又在福鼎收购原料制作茉莉花茶多年，所以每年都制作少量的白茶。于是双方一拍即合，由梁先生的公司提供福鼎白茶，在百货大楼的柜台上试销。

因为抱着试试看的心态，所以当时梁先生也只送去一小箱高级白牡丹。在百货大楼里的零售价，也仅仅为每斤300元。还真别说，白牡丹上架当天就有了销售。一位客人对新鲜茶类挺感兴趣，出手“大方”地买了50克。但大家都挺高兴，别看只卖了一两，总算是开张了嘛。

没想到，第二天这位客人就拿着茶叶来退货了。理由有二：其一，这茶味道太淡。其二，这茶里面“毛”太多，喝了剐嗓子。其实现在爱茶人都知道了，清爽甘甜本就是白牡丹的特点。至于所谓“毛”，其实是白牡丹的茶毫。不仅不是缺点，反而应该是采摘级别够高的表现。但是在当时，这款白牡丹显然超出了一般爱茶人的认知范畴。毕竟，2003年时没有几个人真的了解白茶。

几经交涉，营业员还是给这位客人退了货。同时，百货大楼也通知梁先生：这款白茶接到客人投诉，可能存在质量问题。按照百货大楼销售人员的意见，干脆就把这款奇怪的“白毛茶”直接下架算了。后来还是梁先生好说歹说，商店勉强同意再摆放一段时间。

一转眼六个月过去了，这批白牡丹一两都没卖出去。没办法，百货大楼只能把送去的一小箱白牡丹退给了梁先生。本想着能将白茶推荐给北京市场，结果吃了一个闭门羹不说，这一批茶叶也算是砸在手里了。

2009年，梁先生在整理仓库时又发现了这批茶叶。因为都是蓬松的散茶，实在是太占地方。于是他找来同行，看看有没有人想要接手。其实从2003年到2009年，这批茶也算是六年陈的白茶了。但当时连新茶都卖不出去，更何况是库存积压的陈茶呢？因此梁先生决定一分钱不涨，就按2003年的价格出售。条件只有一个，必须一次性把这批货都拿走。留在仓库里，看着都闹心。

最后几经协商，梁先生才成功地把这批“老白茶”转让给了自己的一位老乡。故事听到这里，大家估计心里都暗自着急，觉得这笔生意真的做得太亏了。但在那一刻，梁先生却甚至有了一种如释重负的舒畅感觉。

这个故事，仅仅发生在十多年前。那时候的库存白茶，还是一块烫手的山芋。既占库房，又压资金，真的没有什么商家愿意去存。如今市场上动辄八九十年代的老白茶，又都是哪里来的呢？可信吗？

我从不认为，老白茶不好。

我只是想说，这个世界上真没有那么多老白茶。

大家出手，要慎重。

建阳白茶

六大茶类中的白茶，这几年可谓是风生水起。最起码，人们提起“白茶”二字时，想到的不是安吉而是福鼎了。浙江的安吉白茶，本是绿茶。闽东的福鼎白茶，才是白茶。这样一个简单的知识，可让全国饮茶人都了解却又谈何容易。从这个角度来讲，福鼎白茶已是相当成功。

可其实，中国白茶的茶区又不止福鼎一处。陈宗懋主编的《中国茶叶大辞典》“白茶”条目中明确写道：

> 白茶，基本茶类之一。表面满披白色茸毛的轻微发酵茶……主产于福建福鼎、建阳、政和、松溪等地。

在近十年的发展中，质量优异、价格亲民的福鼎白茶充当了领跑者的角色。白茶以福鼎为先锋，在强手如林的中国茶界冲出了一条路径，并站稳了脚跟。应该说，在白茶的推广上，福鼎确是首功一件。

既然福鼎已经打开了白茶的市场，那么随后建阳、政和、松溪等传统产区便应该紧随其后进入市场。可实际情况并非如此。可能是感受到白茶的火热，也可能误认为白茶工艺简单，总之，如今全国都掀起了一股制作白茶的风潮。云南白、贵州白、安徽白……前两年我到台湾，发现当地茶农也在用乌龙树种制作白茶了。

之前，有张著名邮票题为《祖国山河一片红》。

仿此，如今茶市或可名为“中国茶市一片白”。

反倒是传统白茶产区，在这样轰轰烈烈的白茶化背景下备受排挤。

咄咄怪事！

既然如此，就由我这个不识时务的人，来聊聊冷门的传统白茶——建阳白茶吧。

○ 建阳与南坑

聊茶，总要从产地开始。

建阳，处于闽北腹地，周遭都是产茶区县。它的北面，是大名鼎鼎的武夷山市。南面，是水仙起源的建瓯市。东面，毗邻着白茶的另两个产区政和县与松溪县。

福鼎，归属于闽东的宁德市。建阳，归属于闽北的南平市。福鼎靠海，建阳环山，地理风貌各有不同，制出的白茶风味自也不同。

说清了位置，再来梳理历史。

建阳产白茶的时间，绝不比福鼎白茶晚近。林今团《建阳白茶初考》(原载于1990年10月《福建茶叶》)一文中写道：

> 1990年，74岁的肖乌奴和同村同年人饶太荣两位老茶农反映，白茶是肖苏伯（肖乌奴的曾祖父）和肖占高的父辈创始的。肖苏伯年轻时即曾贩运白茶到广州。

这个肖氏家族是当地的茶商世家，上文中提到的肖占高有“太学生”头衔，死后墓葬规格较高。他的墓石刻文在20世纪90年代时仍清晰可见，上有“道光壬寅二十二年九月×日立”（1842）的字样。又知，肖占高享年70岁。由此可以揣测，肖氏兄弟年轻时到广州贩卖白茶的事情，大约发生在清乾隆五十七年至嘉庆七年（1792—1802）之间。如果当时的白茶已经是可以畅销广州市场的成熟商品，那么建阳白茶工艺创制的时间便不会晚于上述的年份。

建阳白茶，很可能创制于清朝乾隆晚期。

以此推断，建阳很可能是最早制作白茶的茶区。

但翻查历史资料，建阳白茶的名字却罕有出现。不是建阳白茶不火，而是与地理名称的变化有关。最早的建阳白茶，创制于建阳县漳墩乡桔坑村南坑片。这里产的白茶，便称为南坑白。

南坑这个地方，自北宋治平三年（1066）起至清末均属于建州（建宁路、府）瓯宁县紫溪里。民国二年（1913），建安、瓯宁合并为建瓯县，南坑仍属于紫溪里。民国二十七年（1938），水吉特种区设立。两年之后，又设立了水吉县。产白茶的南坑，归属于水吉县漳墩乡南坑保。新中国成立之后，南坑归属于水吉县第六区南坑乡。这里产的白茶，便也称为水吉白。有些老资料上，罗列白茶产区时也有水吉县，原因即在于此。

1956年秋，水吉与建阳合并为建阳县。白茶的产区南坑，正式归属于建阳县。历史上的南坑白茶与水吉白茶，便都叫建阳白茶了。

○ 小白与大白

建阳产的白茶，最有特色的即是小白。何为小白？这就牵扯到了中国白茶的分类方式。目前常见的分类法，将白茶分为白毫银针、白牡丹、贡眉和寿眉。其实，这便是以采摘标准和加工工艺为划分标准。若是按照茶树品种来区分，则分为大白、小白和水仙白。

所谓大白，即是用福鼎大白、福鼎大毫、政和大白等树种制作的白茶。因条索肥硕壮实，因此占了一个“大”字。所谓小白，即是用菜茶品种制作的白茶。因条索紧结纤细，所以占了一个“小”字。所谓水仙白，则是用水仙品种加工的白茶。

对于饮茶人来说，大白、小白与水仙白的口感可谓各有千秋。对于制茶人来讲，则一定会选择大白。原因何在呢？首先，大白茶树品种，茶园利于管理，茶青便于采摘。其次，大白茶树品种，产量更高，千芽重远胜于小白。更为诱人的是，大白茶树品种做出的白茶更加肥壮可爱。即使是不懂茶的人，看到大白做的银针或牡丹，也一定会心生青睐。

于是乎，如今的福鼎与政和两地，主流的白茶都属于大白。其实就我在产区的了解，当年福鼎也做了不少以菜茶为原料的小白。但小白既不如大白产量高，更不如大白卖相好，茶农便都砍掉种福鼎大毫茶了。事到如今，想再在福鼎看到一片菜茶的茶园已经绝非易事。菜茶的没落，不知算不算福鼎白茶产业腾飞的滥觞呢？

在这里，我绝没有贬低大白茶的意思。

在这里，我只是希望引起大家的思考。

茶叶品种的丰富性，实是中国茶的特色。

茶树品种的多样化，更是中国茶的根基。

大白、小白、水仙白，百花齐放才是正理。

○ 高产与低产

现如今建阳白茶产业，远没有福鼎或政和红火。亦或者说，建阳白茶至今还很没落。根据蔡金龙《建阳白茶产业发展现状与对策》（原载于2018年第二期《福建茶叶》）一文的数据显示，目前整个建阳地区，产白茶的乡镇只有漳墩一个。茶园面积1000公顷，白茶产量仅有0.1万吨。根据中国新闻网2018年5月的报道，福鼎白茶的年产量为1.37万吨。建阳白茶的产量，还不到福鼎白茶产量的十三分之一。

试想一下，如果市场需求量很大，建阳白茶自然会扩大生产规模。现如今产业萎缩，可见建阳白茶并不好销。究其原因，蔡金龙在文章中分析道：

> 建阳区漳墩镇作为建阳白茶生产仅存乡镇，当前生产白茶的茶树品种主要是武夷菜茶有性系群体种，遗传变异明显，制成小白茶成品后具有鲜爽度高、回甘清洌的优点，其条形松散，大小和色泽一致性较差，外形不美观，对建阳白茶商品推广和品牌的打造起到减分作用。

一言以蔽之，以武夷菜茶为原料制作的建阳小白，好喝而不好看。

正所谓内行看门道，外行看热闹。

中看不中喝的茶，可能会吸引外行。

中喝不中看的茶，一定只打动内行。

在以貌取茶的今天，建阳白茶自然是只能由真正尊重茶汤的人来欣赏了。

建阳贡眉

商标证号：311298
核准日期：1988 3 30 至 1998 3 29
使用商品：茶叶
申 请 人：福建省建阳茶厂

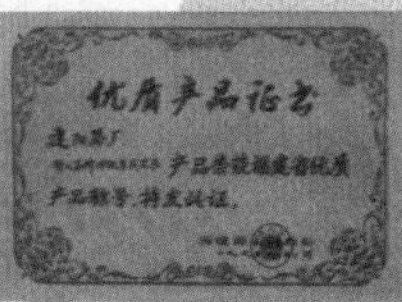

厂 长：周亚林

建阳茶厂是福建省茶叶生产出口的国营中型骨干企业。主要产品有：传统白茶、茉莉花茶、乌龙茶（闽北水仙）、绿茶、寿眉南参茶等。并有各种规格的精美的小包装。产品远销港、澳及东南亚国家和地区，曾获省首届“消费者信得过产品”称号和“轻工部出口产品展览铜牌奖”；“擎天岩”牌茉莉花茶系我县的拳头产品，有阳春白雪、武夷雪芽、龙芽、洞天沉云等十五个品种，国内市场销售覆盖率达 43.7%，其中特级茉莉花茶获省优质产品称号；一九九二年与中科院上海物研究所和商业部杭州茶叶加工研究所联合研制的新产品——寿眉南参茶已通过省级鉴定并获得批量生产许可证。

地址：建阳县工业路 185 号　电话：622960

20 世纪 80 年代建阳茶厂广告资料

○ 寿眉与贡眉

建阳的茶树，多处于半荒的状态。一年只可采一季，产量也十分有限。因此，如今的建阳白茶银针做得较少，牡丹几乎不做。反倒是贡眉，成为建阳白茶的拳头产品，又是建阳与其他白茶区的不同之处了。

关于建阳白茶产品名称的流变，还有一段不为人知的闲话可谈。詹宣猷、蔡振坚等所撰的《建瓯县志》(民国十八年版)中写道：

> 白毫茶出西乡紫溪二里，采办极精，产额不多，价值亦贵，由广客采买，安南、金山等埠其销路也。

如前文所说，白茶产地南坑正是归属于紫溪里。由此可知，如今的建阳白茶，早期称为白毫茶。等到了20世纪40年代的文字资料中，白毫茶便消失了，取而代之的是白牡丹和寿眉。

如《民国三十年核定外销箱茶数量花色》(藏于福建师范大学)中写到水吉县：

> 乌龙4500箱、水仙8000箱、莲心1500箱、寿眉3500箱、白牡丹1500箱。合计19000箱。

这份档案里面，就有我们今天很熟悉的寿眉与白牡丹了。等到了新中国成立之后，出口茶叶中却又以贡眉数量最多，占白茶总量的70%以上。寿眉，又是何时变成了贡眉呢？

在林今团《关于贡眉白茶》(原载于2015年第三期《中国茶叶》)一文中，记载了一段珍贵的采访资料：

> 通过建瓯茶厂70多岁的老茶人向2013年86岁的李思源和87岁的黄茂德两位老茶师了解。李于1953年进厂，

黄于1954年进厂。两位老人一直在茶厂的茶叶审评室任茶师。黄茶师说他一进厂就有“贡眉”这个品种。李茶师说“贡眉”是1953年由省农林厅安排生产的，原料就是原来加工“寿眉”的小白茶。

通过上述口述史资料可知，贡眉白茶大致是1953年开始在闽北建瓯茶厂生产的。

这里还有个问题，建阳白茶又为何在建瓯茶厂生产呢？

原来在1951年，福建省茶业公司在闽北设立建瓯和政和两个茶叶精制厂。次年，水吉县所产白茶和乌龙，就都交付给建瓯茶厂加工。直到1979年，建阳茶厂才开始自己收购加工白茶。计划经济时代，一切听从主管部门安排，这便是那个时期茶叶生产的特殊背景了。所以李、黄二位老人口述的历史，正是建阳白茶在建瓯茶厂精制加工的时期。

爬梳史料，总算水落石出。

贡眉，以建阳为发祥之地。

建阳，以贡眉为代表产品。

至于有商家宣传，说贡眉白茶是进献皇帝的贡品，则纯属于望文生义的无稽之谈了。其实不管是建阳贡眉也好，福鼎寿眉也罢，就一般人看起来都是一捧枯树叶子罢了。就连白牡丹这样的美人，有很多人都嫌弃她不如龙井、碧螺春温婉可人呢。可其实人类的食物，吃的也好喝的也罢，都没必要做得过于精致。那样就不是食品和饮品，而是工艺品甚至艺术品了。

工艺品和艺术品，一定是欣赏价值大于使用价值。甚至于，没有使用价值都不算是工艺品和艺术品的缺点。可不好喝的茶，再好看又有什么用呢？好喝的茶，粗糙一点又何妨呢？

云南白茶

大致在2015年的时候，我在北京人民广播电台专题讲述白茶文化。那时候能搞清楚安吉白茶与福建白茶之区别的听众，都可谓是寥寥无几呢。但现如今，很多京城百姓都可以清楚地说出白毫银针、白牡丹、贡眉、寿眉的区别了。不得不说，现如今的白茶真的是火了。原本白茶的销区，不过是粤港澳以及东南亚地区而已。如今白茶的销区，已经遍及大江南北长城内外了。

白茶的火爆，不仅是销区的拓展。

白茶的走红，还体现在产区的扩大。

按陈宗懋主编的《中国茶叶大辞典》“白茶”条目中的记载：

> （现代白茶）主产于福建福鼎、建阳、政和、松溪等地。包括“白芽茶”“白叶茶”两类。著名白茶品类有银针白毫、白牡丹、贡眉等。外销主销东南亚。

由此可见，传统白茶的产区极为狭小，仅局限在闽东北的几个县而已。但随着近十年来的市场推广，白茶已渐渐成为家喻户晓的名茶品种。生产白茶的地方，也逐步拓展到了福建全境甚至省外。我这些年访茶，在安徽、湖南、贵州等地都见到了白茶的生产。而其中最为火热的白茶新兴产区，非云南莫属了。

○ 云南白茶的真伪

我这样说，云南的朋友可能会反驳：“什么叫新兴白茶产区？云南可是一直有白茶的呢！”这样说，也不算错。因为云南本地，确实有一种景谷大白茶。但是请注意，此白茶非彼白茶，完全是两码事。诸位稳坐，听我慢慢道来。

景谷大白茶的发现，源于上世纪80年代初期。1981年10月，思茅地区（今普洱市，下同）茶树品种资源普查工作在景谷、镇沅两县试点取得成功。在此基础上，便在全区范围内展开进一步调查。这次历时两年半的普查工作，不仅基本调查清楚了普洱市茶树品种资源情况，也让景谷大白茶走进了人们的视野。根据普查结果，当时发现的大白茶古树共有107棵。思茅地区行署农牧局还在1985年将这次普查结果编印成《思茅地区茶树品种资源》一书。

关于景谷大白茶的起源，却一直是一个谜团。据1994年农业部全国农业技术推广总站所编的《中国名优茶选集》中说，景谷大白茶种植于清道光二十年（1840）前后，至今约有150多年的历史，最初由一名叫陈六九的茶农到江迤（今澜沧县一带）做生意时，从茶山摘得数十粒茶籽，藏于竹筒扁担中带回，种植于距县城65公里的民乐区大村乡秧塔村。因此景谷大白茶，又名秧塔大白茶。

景谷大白茶这一品种仅在秧塔发现，在其他地方都没有见到过。此后也曾有人在澜沧江两岸的茶山间对茶树进行对比，希望能找到大白茶的真正引种地，不过一直无功而返。云南其他地方的茶树，不是芽头比不上大白茶，就是不如大白茶般毛茸。所以到现在，基本形成一致的观点是，即使陈六九从外地引种的传说是真实的，秧塔山特殊的气候、土壤和地理环境也让陈六九引种的茶树发生了变异，造就了今日景谷大白茶这个独具特色的品种。

其实景谷大白茶与福鼎大白茶一样，都是茶树品种的名称。既然是茶树品种，就牵扯到适制性的问题。例如福鼎大白茶，适合制作红茶、绿茶与白茶。其中做成的白毫银针、白牡丹，都是白茶中的上品。那么景谷大白茶的适制性又如何呢？

1988年，农业出版社出版的《中国农业百科全书·茶业卷》中，也收录了景谷大白茶。其中明确指出：

（该茶树品种）适制普洱茶和滇绿茶，品质较优，亦适制红茶。所制的工夫贡茶峰苗挺直、显毫、味浓。在栽培上应注意加强修剪，促进分枝密度。适宜在滇南和滇西推广。

由此可见，景谷大白茶是一个茶树品种，而非一种中国名茶。而且这一茶树品种试制的茶类，是黑茶（普洱）、绿茶（滇绿）和红茶（滇红），和如今走红的白茶也攀不上关系。所以云南本地就有白茶的说法，就实在太牵强了。

除去景谷大白茶外，云南还有一种月光白。这款茶的名字很美，身世却一直稀里糊涂。首先是茶名的由来，就一直众说纷纭。有的茶商说，它有着漂亮和独特的外观，一般是一片叶子两种颜色，叶面呈青黑色，叶背呈银白色。在黑白相间中，叶芽显毫白亮得如同一轮弯弯的月亮，一芽二叶看起来犹如皎洁的月光照在茶芽上，故而得名月光白。

也有的茶商说，是因为月光白不经日晒，而是由月光晒干而成。如果前面一种说法还是文艺，那么后面这种说法就是糊涂了。众所周知，月亮是反射光，哪里有什么能量呢？只听说晒太阳，没听说晒月亮的呢。其实，这种“晒月亮”的说法，可能就是想说明他们的茶不是晒干的而是阴干的。您看，“阴”字的右半边有个“月”字。这会不会是月光白的灵感呢？我不敢妄下断言。

其次是月光白的定位，也是模棱两可。从工艺角度来看，月光白应算是白茶。但普洱好卖的时候，茶商却众口一词，说月光白是最特别的云南普洱。等白茶走红了以后，茶商才统一口径，说月光白是最不同的云南白茶。可怜的月光白，这才算是认祖归宗。

○ 云南白茶的优劣

云南白茶的兴起，实际上还是在福建白茶红火之后的一种连锁反应。云南的茶商，也不妨大大方方地承认这个事实。有那个追根溯源的精神头，倒不如研究一下如何做好自己的云南白茶呢。毕竟对于一款中国名茶来说，文化确实很重要，但是好喝更重要。

云南白茶也有自己的优势，那就是卖相好。景谷大白茶的特点是芽头肥大，而且茸毛特别多。当茶树春天发芽时，芽头有成人食指的两个指节长。一个大白茶的芽头，差不多有中小叶种的三四个那么大。制成干毛茶后，芽头肥硕、茸毛密被、白毫显露。这样的卖相，对于消费者来讲是有吸引力的。

但是在滋味方面，云南白茶的鲜爽度一直不够。这是由于云南白茶的原料多选用云南大叶种。这样一来，其氨基酸的含量就比不上福建中小叶种制成的白茶了。因此很多喝惯了传统白茶的人，乍一饮云南白茶还是会不适应。

当然，口感是主观的事情。有些人，可能就是喜欢不鲜爽的茶汤呢！这也是人家的自由。如果说欠鲜爽仍只算是云南白茶的特点，那么以下说的，却是云南白茶实实在在的缺点了。

众所周知，白茶当年就很好喝，而经过几年的存放又别有一番滋味。因此，不少爱茶人对于传统白茶都会自存自饮。那么云南的白茶，也可以边喝边存吗？答案是未知的。原因很简单，云南白茶的发展不过是近几年的事情。现如今关于云南白茶年份茶的说法，都停留在推断的层面而已。谁也不知道，经过几年、十几年甚至几十年的存放，云南白茶的风味会是什么样子。

一款传统名茶，一定也曾是创新茶。而不是每一款创新茶，都会最终变成经典名茶。纵观中国茶史，上百次创新，不见得成就一份经典。云南白茶，能不能成为中国名茶，前途尚不明朗。诸位不妨与我一样，姑且采取观望的态度吧。

也有人说，白茶制法是一种相对原始简单的制茶工艺。云南是茶树的发源地，自然也可能早就会做白茶。这样的说法，仅仅是一种一厢情愿的推断而已。白茶制作工艺简单，就一定可以被人掌握吗？要按照这样的说法，岂不是全国能产茶的地方都可能是白茶工艺的发源地了？那么怎么只有闽东、闽北的数个县，最终靠白茶闯出了名堂呢？

白茶的工艺，确实只有萎凋与干燥两步。既不炒，也不揉，看似人为参与的成分较少。但正因为人为参与不多，白茶制作时对于天时地利的要求就更为严格。云南山美水美人更美，但实际上并不适合制作白茶。

云南的气候干燥，所以会导致萎凋过快。说通俗点，鲜叶采摘下来摊晾没多久，水分就已经丧失得差不多了。比起福鼎等地，在云南制作白茶的萎凋时间大大缩短了。甚至一不留神，就会出现过度萎凋的情况。这样一来，走水过快，茶的香度和甜度就都做不出来了。仔细观察会发现，云南白茶的叶片呈现出一种黑白分明的状态。这便也是过度萎凋所造成的了。

除此之外，白茶的工艺与晒青绿茶截然不同。因此云南大叶种制成白茶后，基本上风味趋同。而云南普洱茶界，常打的是山头牌、古树牌、名村名寨牌。这些玩法，在云南白茶身上大都用不上了。也就是说，即使现在有所谓班章白、冰岛白、布朗白，实际上也多是炒作一种概念。其茶汤的差别，是不太明显的了。既然不能借鉴普洱茶的打法，云南白茶就只能自己去走出一条道路了。这无形中也加大了云南白茶的推广难度。

○ 云南白茶的尴尬

据中国茶叶流通协会《2018年中国茶叶产销形势分析报告》统计，2018年，全国白茶总产量为3.37万吨，在全国茶产量占比从1%升至1.3%，处于缓慢增长时期。目前白茶市场前景良好，云南白茶作为全国市场补缺之需，小微产区引导市场趋向专业化发展，依赖全国白茶市场复苏的大环境，以其种质优势、加工优势、后期存放价值而逐步为消费者认可。

白茶，本是福建的传统名茶。现如今云南也想发展，这本也无可厚非。但是这里面有一个问题，需要大家思考。既然云南可以发展白茶，那为什么别的省份不可以发展普洱呢？

毋庸置疑，云南是一个生产好普洱茶的地区，却不是指称普洱茶品的指标，也无法涵盖所有普洱茶品的范围。历史上诸如“广云贡饼”“广东七子饼”“广东沱茶”“重庆沱茶”，以及早期诸多边境茶品如“廖福散茶”“河内圆茶”等名茶，都不是云南省内生产的原料所压制的茶产品。但是论茶汤，这些名茶又都无疑是上等普洱。只可惜，如今云南省以外的普洱茶以及边境的普洱茶，其历史都受到否定了。这些名茶，也都已经被云南茶界嗤之以鼻，定义成不上品的山寨货了。

时至今日，提起普洱必要讲“云南大叶种”。按云南茶界的口径，离开云南离开大叶种就都不算是普洱了。传统白茶，本用的是福建闽东地区的中小叶种。那么现如今云南发展白茶，既离开了福建也离开了中小叶种。

既然云南茶界说，非云南的普洱都是山寨货，那么云南的白茶，又是什么呢?

这岂不是自相矛盾吗?

云南茶产业，用双腿走路，也无可厚非。

云南茶产业，用双重标准，却难以服众。

中国黄茶

○ 黄茶的分布

2020年10月，我在成都三联韬奋书店举办了一场讲座，权作是新书《茶的品格：中国茶诗新解》的首发式。那是疫情以来，我第一次离京讲课。借着难得的“放风”机会，我顺便也去了一趟雅安。当年四川农业大学并未安排在成都，而放在相对落后的雅安建校，就是考虑到雅安茶区在四川茶产业中具有不可替代的地位。所以来四川访茶，雅安是绕不开的。

中国茶，如今分为六大类，雅安一地就可以产其中的三种，即绿茶、黑茶与黄茶。绿茶、黑茶产区都很多，这还不在紧要。唯有黄茶，产区少，产量低，显得最为神秘。所以近几年雅安的蒙顶黄芽，也逐渐受到追捧炒作。雅安的名山县，甚至将其一条街道直接取名皇茶大道。既有黄茶的谐音，也取入贡皇家之意，可谓一举两得。

黄茶并非只有四川有，只是近几年雅安结合着蒙顶山的旅游，推广得比较成功罢了。2020年10月的北京国际茶业展期间，以“中国黄茶　醇香世界”为题的中国黄茶推介会在北京展览馆友谊厅举行。四川的蒙顶黄芽，湖南的岳阳黄茶，安徽的霍山黄芽、金寨黄茶以及浙江的平阳黄汤都来参展。其实除川、湘、皖、浙四省之外，广东也曾产一种名为大叶青的黄茶。只是停产多年，今人多已不知了。我自藏有一本1971年广东省土产公司革命委员会印发的茶叶手册，在其中读到了广东大叶青茶的制作流程和品质特征。至于茶汤，我也并未真正喝过。

按鲜叶原料的嫩度，黄茶又分为黄小茶和黄大茶，黄小茶有君山银针、蒙顶黄芽、霍山黄芽、沩山毛尖、北港毛尖、平阳黄汤、远安鹿苑茶等，其中君山银针、蒙顶黄芽最为细嫩，皆以芽头制作。黄大茶有皖西黄大茶、广东大叶青茶等。

建国后的黄茶，主要是内销，而且多是供应北方地区。例如君山银针，主销京、津以及省城长沙。蒙顶山的黄茶，除供应本省外，也是销往华北。皖西的黄大茶，为黄茶类的大宗，多销往山东以及山西。

可是很多北方朋友会说，我们根本没见过什么黄茶啊。这也难怪，黄茶的产量实在太小了。2010年，全国黄茶的产量为2500吨，这其中以皖西的黄大茶为主。后来几经努力，2014年产量提高为3109吨。这个数字是什么概念呢？同为2014年，全国绿茶的产量为133.26万吨。也就是说，黄茶产量仅为绿茶产量的一个零头而已。

○ 黄茶的出现

总而言之，黄茶很小众，没喝过不丢人，没听过也正常。

夏涛主编的《制茶学》(中国农业出版社，2016)，是各高校茶学专业的必修教材。该书“黄茶加工”一章的开篇，便引了明代许次纾《茶疏》中的一段文字，旨在追溯中国黄茶工艺的历史。现先抄录引文如下：

> 天下名山，必产灵草。江南地暖，故独宜茶。大江以北，则称六安，然六安乃其郡名，其实产霍山县之大蜀山也。茶生最多，名品亦振。河南、山陕人皆用之。

南方谓其能消垢腻，去积滞，亦共宝爱。顾彼山中不善制造，就于食铛大薪炒焙，未及出釜，业已焦枯，讵堪用哉？兼以竹造巨笥，乘热便贮，虽有绿枝紫笋，辄就萎黄，仅供下食，奚堪品斗。

该书认为《茶疏》中记载的内容，与现在皖西黄大茶的制法与特点近似。说明在明代中后期以前，就已经有黄茶的生产。坦白讲，这是十分不妥当的结论。

《制茶学》所引的《茶疏》，是明代有代表性的茶学专著。作者许次纾，字然明，号南华，钱塘（今浙江杭州）人。他的父亲许应元，是明嘉靖十一年（1532）进士，官至广西布政使。许次纾自己因跛足而终身不能够入仕为官。但良好的家庭教育，使得他“跛而能文”，颇有修养。又因随父宦游，使得他到过很多地方，有着过人的见识。他在《茶疏·择水》篇中说，自己曾“经行两浙、两都、齐鲁、楚粤、豫章、滇黔”等地。这样遍游祖国南北的经历，是当时一般人所不具备的。也正因如此，《茶疏》的很多内容都是他目睹耳闻的切身体验，具有较高的价值。

这段引文，从“天下”至“宝爱”句，都是夸赞六安茶的话。因与本文无关，这里略去不做讨论。后面的文字，大致的意思是说：那些不善于炒制茶叶的产区，用大柴火在煮饭锅里炒烘，还没来得及出锅，茶叶就已经焦煳干枯了，难道能饮用吗？再加上用竹制大篓，茶炒完还没冷，就放进竹制大篓当中。即使有绿枝叶、紫笋芽，也很快变枯变黄，只能算是劣等茶品。哪里能经得起品评斗试呢？

显然，这是一个反面的例子，作者批评的是“不善制造”

的茶农。而“仅供下食，奚堪品斗”八个字，更完全是贬义。许次纾说这一段话，目的就是希望制茶人能小心谨慎，千万别把绿枝紫笋做得萎黄难饮。夏涛主编的《制茶学》一书，说这段文字证明了明代中晚期以前就有黄茶的生产，恐怕是古文阅读能力不过关而闹出的笑话。

但《茶疏》中的这段文字，确实让人读出了一些现代黄茶工艺的味道。其中“乘热便贮”四字，也符合黄茶制作中闷黄的技术要领。通过许次纾的文字，我们似乎可以这样推断：黄茶的工艺，来自茶农的一次失误。那些“不善制造”的茶农，制茶时难免手忙脚乱。他们把炒完的茶叶胡乱扔进竹筐中，便转头去炒下一锅茶青。回来一看，茶已萎黄。茶农舍不得把茶扔掉，拿来试喝，竟然别有风味。虽然文人墨客认为“仅供下食”，但是这样的制法慢慢在百姓家流传开来，逐渐形成了固定的工艺。

其实在人类的饮食史上，这样的事情屡见不鲜。很多美食，都源于一个偶然的时机、一次事故、一件蠢事或者一次遗忘。据说西方人爱吃的奶酪来源于凝乳。牛奶被遗忘在羊皮袋中，变成了微酸的块状固体。饿极了的人们，舍不得把它们扔掉，结果一尝就不可收拾了。又如一碗糊状谷物，被随手放在快要熄灭的火源附近。结果这碗谷物体积翻倍，并散发出强烈的气味。好奇的人把这些变化的谷物拿去火塘里烤，做出来的饼口感柔软，别有一番风味。面包，就这样诞生了。再如一棵蔬菜，不小心掉进了醋缸里，谁也不知道。等人们发现它的时候，这棵菜竟然还那么爽口清脆。自此之后，人们就有泡菜吃了。

霍山黃芽：整枝匀齊，色綠微黃，
香味高爽，古爲貢品。
Huo Shan Huang Ya is yellowish green in colour with a fragrant aroma and a brisk taste. Each tea is equal in appearance. In ancient times it was regarded as tribute.
中國茶葉

20 世纪 80 年代黄茶广告资料

故事里讲得轻描淡写，但实践中又没那么容易。所有这些过程，都需要漫长的时间被发现、被遗忘，再被发现，再被遗忘。经过大量的经验积累后，人们最后才能有意识地进行生产，并使工艺最终趋于完美。

晚明许次纾《茶疏》中的记载，也不应看作黄茶工艺的成形，而应视作黄茶工艺的萌芽。从仅供下食到登堂入室，黄茶还有很长的路要走。总而言之，明代是没有黄茶的。

○ 黄茶的神化

但在今人的“努力”之下，黄茶的历史越编越久了。这次在雅安名山，看到很多黄茶包装上都写着“千年皇茶，黄韵蜜味”的宣传语。后来我在《蒙顶山茶当代史况》（中国农业科学技术出版社，2019）一书中，也看到了同样的说法。由此可见，这是得到官方认可的宣传话术。但实际上，蒙顶黄茶也好，其他地区的黄茶也罢，都绝不够千年的历史。甚至不客气地说，百年历史都够呛。

要想搞清楚蒙顶黄茶的历史，先要梳理清楚这款名茶的定位。陈椽主编的《中国名茶研究选集》（安徽省科学技术委员会、安徽农学院，1985）中，将中国名茶分为传统名茶、恢复历史名茶和创新名茶三大类。传统名茶与创新名茶都好理解，唯有恢复历史名茶要多说两句。

这些被恢复的历史名茶，茶名古已有之，但是工艺没人清楚。新中国成立后发展茶产业，便慢慢在当地加以制作，再冠上一个古老的茶名。其中最典型的，就是该书中收录的仙人掌茶。这款茶的名字，来源于李白的茶诗《答族侄僧中孚赠玉泉仙人掌茶》，但唐代以后便再无人提及。新中国成立后，湖北恢复了这款名茶。但与李白喝的是不是一样，那就没人知道了。

在该书中，君山银针被列在传统名茶下，而蒙顶黄芽及霍山黄芽均列在恢复历史名茶中。也就是说，后两款黄茶的工艺肯定都是新中国成立后才出现的。美其名曰恢复，实际上您也可以理解为创新。

《中国名茶研究选集》中《蒙顶黄芽》一文，由四川蒙顶茶场的杨天炯、胡坤龙、肖凤珍共同撰写。其中有这样一段话至关重要，抄录如下：

> 蒙顶黄芽从现知的文献中尚未查到起始年代，只有品名的记载，制作技术失传。建国后，党和政府十分关心蒙山茶的恢复和发展，蒙山黄芽是根据“贡茶”的制法演绎而来。

由这段文字，可知三点问题。其一，蒙顶黄茶起始年代不明。其二，蒙顶黄茶工艺失传。原来到底怎么做，没人说得清。其三，蒙顶黄茶是新中国成立后的产物。夏涛主编的《制茶学》中，说蒙顶黄芽的工艺是1968年恢复发展而成的，应是比较中肯的意见。

英雄不问出处，好茶不必千年。2021年，我跟随央视到名山县拍摄纪录片，喝到了非遗传人张跃华先生制作的黄茶，不禁眼前一亮。此茶在传统工艺基础上又有完善改进，让人过口不忘。愿中国黄茶，皆能如此，越来越好喝。

辑三　乌龙探秘

中国乌龙茶
茗香
品质优良、包庄精美
BEST TEA IN BEST PACKINGS
CHINA OOLONG TEA
MING XIANG

武夷岩茶

○ 茗必武夷

2019年末，拙作《中国名茶谱》出版。为了宣传新书，多聊茶与西海茶事联合举办了名为“中国名茶谱VS中国工夫茶”的主题茶会。席间，秋泓女史用工夫泡茶法，为多聊茶的学员们诠释了数款乌龙茶的茶汤魅力。

茶会之后，同学们也在班级里进行了讨论。有的人，是赞工夫茶器之精；也有的人，是惧工夫茶汤之苦；更多的人，是叹工夫茶法之繁。可茶会当天的实际情况，是泡茶的人少而喝茶的人多。所以为了让大家都能尽快喝上一杯茶，秋泓女史还稍微简化了一下程序呢。按照香港传统工夫茶口诀要义，全部流程共十一式，即淋壶、纳茶、拍壶、高冲、刮沫、顶盖、烫杯、低酌、关公巡城、韩信点兵、上不见泡下不见沫。若按照我在南洋看到的工夫茶法，全部流程则多达十七式。恕笔者脑力不佳，确实没有记全，也就不在此罗列了。

喝一杯工夫茶，确实够“麻烦”的了。可其实《茶经》中的饮茶法，比工夫茶还要“麻烦”很多。在陆羽的笔下，光是茶器具即有二十余种，金银铜铁竹木种种不一。但是不要忘记，茶圣最后还写下了第九章“九之略”。他老人家专门嘱咐后人，在特定的时间、地点以及场景下，可因地制宜灵活掌握。对于原本的饮茶方式，当事人有权进行适当的省略。后来我将《茶经》“九之略”总结为十个字，即“有条件讲究，没条件将就”。

《大学》云：“物有本末，事有终始。”现在大家都很用心地在探究，什么是好的工夫茶法。是十一式更理想，还是十七式更正宗？其实说到底，这些都可以说是“末”。正所谓，万变不离其宗。作为一名习茶人，要找寻中国工夫茶的根源是什么。这才是真正的溯本求源。

关于中国工夫茶之本，我认为台湾连横先生的总结最为精辟。连横（1878—1936），字天纵、武公，号雅堂、剑花，别署慕真。他出生于台南府宁南坊马兵营，为台湾日据时期的著名诗人、历史学家。连横先生倾十年心血所作的《台湾通史》，为后代留下研究台湾历史的丰硕文献。

连氏在《雅堂文集·茗谈》中写道：

> 台人品茶，与中土异，而与漳、泉、潮相同。盖台多三州人，故嗜好相似。茗必武夷，壶必孟臣，杯必若琛：三者为品茶之要，非此不足自豪，且不足待客。

狭义上看，这段文字记载了我国台湾地区的品茗传统，即与中国黄河流域以北的饮茶传统不同，与漳州、泉州与潮州等地区相近。

广义上读，连横先生的《茗谈》一文可以作为中国工夫茶法的总纲领。他在其中点明了工夫茶的三大构成要件：极重视茶、极重视泡茶器、极重视品茶器。文中一个“必”字，凸显了泡茶者的执拗与坚持。由此可见，所谓工夫茶即是对于茶、泡茶器、品茶器的极致追求。

本文先放下泡茶器与品茶器不聊，单独表一表旧时工夫茶法中首推之茶——武夷岩茶。

20 世纪 80 年代武夷岩茶广告卡片

○ **四大名丛**

现如今提起武夷岩茶，最有名的品种就是肉桂与水仙。牛栏坑的肉桂，价格炒到了数十万元一斤。老枞水仙的价格，也早已达到了五位数。可在清末民初之时，喝过肉桂的人寥寥无几，饮用水仙的人也不会沾沾自喜。因为那时的肉桂，尚未享有大名。至于水仙，也不算是岩茶名品。

连横笔下那个“茗必武夷”的年代，爱茶人推崇的是武夷山的名丛。武夷山产茶历史悠久，茶种资源特别丰富。原产于武夷山的茶树品种，是一个极优良的中小叶茶树代表种群体，现如今统称为武夷菜茶。武夷名丛，就是从武夷菜茶有性群体中分离优良单株所得的优异品种总称。

在武夷山诸多名丛当中，最为旧时茶客追捧的则是四大名丛。中国的文化里，特别喜欢评价出四大某某。我小时候在胡同里，常跟着老人一起听评书。久而久之，我发现每一部书里都有若干个“四大”。例如《雍正剑侠图》里，先出场的是东西南北四大侠客，即镇东侠侯廷、西方老侠于成、南侠客司马空和北侠秋田。听了一半，又来了护国四大剑客，即镇古侠董乾、碧目金睛佛姜达、八卦术士张鸿钧、珍珠佛董瑞。又如《隋唐演义》，里面有四大猛将。《永庆升平》，里面有四大名偷。当然，艺术界也确实有四大名旦、四大须生等。总而言之，任何一个行业都得评出四大某某，国人才算甘心。

可笔者在爬梳文献后惊奇地发现，实际上武夷岩茶从来没有评比过四大名丛。民国三十二年（1943）出版的《武夷山的茶与风景》一书中，介绍了若干种武夷名丛的情况。其中出场顺序排在前四位的即为大红袍、铁罗汉、白鸡冠和水金龟。后来有好事之徒，就将这几种茶推举为武夷岩茶的“四大名丛”。

大红袍与铁罗汉，本书中都专门撰文详述，这里也就不再啰唆了。倒是白鸡冠与水金龟，可以多聊几句。

白鸡冠，据说明代已有名气。武夷山地区故老相传，明代某知府下榻武夷，其子忽染恶疾，腹胀如牛，医药罔效。有一寺僧端一小杯茗，啜之极佳。知府问其名，僧曰为白鸡冠也。知府离山赴任，中途其子病愈。这时一家人才知道，这款白鸡冠功效之神。久而久之，这个故事传到了皇帝那里。于是乎，皇帝传旨命僧人专职守护白鸡冠，并年赐银百两、粟四十石以为工钱。由此，白鸡冠成了山僧古寺进献皇家的贡茶。

虽然传说不可尽信，却也为白鸡冠增添了三分仙风道骨的气韵。至于此茶的得名，则与它奇特的外形有关。白鸡冠的树叶色呈淡绿，幼叶浅绿而微黄，叶面开展，色素无光，春梢顶芽微弯，茸毫显露似鸡冠。山僧以貌而命名，自此天下便有了这款白鸡冠。

至于水金龟的成名，则与一场旷日持久的诉讼有关。该树原产于牛栏坑杜葛寨峰下半岩上，原属天心寺庙产。清末的一日，突然大雨倾盆，峰顶茶园边岸崩塌，此茶树被水冲下山峰，一直到牛栏坑近坑底的半岩石凹处才停住。当时兰谷的岩主于该处凿石设阶，砌筑石围，壅土蓄之。雨过天晴，天心寺下山寻找该树，与兰谷的岩主发生了冲突。最后两家对簿公堂，据说诉讼耗费千金。最后官方判决，因树非人为盗挖，实系天然之力而为，所以即归兰谷的岩主所有。水金龟也随着这一场诉讼而名扬天下，最终跻身四大名丛之列。

作者探访武夷山焙茶间

○ **多聊几句**

其实连横先生提出“茗必武夷”的说法，并不是专为武夷岩茶做代言。只因那时的武夷岩茶，代表着乌龙茶制作的最高水平。毛茶制作出来后，还要经过挑、拣、拼、配、焙等多道程序才可以包装销售。将毛茶变成精制茶，自然要花费很多工夫。因此经过后期精加工的茶，才可以称为工夫茶。

随着技术的传播与提高，闽北、闽南、潮汕、台湾四大乌龙茶区，都做出了优质的乌龙茶。因此，武夷岩茶也好，安溪铁观音也罢，亦或是凤凰单丛、台湾乌龙，都可以成为如今工夫茶的选择。若是抱着“茗必武夷”四个字不放，那反而是刻舟求剑的蠢笨做法了。

工夫茶，不一定是武夷的茶。

工夫茶，也不一定是昂贵的茶。

工夫茶，一定是极富匠心的茶。

在这个追求效率降低成本的年代，“费工夫”成了贬义词，“省工夫”反成了褒义词。

这便是现如今我再提起“茗必武夷”的原因了。

大红袍正传

有听众在电台问我：杨老师，网上卖39.8元一斤的大红袍靠谱吗？

我答：靠谱啊。

听众追问：质量没问题？

我答：保证质量优良。只不过，您这个价格买到的大红袍一定是花椒，而不可能是茶。

花椒大红袍，质优价廉。

岩茶大红袍，价比黄金。

中国名茶里的大红袍，到底有多贵呢？我来举几个例子，即可窥一斑而见全豹。1998年8月18日，在武夷山第五次岩茶节上，其中的20g大红袍拍卖成交价格为15.68万元人民币。2002年11月，20g大红袍在广州的拍卖成交价为18万元人民币。2004年12月，20g大红袍在香港的拍卖成交价为16.6万港元。2005年4月17日，20g大红袍在武夷山由新加坡人陈汉民先生拍得，成交价格达到了20.8万元人民币。

大红袍，究竟是什么茶？

大红袍，为何卖出天价？

别急，咱们慢慢聊。

○ 一段传说

很多人一直拿大红袍当红茶，这是一种误解。大红袍，实际是乌龙茶的一种。说得再具体点，是产于闽北武夷山的优质岩茶。

关于大红袍名字的由来，有两个版本的传说。

故事一，秀才赶考。

老年间有个赶考的秀才，走到武夷山时病倒了。幸好天心寺的和尚慈悲，将他搀进庙中救治。老和尚一不扎针，二不用药，而是将寺后所产的茗茶浓浓煎煮了一碗，给秀才灌了下去。说来也神了，秀才喝下去之后周身通泰，病也慢慢痊愈。

秀才谢过僧人后，便上路赶考去了。俗话讲：大难不死必有后福。秀才一路考试，最后竟然高中状元。衣锦还乡之时，又途经武夷山天心寺。状元公为感念茶树救命之恩，便将身上的大红袍脱下披在茶树上。此树，便得名“大红袍”。

那么大红袍之所以扬名，是由于可以治病?

其实不然。

表面上，故事的重点是秀才喝茶后起死回生。

实际上，故事的重点是秀才喝茶后高中状元。

大红袍，隐喻着紫衣玉带、金榜题名。

北京西郊有一座卧佛寺，近些年我很多学生都爱去那里烧香许愿。我还纳闷，怎么这“00后”还如此虔诚呢?后来一打听才知道，敢情“卧佛”与“offer”谐音。学生们申请国外大学，对于offer letter梦寐以求。卧佛寺，便成了offer寺，求神拜佛的青年学生摩肩接踵。

卧佛寺，因考试香火旺盛。

大红袍，因考试扬名天下。

国人重视教育的心态，是大红袍传说为人津津乐道的隐性原因。

故事二，救驾有功。

还有一个版本的故事，病人从秀才换成了皇后。据说宫中的皇后得病，太医们轮番上阵，结果是医药罔效。太子孝顺，到民间遍寻良药。行至武夷山，有山民老汉献上一罐香茗。据老汉讲，将此茶喝下去，百病全消。结果皇后服用太子带回的茶后，果然神清气爽，病症一扫而空。皇帝闻报大喜，便封老汉为护树将军，再赐茶树披挂红袍。此树，便得名“大红袍”了。

故事讲到这里，我得补充两句。茶有调理身体的作用，却不能真的替代药品。我估计是宫廷的伙食太好，皇后一不留神吃撑了。化油解腻，消食祛积，倒确实是茗茶之功。所以，喝茶后振疴扶苏才解释得通顺。

总而言之，一款名茶总需要几个动听的故事做背书。

大红袍的故事，越讲越神。

大红袍的名声，越来越大。

○一种名丛

聊完传说故事，我们再来读读文献。清代道光年间，文献中出现了疑似大红袍的记载。郑光祖《一斑录·杂述》中写道：

> 若闽地产红袍建旗，五十年来盛行于世。

有学者认为，这就说明了大红袍早在19世纪中叶就成了名茶。坦白讲，这样的论述过于武断了。这里提到了两个关键词，“闽地”和“红袍”。闽地，自然是福建茶区。红袍，是一种茶名，但记载得很模糊。红袍，是不是武夷茶？不知道。红袍，是不是岩茶？也不知道。红袍，是不是等于大红袍？就更不知道了。所以我才说，这条文献最多属于疑似大红袍的记载。

大致在民国时期，关于岩茶大红袍的记录多了起来。

1921年成书的《蒋叔南游记》第一集《武夷山游记》中写道：

> 如大红袍，其最上品也，每年所收天心不能一斤，天游亦十数两。

这段文献，透露出两个重要信息。

第一，大红袍在民国初年产量就极低，大致年产不过一斤左右。

第二，大红袍在民国初年，产区不止一处。

产地不仅有如今众所周知的天心岩，还有一处在天游峰。

1943年，林馥泉先生在《武夷茶叶之生产制造及运销》中，提到了在武夷山马头岩附近也有大红袍。

20世纪70年代末到80年代初，陈德华先生曾对岩茶产区天心大队逐户走访调查，也采访到了很多国营茶厂的前辈。这些老人都没有提及天游峰、马头岩等处有大红袍的事情。当然，陈先生的走访资料，虽然不能证明除天心岩以外大红袍的存在，同时也无法否定这一点。

我们可以说，民国时期武夷山出产大红袍的茶区不止一处。但如今九龙窠天心岩的大红袍，一定是影响最大的一处。所以时至今日，我们所讲的大红袍，都离不开九龙窠上的那数株老树。

大红袍，其实与铁罗汉、白鸡冠、水金龟以及肉桂一样，都是由武夷菜茶变化而来的优质名丛。应该讲，武夷名丛在没有大规模推广无性繁殖之前，都只有数斤产量而已。大红袍，只因名声在外，文化附加值更高，显得格外珍贵。

20 世纪 80 年代武夷岩茶广告卡片

品饮武夷岩茶

表面上，物以稀为贵。

实际上，物以知为贵。

我曾与大家分享思州古茶、石阡旗枪等冷门绿茶。若论树种稀有度，它们可都比龙井少见得多。但实际上，仍被大众视为粗鄙的土茶，而上不得台面。

稀有性，并不能真正抬高茶叶地位。

知名度，才能够真正提升茶叶身价。

大红袍幸运，天生便有文化加持，自然地位非凡。

○ 一份殊荣

建国初期，大红袍仍为天心岩庙产。当时任天心土改小组组长的傅志美说："因大红袍名气太大，如果继续由僧人管理，恐怕保护力度不够。几经周折，大红袍茶树于1963年划归崇安县综合农场管理。"

当时的县政府，把大红袍列为重点保护对象，由专人负责制茶事宜。采制等初加工环节，由陈礼乐负责。焙茶等精加工环节，由陈渭书负责。闲杂人等未经许可，不得擅自采制、繁育大红袍。

当时九龙窠大红袍的年产量，大致为400g~500g。制好后由农场负责人检验包装，盖上场长、技术员、制茶师傅、焙茶师傅四个人的封口印章，派专人送到县政府以备招待贵宾。彼时大红袍并未作为商品销售，是名副其实的有钱买不到。

大红袍真正扬名天下，还是在1972年。

这一年，美国总统尼克松访华，开启了中美外交的破冰之旅。访华期间，尼克松夫人非常用心地选穿了一件大红色的外套。这一袭红衣，宛如照射在冷战多年的两大阵营间的一抹曙光，给人留下了极其深刻的印象。

当毛泽东主席接见尼克松总统时，所赠送的国礼就是武夷名茶大红袍。国礼大红袍，是否在暗合着尼克松夫人那一袭红衣？美国第一夫人着大红衣而来，中国国礼以大红袍相赠。红色，给人以热情、友好之感。个中心意，不言而喻。

尼克松此次访华后不久，中美两国便走上了邦交正常化的道路。大红袍，在新中国外交史上留下了不朽的功勋。

前文讲到的动辄十数万元的大红袍，与国礼大红袍一样，都是九龙窠上母树所产。

味道怎么样？

我没喝过，自然不得而知。

但可以想见，其实那已经不是在饮茶，而是在享受一份殊荣了。

○ 一款产品

大红袍这样的王谢堂前燕，现如今早已飞入寻常百姓家。老百姓能喝上大红袍，全因武夷名丛无性繁殖的推广。

大红袍的无性繁殖之路，走得还格外曲折。

前文提及，建国后对于九龙窠大红袍的管理极为严格。1962年、1964年，中国农业科学院茶叶研究所和福建省茶叶研究所，先后带着介绍信来崇安县政府申请，最终剪取大红袍枝条，带回去扦插繁育。除此之外，几乎没有什么科研人员真正近距离接触过这几株茶树。

但是这两次取样扦插，后面就没有了音信。1978年底至

1982年，武夷山茶叶研究所开展了对于武夷名丛的挖掘、整理以及繁育工作。现如今闻名于世的肉桂，便是那时重点推广的名丛之一。但是在这期间，对于名丛大红袍的推广问题竟无人提及。

1985年11月，陈德华先生到福安社口参加福建省茶叶研究所40周年所庆之际，以私人关系向该所一位同学要了5株大红袍茶苗。这些茶苗，便是1964年被福建省茶叶研究所带回去的那一批。神秘的大红袍，于上世纪60年代初走出武夷山。历经20余年，兜兜转转才又得以返乡。

此后，这5株茶苗便承担起了名丛大红袍的繁殖工作。如今武夷山种植的大红袍，都或直接或间接地来源自这批茶苗。所以现如今有些茶商，还要标榜出“二代大红袍”“三代大红袍”等概念。可实际上论起来，这些无性繁殖的大红袍都是兄弟而非叔侄，更不是爷孙了。又因是无性繁殖的产物，便遥尊九龙窠上的那几株茶树为母树大红袍了。

1994年，大红袍名丛无性繁育加工技术正式通过了科学鉴定。此后，大红袍的种植面积扩大，产量提升，最终得以为更多爱茶人享受。截至2019年，武夷名丛大红袍的推广之路正满25年。

2006年，武夷岩茶（大红袍）制作技艺成为国家级非物质文化遗产。

自此，从某种意义上来讲，大红袍便成了武夷岩茶的代名词。那么市面上的各类岩茶，如果装在印有大红袍的袋子中出售，也不能就算是错事了。毕竟，大红袍已经成了武夷岩茶的代名词。

要不然，张艺谋导演为何要排演《印象·大红袍》呢？

现如今，马头岩与牛栏坑的肉桂炒得火热。民间戏称其为“马肉”与“牛肉”。那么把张导的作品换成《印象·马肉》？或是《印象·牛肉》？

恐怕不行。

大红袍的文化地位，无人可以取代。

大红袍外传

武夷山，是茶树品种的宝库。历代茶农从武夷菜茶当中，筛选保留下为数众多的名丛。武夷山到底有多少个茶树品种，恐怕谁也说不清楚。1943年，茶学家林馥泉先生对武夷山的茶树品种进行实地调查，想搞明白的就是这个问题。结果仅仅慧苑坑一地，就调查出茶树花名800余个。品种之多，不禁让人惊叹。

现如今，武夷山的名丛命运各异。

论市场，以肉桂茶最为火热。

论地位，以大红袍最为尊贵。

大红袍作为一款名茶，能讲的实在太多。一篇文章讲不完，只好动笔再写一篇。诸位读者，请不要嫌我啰唆。

○ 大红袍别称

中国茶，改过名字的不多。毕竟，一个茶名如同一个商标，能在市场中叫响了不容易。例如麦当劳，如果真改成了“金拱门”，那估计品牌价值就要大打折扣了。好容易攒足了人缘，积累了商誉，怎么能轻易改名?

可是在特殊的历史时期里，大红袍却曾两度改名。由于涉及特定历史背景，不便在官方媒体中大肆宣讲，所以如今知之者甚少，倒是成了一段茶界秘闻。

大红袍第一次改名，是在1966年。

这一年，红色风潮突起。在“破四旧，立四新”的口号下，大红袍成了反动的象征。

甭管是状元披红袍，还是皇帝赐红袍，这棵茶树都与封建旧势力有着扯不断的关系。于是乎，有人提出要将九龙窠上的大红袍老树砍掉，以此作为崇安“破四旧”的典型。

千钧一发之际，有一位茶科所的工作人员上前阻止。当然，在那样的时代背景下，强行护树肯定不行，而是要巧妙劝阻。这位工作人员对来砍树的人讲：“大家可能不知道，大红袍可是毛主席、朱总司令都喝过的茶呢。你们说，这棵树革命不革命？谁要砍掉革命的树，谁就是真正的阶级敌人。”

众人一听，敢情毛主席还喝过大红袍，只好作罢。

大红袍，这算是躲过一劫。

怎奈，一波未平一波又起。

“破四旧”的任务没完成，于是乎又有人提出来，树可以不砍，但名字必须改。大红袍的名字太封建，急需更换一个革命的茶名。改什么呢？这时有人想到，毛主席有一首《卜算子·咏梅》：

> 风雨送春归，飞雪迎春到。
>
> 已是悬崖百丈冰，犹有花枝俏。
>
> 俏也不争春，只把春来报。
>
> 待到山花烂漫时，她在丛中笑。

干脆，就从毛主席诗词里面借一个字吧。于是乎，大红袍更名“大红梅”。

没想到，名字没改多久，便有人来提意见了。岩茶大红袍，是海外华侨熟悉的名茶，一下子改为大红梅，茶叶贸易便没法

20 世纪 80 年代铁冠音广告卡片

搞了。南洋华侨不知道大红梅是烟是酒还是茶，市场滞销，贸易受阻，大红梅的名字眼看站不住脚了。

可是要想把这么革命的名字改掉，就只能换上一个更加革命的名字才行。这时候有人提出来，革命文学里有一部小说叫《红岩》。大红袍，正是武夷岩茶的一种。而且既然是革命的茶树，自然在岩茶中最为红色。于是乎，大红袍再度更名“大红岩”。

大红袍改名的往事，如今听起来让人哭笑不得。似是演绎，却是真实的历史。其实在那个特殊的年代，改名的茶不止大红袍一个。例如闽南的铁观音，由于“观音”二字涉嫌封建迷信而不可用，万般无奈也改了名字。我曾收集到名为“铁冠音”的茶叶包装，便是那个特殊时期的产物。

现如今喝茶的人，大半已不知“铁冠音”“大红梅”“大红岩”为何物了。但毋庸置疑，这仍是名茶文化的一部分。只有经得起时间的考验，方成真正的名茶。如今所谓爆款，都是各领风骚三两年，便已销声匿迹。回头看过去，只是过眼云烟罢了。

○ 大红袍拼配

历经沧桑的大红袍，如今仍是岩茶市场上的名品。

现在的大红袍，大致可分为三种。

其一，就是以无性繁殖的名丛大红袍为原料，制作而成的纯种大红袍，也可称奇丹。

其二，就是以武夷岩茶为原料，按一定比例配比而成的拼配大红袍。

其三，就是未经拼配的武夷岩茶，也可直接装入大红袍的包装销售。

有些人认为，自然是纯种的更为优质，“拼配”听起来总有偷奸耍滑的嫌疑。

其实，这是一种误解。

拼配，是乌龙茶精制环节中的一项。其目的主要有二，即寻找共性与突出个性。且慢，个性与共性是一对反义词，岂不是矛盾？没错，拼配就是能做到两全其美。

先说寻找共性。

茶叶贸易中，自然很希望客户多下订单。但是订单一多，问题也就来了。因为每一种茶，都只有数百斤，而且口味每年还会有所差别。但大宗贸易的客户，需求的则是稳定的口感与质量。拼配，可以有效提高产品质量的稳定性，利于大规模的推广与贸易。立顿红茶，在世界上任何一个地方去购买，只要货号一致，口味都保持着高度的统一，这便是茶叶拼配的功劳了。

所以大红袍的拼配，不是什么新技术或新概念。应该讲，有商家打造纯种大红袍概念后，拼配大红袍的概念才被相对地提出。岩茶，旧时是外贸商品。外贸岩茶，无一不拼配。不拼配，如何外贸呢？

外贸茶，是一种对共性的追求。

内销茶，是一种对个性的张扬。

那么拼配技术，是否只适用于外贸，而不适合内销呢？

恰恰相反，乌龙茶拼配技术可以最大限度地彰显个性。现如今的拼配大红袍，由于各家配方不同，所以风格迥异。古希腊哲学家赫拉克利特曾经说过：人不可能两次踏进同一条河流。套用一下，我们也几乎没办法喝到口感完全一样的拼配大红袍。同为大红袍，味道天差地别，这是非常正常的事情。至于味道好不好，其实就全靠拼配师的手艺了。

拼配茶叶，宛如是组建团队。

领导有方，便能组建和而不同的互补团体。

领导无能，只能造就同而不和的一盘散沙。

拼配大红袍，不追求原料的名贵，欣赏的就是拼配师傅的手艺。这打破了纯料名丛一统天下的局面，使得爱茶人能喝到平价质优的武夷岩茶。

一加一等于二，那是数学。

一加一大于二，才是拼配。

○ 大红袍茶饼

上述三种大红袍的种类，是按照其来源进行划分的。

如果按照茶叶外形，大红袍则可分为散茶与饼茶。

武夷岩茶的压饼，有人说可以追溯到龙团凤饼的时代。可其实自唐到宋，中国茶叶的主流造型都是团饼茶，这并非武夷岩茶独有。再者说，岩茶是乌龙，唐宋则是绿茶，两者相差太远。硬要拉在一起，太过于牵强了。

如今紧压岩茶的出现，大致要从1994年说起。这一年武夷山茶叶专家陈德华先生到云南省学习交流。当来到下关茶厂观摩时，眼前的一幕引起了陈先生的关注。原来他发现，由于紧压的缘故，普洱茶的存放非常节省空间。几吨的茶叶，只要一个小屋子就可以放得下。相比起来，武夷岩茶成条索形，存储起来十分占用空间。库存成本过高，是当时武夷岩茶的一大劣势。

民国时期缅甸仰光福建茶行岩茶包装纸

这里插一句话，现如今有些人动辄就能拿出二十年以上的老白茶，这是十分不合理的事情。因为没有人能预测，老茶会在21世纪的前二十年里大行其道。不管是白茶，还是岩茶，都不会有人去大规模、有计划、长时间地存储。那时候，少占库存、快速变现才是茶厂的愿望。货源充足遍布市场的老茶，真是要多加留意。有一些茶商故事讲得动听，却违背了常识。

说完了题外话，我们言归正传。

1995年，陈德华先生便委托云南下关茶厂制作了一批武夷小沱茶。拿回来大家审评后，认为风味不减，还多了几分厚重。但下关茶厂提出来，代为加工可以，却不可以技术转让。双方意见不统一，最终不了了之。

后来陈德华先生是在福州华侨塑料厂参观时，从塑料冲压机之中找到了灵感。回到武夷山后，与农械厂技术人员一道自制图纸，最终自制出了液压武夷岩茶的压茶机。此后，武夷山便可自主生产紧压岩茶。

自上世纪90年代中期至今，大红袍紧压茶也有二十余年的历史了。可以讲，经过了时间的初步考验。最终是否也能列入名茶行列，投票权还在各位爱茶人手中了。

○ 大红袍鸡蛋

现如今去武夷山旅游，九龙窠的母树大红袍是必去的景点。就在大红袍摩崖石刻的正对面，还有一座茶亭。据说承包一年需花费数百万元，但来投标的茶企仍是摩肩接踵。毕竟，在母树大红袍的所在地宣传自己的品牌，极具广告效应。

据我观察，来此参观的旅游者，都想带上一两份好茶回去送礼。其实我常劝大家，在旅游景点切莫买茶。老话说得好：河里无鱼市上找，出处没有聚处多。真正好的茶叶，早就顺着特定渠道流通到爱茶人手中了。您即使身在产区，也不代表就找到了正宗的茶叶。

我在北京人民广播电台的茶文化节目中，经常收到听众朋友求助的问题。请我帮忙看看，出门旅游买的茶到底怎么样？以我这些年的经验，云南丽江买的普洱，武夷九龙窠买的大红袍，都不会太靠谱。

但九龙窠里，仍有一样非常值得消费的东西。

那便是大红袍茶叶蛋。

虽然我没法考证，老板是拿什么大红袍去煮的鸡蛋，但是我可以保证，老板的茶叶蛋连煮带焖绝对超过了12个小时。充足的焖煮，让蛋黄中都渗满了五香的滋味，这便是茶叶蛋的至高境界了。一口咬下去，蛋清不老反而弹牙，蛋黄不硬反而蜜口，这是烹调火候的艺术。咸鲜适度，略带茶香。连着两个下肚，仍不觉得口渴，可见调味的分寸感，也把握得极好。

去九龙窠里参观，别买大红袍。

记得吃俩茶叶蛋，真的实惠。

武夷肉桂

○ 无肉不欢

近几年很多爱茶人，都变得无肉不欢。牛肉、马肉、猪肉甚至龙肉、鬼肉，都是备受追捧的品类。别误会，此肉非彼肉。爱茶人语境下的“肉”，指的是肉桂。还要补充一句，在爱茶人的语境下，肉桂绝不是烹调的香料，而是一种武夷名茶。

现如今，人们太爱肉桂了，甚至根据肉桂生长环境的不同，戏说出了各种各样的“肉”。例如：牛肉，就是牛栏坑的肉桂。马肉，就是马头岩的肉桂。猪肉，本指猪仔洞的肉桂，现如今则多指竹窠肉桂。龙肉，其实是九龙窠里生长的肉桂。至于鬼肉，听着最邪乎，其实就是鬼洞附近生长的肉桂。近一段时间，还出了一款心头肉。后来一打听，敢情是天心岩的肉桂。不得不说，起名字的人还真有些奇思妙想。

自2010年之后，肉桂逐渐成为武夷岩茶中最火的品类。

仿佛喝岩茶没品过肉桂，就如同来北京没爬过长城。

肉桂，到底源自何处?

肉桂，到底好在哪里?

肉桂，到底能火多久?

这都是同学们常向我提问的内容。

咱们慢慢聊。

○ 武夷名丛

在岩茶的语境下，肉桂绝不是烹调的香料。

肉桂，是一种茶名。

肉桂，又是一种树名。

起初，武夷山的茶树便只有菜茶。这个“菜”字，不是能做菜的茶，而是应该理解为“土”。例如我们今天在农村，还常常把土狗叫菜狗，道理相通。所谓菜茶，其实就是当地土生土长的茶树品种。

由于菜茶是用茶籽进行繁殖，后代便一定会产生性状差异。日久天长，武夷菜茶就成了武夷茶树品种的基因库。当地茶农，从变异的后代中选取品质好、特色强的品种，加以单独培育。单独培训的茶树，就如同进了学校的重点班，然后在重点班中，评选变现突出的尖子生。这种茶树中的尖子生，在武夷山就叫名丛。铁罗汉、水金龟、白鸡冠、半天妖等茶，皆在武夷名丛之列。

肉桂，也是选育自武夷菜茶的武夷名丛。顺便一提，武夷山另一款当家品种水仙茶，其实就属于引种到武夷山的外来品种。别看都是武夷山的名品，水仙与肉桂其实血缘关系很远。水仙也是个大课题，有机会我再辟文单独讨论。

书归正传，我们接着聊肉桂。

○ 几起几落

肉桂，古称玉桂。清代《崇安县新志》中记载：

> 蟠龙岩之玉桂……皆极名贵。

有人可能会疑惑，聊武夷山的事干吗要看《崇安县新志》?

如今的武夷山市，旧称为崇安县。所以如果看到“崇安县茶叶局”“崇安茶厂”字样的文献，内容便都是涉及武夷茶文化的了。茶名与地名一样，古今的变化造成了理解上的艰涩。

虽然已经选为名丛，肉桂茶却没有得到重视与推崇。

甚至可以说，肉桂的命运也曾几次起落。

第一次，是在20世纪40年代初期。

当时一些茶叶工作者，开始对肉桂加以注意，准备进一步鉴定其品质，由于当时栽培管理不善，试验所用的肉桂最终染病，茶树长势衰弱。最终以肉桂“抗逆能力不强”为结论，未加以重视和繁育。

第二次，是在20世纪60年代初期。

建国初年，武夷肉桂种植仅有数株而已。在名丛采制过程中，人们对于肉桂的优异品质有了新的认识。这才逐步开始繁育并扩大栽种面积，并加以深入研究。至20世纪70年代初，才真正肯定了肉桂品种高产优质的特性。怎奈特殊的历史阶段下，肉桂仍没有很大的发展。

第三次，是在20世纪80年代之后。

1982年3月，在崇安县（今武夷山市）召开全国花茶、乌龙茶优质产品评比会。武夷肉桂一经亮相，便引来到会的19个省市代表的赞赏。借着那次大会，武夷肉桂开始扬名天下。武夷肉桂真正受到重视，应是20世纪80年代之后的事情。即使如此，当时肉桂的种植面积和年产量还都十分有限。

姚月明老师曾于1982年发表《武夷极品——肉桂》一文。文中写道：

> 肉桂品种目前产量虽不足千斤，还处于“初期发展

> 阶段”……从1980年起已进入较大面积的繁育培养阶段，目前栽植面积已达百亩以上，在不久的将来，将会对我国茶叶事业增添新的光辉一页。

由此可见，当时的肉桂仍是方兴未艾。

真正的大红大紫，是近十余年的事情。

○ 大红大紫

现如今很多爱茶人，都会去武夷山探访。很多人，总怕自己不内行，结果被当地茶商给蒙了。在这里，我可以教授大家一个“冒充”专家的速成办法。

首先，请选择一片不远不近的茶山。然后，故作玄虚地瞟上几眼。条件允许，也可以走进茶田简单地看看叶片和树形。最后，轻描淡写地对同行的人说：“这都是肉桂呀！”一时间，不由得大家不对你肃然起敬。不仅能喝茶汤，连茶树都分辨得出来，实在是大行家。

有人要问：“我怎么知道这片茶山是肉桂，而不是水仙或铁罗汉呢？”其实，这不是个茶学问题，而是个数学问题。说得再明白点，是个概率问题。

现如今的武夷山，肉桂占了总体种植面积的80%以上。即使有一些品种茶，一般也都种在比较偏远的坑涧当中。一般游客所到之处，基本上90%以上种的都是肉桂。如果你在路边看到20厘米左右高的茶苗，那100%都是肉桂。对着茶苗使用刚才我教的那一招，绝对是百发百中。

茶农对于肉桂的种植热情，来源于近十年来市场的追捧。现如今，一斤优质的牛栏坑肉桂，卖价起码要在3万元上下。

牛肉领跑，马肉、猪肉、龙肉紧随其后。水涨船高，武夷肉桂的整体价格普遍上涨。现如今，肉桂已成为武夷岩茶中最卖钱的品种。

在利益的诱惑下，各山场都开始种植肉桂。

刚开始，是开山抢种。

到后来，是砍树强种。

如今的武夷山，我总觉得似曾相识。

像什么？

哦！很像二十年前的北京城。如今坑涧中的一些品种茶，就如同北京胡同里的老房子。一旦要发展经济，哪还顾得上那么许多？

北京城的四合院，推倒了盖高楼。

武夷山的品种茶，砍掉了种肉桂。

肉桂，绝对是优质的武夷名丛。

我从未否认，自己对于肉桂的喜爱。

大力发展肉桂，有利于岩茶发展。

蛮力发展肉桂，有害于武夷茶业。

武夷山，本是百花齐放，百茶争鸣。

现如今，肉桂破坏了武夷岩茶的丰富性。

如今的武夷茶，我又觉得似曾相识。

像什么？

哦！很像十多年前的铁观音。铁观音风靡全国时，佛手、本山、毛蟹、黄金桂一律靠边站。现如今铁观音市场崩盘，闽南茶区也是一片萧条。甚至想再喝到黄金桂，都成了一种奢望。

如今的北京城，已经在反思。

如今的铁观音，已经在懊悔。

今后的武夷山，又会如何呢？

这一切，时间都会给我们答案。

○ 肉桂乱象

肉桂种植，在产区趋于狂热。

肉桂销售，在市场逐步混乱。

首先，是口味的改变。肉桂茶汤，香气浓郁，口感辛锐。细细体会，似有一种桂皮香气。滋味强烈，入口难忘，都是肉桂的优点。我想，这也应该是肉桂为大众喜爱的重要原因吧。但现如今，茶商为了突出卖点，开始过分追求肉桂的香气以及辛感，降低焙火的程度，从而吸引顾客的注意。

问题也随之而来。过分降低焙火，茶汤的辛烈感提升了，温润醇和的感觉却荡然无存了。以至于很多人会误认为，又苦又涩的就是岩茶。口感浑厚，茶性温和，茶香自然，汤有骨鲠，才是岩茶的魅力所在。

除此之外，市场上的肉桂，不知不觉也开始贴上“老枞”“老茶”的标签。可其实，这里面多有夸大宣传的嫌疑。

先说老枞肉桂，几乎是个笑话。陈德华《加速恢复和发展武夷岩茶》一文，发表于1981年《福建茶叶》第三期。文章中写道：

> 原来武夷山栽培的茶树品种主要是菜茶，此外，引种少量水仙品种。至于梅占、桃仁、乌龙、佛手、玉桂、黄龙等品种只有极少量栽培。

由此可见，当时武夷山的茶树种植面积分为三个等级。

第一等级，为主要种植。品种，就是前文提到的武夷菜茶。

第二等级，是少量种植。品种，就是水仙。

第三等级，是极少量栽培。品种，就是梅占、佛手、玉桂等品种。

前文已讲明，玉桂是肉桂的旧称。也就是说，肉桂当年的种植量极少。如今的武夷山，茶树也以老枞为贵。要说老枞水仙，这事还有可能靠点谱。如果说老枞肉桂，那几乎就是笑话了。

当年根本没人种植肉桂，如今哪里来的老枞呢？除去老枞，老茶的概念在武夷岩茶中也很流行。有些茶商看肉桂火热，便也开始打造“肉桂老茶”的概念。

但是这里面，也存在着巨大的漏洞。

第一，当年的肉桂几乎没有产量。

当年产量就小，如今怎么会又有这么多老茶呢？

第二，当年的肉桂几乎不去单卖。

武夷岩茶，一直是大宗出口产品。为保证足量稳定工艺，因此建国后一直没有突出名丛的个性。我曾收藏有一只岩茶的出口包装罐，上面标有的名称为“单枞奇种”。直接标出“肉桂”字样的包装大批量上市都是近十余年的事情。市场上所谓老肉桂，又是从何而来呢？

知识、见识、常识，习茶路上，缺一不可。

武夷水仙

○ 本土与外江

武夷岩茶，基本可以分为两大派别。

其一，是本土派。

这一流派，以武夷菜茶为祖。大红袍、铁罗汉、白鸡冠、水金龟、肉桂，都是这一流派的骨干。

其二，是外江派。

这一流派，以武夷水仙为尊。梅占、佛手、金观音、黄观音，都是这一流派的成员。

武夷本土派，一贯势大。

昔日，是大红袍扬名天下。

如今，是肉桂茶霸占市场。

武夷外江派中，能与其勉强抗衡者，唯有武夷水仙。

武夷岩茶的江湖，大抵如此。

○ 祝仙与水仙

武夷水仙，原产于武夷山南麓建溪上游的建阳县，与武夷岩茶的产地崇安县，算是比邻而居。

相传在清代道光年间，建阳县小湖乡大湖村附近的祝仙洞，出现了一种特性优异的茶树，因地而得名，此茶就叫“祝仙”。在当地方言中，“祝”与“水”发音相似，于是乎，传来传去，便成了“水仙”。

我曾请建阳当地的朋友，将“祝仙”与“水仙”用土语发音念给我听。实话实说，也没听出个子丑寅卯。有些文章中，写作“祝仙”讹传为“水仙”。这种说法，也不见得准确。据我推断，这可能是一种典型的茶名雅化行为。

旧时北京城的胡同名称，有些就不太文雅，甚至有些粗俗。清末民国以来，很多有识之士便开始了“地名雅化”活动。例如：

狗窝胡同，改为高卧胡同。

粪厂胡同，改为奋章胡同。

狗尾巴胡同，改为高义伯胡同。

名字一改，既响亮，又雅致，可谓一举两得。

祝仙，是个生僻地名。而且除去地名，也没有其他含义了。水仙，大不相同，意义极为丰富。

首先，水仙是花名。

由于初春开花，水仙自古便是春节的应时花卉。栽植于浅钵当中，可为案头清供，向来为文人所爱。明代梁辰鱼《咏水仙花》中写道：

幽花开处月微茫，秋水凝神黯淡妆。

时至今日，央视春节晚会现场，每一桌上还都摆着一盆盆初绽的水仙呢。

其次，水仙是曲名。

《水仙操》，是一种著名琴曲名。操，和诗、歌、辞、赋一样，也是中国文学史上发展出的特殊文体。清代施闰章《西湖看月歌》就写道：

援琴欲鼓水仙操，钟期既远谁为听？

20 世纪 80 年代武夷水仙广告卡片

再者，水仙是仙名。

《天隐子》中就写道：

在天曰天仙，在地曰地仙，在水曰水仙。

春秋战国时期的伍子胥、屈原，都被后世尊为水仙。

水仙，具有极丰富的文化意蕴。在国人心中，水仙几乎可与清雅画上等号。祝仙变为水仙，不应是无意“讹传”，反而是刻意“雅化”。茶名的雅化，为日后水仙的登堂入室打下了基础。

○ **近亲与远亲**

水仙，除了名字雅，更是质量优。

由于品种优势明显，水仙被发现后不久就传遍了整个福建茶区，从而直接影响了闽北乃至整个福建茶产业的发展。当时茶商看中了武夷山的地理优势，便也将水仙大量移种于此。这种趋势，在20世纪30年代达到极盛。

民国三十六年（1947）《闽茶》第二卷第二期中，登载了倪郑重所写《水吉大湖——水仙的摇篮》一文，记载了水仙茶树品种大量移栽武夷山的史实。其中写道：

在民国十九年的前几年，正是武夷山最兴隆的时期，也就是武夷岩茶的黄金时代。武夷岩茶用水仙品种制成的都是最走红运，供不应求。因此每年从大湖挑运往武夷的水仙苗，成千成万，多至不可计算，几乎百分百用水仙苗栽植武夷山的新垦地及填补旧茶园的缺株。

移种于武夷山的水仙，占尽了天时地利，不但没有落到“橘逾淮而化枳”的悲剧，反而把树种的优势发挥得淋漓尽致。

建阳水仙，为武夷水仙之祖。武夷水仙，胜过乃祖乃宗。

水仙的传播，并未止步于武夷山。

据《永春地名录》记载，水仙南传是在清代道光年间。当时有位叫郑世报的茶农，到鼎仙岩烧香许愿，求一个好的前程。晚上睡觉，便有仙人托梦：

人北行，见木杉，住草亭。

手艺成，带回乡，可小康。

郑世报于是携子远行，最终在武夷山落脚。

当时武夷山正值流行水仙茶的栽种与制作。郑氏父子在当地做雇工，学习茶树种植、培管以及制茶技艺。大约在清代咸丰年间，父子携百株水仙茶苗回到老家永春。自此，水仙横穿闽北，最终扎根闽南。现如今，水仙与铁观音、佛手一起，成为永春三大当家品种。因此闽南水仙与武夷水仙堪称近亲。

除此之外，在广东潮州的凤凰山，也出产名茶凤凰水仙。凤凰水仙与武夷水仙，是否有亲缘关系呢？我不是农业专家，无法从植物基因谱系的角度去分析这个问题。但凤凰山与武夷山，都是我常去的茶区。两边的茶树品种以及制茶工艺，我也都算熟悉，虽然都是直条形乌龙，但两者的差异性还是十分明显。

关键的一点，在于茶香。

凤凰水仙，以香型丰富明显而著称。凤凰单丛，选育自凤凰水仙，今人竟能轻松划分出十大香型。有甜润的蜜兰香，有清雅的黄枝香，有高亢的夜来香，等等。相比之下，武夷水仙、闽南水仙却都并不以香型众多而著称。香型的彰显，诚然与工艺有关，可也与树种的独特性密不可分。因此，我只敢把武夷水仙与凤凰水仙的关系暂定为远亲。至于二者的具体关系，则有待科学家的研究了。

搞清楚各路水仙之间的关系，是武夷水仙学习中的一个难点。

将各种茶攀扯上亲属关系，只为更好地说明枯燥的农学问题。

方家勿怪。

○ 优点与缺点

武夷水仙，不以香型丰富多彩而著称。

那么，武夷水仙的魅力何在呢？

还是要从茶汤说起。

我泡武夷水仙，投茶量一般偏大。110毫升的侧把壶，起码要投八九克的茶叶。别笑话我是重口味，殊不知，饱满醇厚才是水仙茶汤的魅力所在。

水仙是中大叶种，成品茶也难免条索粗大。八九克的干茶，便是好大一堆，看惯了龙井雀舌的人，起初会有些不适应。可只要喝过之后，自然会产生一种“茶不可貌相”之感。

百度沸水，半空猛击。干茶犹在梦中，悠悠转醒。如果这时候室内够安静，你甚至能听见“咔嚓咔嚓”的响动。那是足火细焙的干茶，正在吃水的声音。不着急，稍微多沁一会儿也无妨。出汤入碗，浓稠顺滑。即使有一点点苦涩，也别担心。苦涩，微微的刺激，提醒了味蕾，去感受茶汤里的甘甜。并且，我可以保证，苦能转甘，涩能变滑。

细品这份水仙汤，茶香彰显。可具体是什么香，又似乎不好形容。

20 世纪 50 年代武夷水仙包装纸

这便是武夷水仙最大的特点。

香气纯正，韵味悠长。

不娇不腻，落落大方。

坊间总说：香不过肉桂，醇不过水仙。

形容得还不够过瘾。

肉桂，若是一副侠骨柔肠，水仙，便是一身大家风范。

那么，水仙有缺点吗？

答：当然有。

那么，水仙的缺点是什么呢？

答：水仙的优点，也是它的缺点。

其实，优点与缺点，都是非常主观的认知。随着立场的变动，优缺点也存在着变化。

在张扬个性的年代，武夷水仙大家风范的特点，成了致命的缺点。

在快餐文化的年代，武夷水仙不娇不腻的特点，被解读成了“没个性”。

○ 落魄与风光

想当年，水仙在武夷山的地位，可谓是三分天下有其一。民国三十二年（1943）出版的《武夷山的茶与风景》一书中写道：

> 水仙的产量现在约占全山茶产的13%。乌龙今年已有所增加，照今年（民国三十二年）的产量也达到了3%。
>
> 比之武夷老祖宗的菜茶，虽然还是瞠乎其后，但他们的希望是在明日。

民国的武夷山，除去菜茶，就数水仙了。当时的作者还做预估，说水仙的希望是在“明日”。这本书的作者，还真是错了。现如今的水仙，不但没成为“明日之星”，反而是落寞至极。大批量的水仙，都用作商品大红袍的拼配。虽然也愉悦了爱茶人的味蕾，却总不能名正言顺地出场。仿佛包装上写上“水仙”二字，就要低“肉桂”三分似的。

于是乎，便再在“水仙”前面加上“老枞”二字，以作护身法宝。

可是真的有那么多老枞吗？

当然没有。

新树，总比老枞多。

不是老枞的水仙，就不是好茶了吗？

当然不是。

用心，总能做好茶。

主打“老枞水仙”，其实恰恰说明了武夷水仙的窘境。

水仙落寞，原因何在？因为能静心品茶的人，越来越少了。追求新、奇、特，是如今茶界的风气。

肉桂，算是武夷菜茶系中个性张扬的品种。但如今的茶商，却还嫌弃它的特征不明显。于是乎，他们便在工艺上动了手脚。用极轻的焙火，来逼出所谓“岩骨花香”。

说是“岩骨”，实为清苦。

说是“花香”，实为辛锐。

甭管好喝不好喝，反正能让人产生记忆便是成功。

过口不忘，才是今天的好茶标准。

这种口感，是不是耐品味？

这种茶汤，是不是养肠胃?

商家，便是概不负责了。

岩茶的新风格，正在与传统工艺背道而驰。在这样的大背景下，岩茶审美有了很大变化。不娇不腻、落落大方自然就是缺点了。传统武夷肉桂，都已经被21世纪的新款肉桂所替代。传统武夷水仙，当然也就不受待见了。

快到春节了，水仙花又要登场了。

按照北京的习俗，家里老人总要找出尘封一年的水仙盆。

掸去浮土，栽种上几头水仙。

水仙花守信，初春必绽。

水仙茶的春天，又在何时呢?

武夷铁罗汉

○ 武夷名丛

闽南乌龙茶里，有一尊铁观音。

闽北乌龙茶中，有一位铁罗汉。

观音与罗汉，虽然都是神佛，两款茶的运势，却大有不同。铁观音享誉全国，但知道铁罗汉的人就不多了。

铁罗汉，是武夷岩茶的名丛之一。所谓名丛，即是从有性繁殖的武夷菜茶中遴选出的优异茶树品种。单独管理，单独采制，最终再单独销售。

武夷岩茶的名丛中，最有名气的就是大红袍。除此之外，还有铁罗汉、白鸡冠、半天妖、白瑞香、金锁匙、不知春、不见天等若干花色品种。只是大红袍的名气太大，现如今已经成了武夷岩茶的代名词。反而是其他的名丛，很少有人再提及了。

我国向来有评选“四大”某某的文化习惯。例如，文学作品中有四大名著，寺庙里有四大天王，京剧界有四大名旦，等等。1943年出版的《武夷山的茶与风景》一书中，介绍了若干种武夷名丛的情况。其中出场顺序排在前四位的即大红袍、铁罗汉、白鸡冠和水金龟。后来有好事之徒，就将这几种茶推举为武夷岩茶的“四大名丛”。与大红袍齐名并举，可见铁罗汉在岩茶中地位颇高。

○ **产地之谜**

民国时期，铁罗汉既有名也神秘。很多武夷山的人，都是只闻其名未见其茶。甚至说，连这种茶树具体生长的位置，长期以来都是一个秘密。

旧时的岩主茶商们，将名丛的发现地和生长地视为商业机密，绝不肯轻易告诉外人。这不排除商人有故弄玄虚的嫌疑。但他们这样做，也确实有出于对名丛保护的考虑。每一种名丛，都是独特的产品。一旦被竞争对手知道了自己名丛的所在地，这些珍贵的茶树就难逃被偷采与盗挖的厄运。若是再有仇家，名丛甚至有可能被戕害致死。

因此，民国时期知道铁罗汉茶树所在地的人寥寥无几。笔者通过梳理文献档案中的蛛丝马迹，这才基本锁定铁罗汉树种的所在位置。

铁罗汉，分布在武夷山的两处。其一，生长在慧苑岩西厂所属的内鬼洞中。那里两边岩壁很高，茶树种在一块狭长如带的地段。树旁有一条小涧流过，树很高大茂盛，枝干细直朝天，叶色油绿富有光泽。叶形平展，叶尖钝，尖端弯曲下垂，叶肉隆起，脉粗而显。

又有一株，生长在竹窠岩的长窠西端最后一梯园的北角外边。它的位置正在三仰峰之下，有风化石剥削而下，足以肥润土质。右旁有涧水，终年流润着根部。其树高大茂盛，品质不仅超越内鬼洞者，且似较大红袍更佳。

但当时科技水平有限，尚未推广茶树的无性繁殖技术。因此，铁罗汉虽好，却也无法广泛种植。两处的铁罗汉加在一起，年产也不过数斤而已，可谓是极为稀少的名茶。

○ 老店名品

清末民国时期，提起“铁罗汉”三个字，便让人联想到另外三个字“施集泉”。

清乾隆四十六年（1781），施大成在福建惠安城关霞梧街开设施集泉茶庄。到民国时，这已经是一家经营了130年的老茶庄了。买卖传到创始人施大成之孙施济候手中时，又有了较大的发展。当时施济候亲到崇安选购武夷岩茶，并在武夷山购置刘官寨岩茶厂，为其子孙后代奠定了发展茶叶的基础。

施集泉以经营武夷岩茶为主，兼营闽北地区所产的中低档乌龙茶。其中铁罗汉是招牌产品，售价也最为昂贵。当时施集泉茶庄的武夷水仙每斤售价16元，而铁罗汉售价则高达每斤48元。1921年前后，是施集泉业务兴旺的黄金时代，每年营业额由3万银圆上升到12万银圆，其中铁罗汉占30%。

行文至此，很多人会提出疑问：作为一种名丛，铁罗汉的年产量不是极低吗？施集泉茶庄为何如此神通广大，会有成千上万斤的铁罗汉呢？根据闽南茶界的老人回忆，施集泉的铁罗汉是广收正产区的武夷岩茶，再利用独家的秘方拼配而成。

所以历史上的铁罗汉，细究起来要有狭义与广义之别。

狭义的铁罗汉，指的就是生长在慧苑与竹窠的那两株名丛。民国时产量确实极为有限，几乎不能当作商品看待。

广义的铁罗汉，指的是施集泉老茶庄的一款拳头产品。施家利用自己秘不外传的拼配方法，调和出了一款畅销闽南乃至南洋的高档岩茶。

○ 拼配之妙

当年老茶庄的岩茶拼配，主要秘诀有两个：其一，是不同品种的混拼。其二，是不同年份的调和。

首先，是不同品种的岩茶进行拼配。武夷名丛，可谓是各具特色。有的香高，有的水甜，还有的茶韵持久。单独拿出一种名丛品饮，自然也是一种味觉的享受。可五味调和，也是中国饮食文化的传统之道。若将不同品种的岩茶名丛按比例进行拼配，取长补短，又别有一番乐趣了。

孔子曰：君子和而不同，小人同而不和。上等的岩茶，不妨比作君子，施以妙法，合于一处，自是不同凡响。

其次，是不同年份的岩茶进行拼配。岩茶在精制时，需要经过漫长的焙火工序。经过细致的焙火，武夷岩茶的愉悦香气和醇厚滋味才可以最终显现。但焙后的岩茶带有火气，绝不可以在短时间内饮用。

清初文人周亮工在《闽小记》卷一《闽茶曲》中写道：

雨前虽好但嫌新，火气难除莫近唇。

藏得深红三倍价，家家卖弄隔年陈。

由此可见，乌龙茶自古便有饮用隔年陈茶的习惯。但乌龙茶久存是消掉了火气，可香气也随之降低了。这就如同一个人随着社会阅历的提升，会变得老成稳重，但年轻时的意气风发之感，却也随之消散了不少。

世间万物，此消彼长。

茶事与人情，本是一脉相通。

我们在一杯茶汤中，自然也可以品味人生。

都是新茶，喝了难免上火。都是陈茶，香气又显不足。于是，施集泉茶庄便将新茶与陈茶按比例混合。这样拼配出的铁罗汉，既有岩茶高锐的香气，又兼得沉稳内敛的茶汤。同时，拼配后的茶叶数量稳定，可以长期供给市场。现如今市面上的武夷岩茶，重品种重山场而轻视拼配，不能不说是一种缺憾。看来老茶庄的经营智慧，今人还并未完全参透。

○ 家乡味道

说起施集泉铁罗汉的走红，还与一百年前暴发的两场流行病有关。

据说公元1890年前后，惠安县时疫流行，医生束手无策，病人在热渴中饮用施集泉铁罗汉，病情减轻，部分人甚至治愈。一些老中医广为之宣传提倡，铁罗汉从此知名遐迩。

1931年，鼠疫又在惠安城乡蔓延。名中医李淑潜、林霁士、林少澄等一致推荐服用施集泉铁罗汉。在缺医少药的年代，铁罗汉不仅仅是一种饮品，更是济世保民的灵丹妙药了。

广大海员从生活实践中深悉茶叶有健身、防病和治病的作用。在海上长期行船，不可能得到足够的新鲜蔬菜和水果，多饮茶叶就能保健。

《福建工商史料·第一辑》中，记载了91岁高龄的郭有明老人（笔者按：文章写作于1986年）关于铁罗汉的回忆。据说民国时期在惠安白奇一隅，年销施集泉茶叶3千余元，其中铁罗汉占70%（笔者按：当时白银1元可买白米20斤）。由于沿海居民对施集泉铁罗汉崇拜成风，引起贪利之徒以假货冒充。当年郭有明为取信于人，销售施集泉铁罗汉时要加盖一印："济生堂代兑集泉茶如假天诛。"

作者拜访马来西亚建源茶庄

只有畅销书，才有盗版。

只有名优茶，才有山寨。

通过郭有明老人的回忆，我们从另一个侧面看到了铁罗汉当年的红火景象。

我在马来西亚首都吉隆坡的老茶行里，见到了收藏数十年的施集泉铁罗汉。据当地同行介绍，很多闽南人下南洋打拼，随身都要带上一包铁罗汉。偶尔头疼脑热，或是宿醉难消，便浓浓地冲上一壶。既解了燃眉之急，也化了思乡之情。

凡是爱茶人，可能都会有这样的经历。长途跋涉的差旅生活，总是搞得人筋疲力尽。回到酒店后，泡上一杯称心如意的茶汤，真的可以让人瞬间愉悦起来。旅途中的疲惫，也随之一扫而空。茶汤对于元气的恢复，甚至要胜过蒙头大睡。当年远渡重洋讨生活的华侨们，也正是靠着家乡的一壶铁罗汉，缓解身心上的倦怠之感。

世间最好的关怀，不一定是话语上的好言安慰，也不一定是物质上的奢华享受，而可能是一种味觉上的温暖熨帖。出门在外，奔波劳碌，千万不要忘记，认真给自己泡一杯茶。

铁罗汉也罢，不是铁罗汉也行。

总之，茶是要喝的。

凤凰单丛

作为北方人，我接触乌龙茶的时间偏晚。而在众多的乌龙当中，我最后喝到的才是单丛。当然，这也是情有可原。因为时至今日，单丛茶仍属“冷门”，既少见也不易得。

凤凰单丛，为何一直火不起来呢？

我想原因大致有两点：

其一，是产量稀少。正宗的单丛，产自广东省潮安县凤凰镇。我第一次到那里时，由原镇长吴伟新老师全程陪同。据吴镇长介绍，凤凰全镇不大，只有27个行政村外加2个社区居委会。截止到2004年，人口也还不到4万。即使村村产茶，人人做茶，凤凰镇的产能也远没法和武夷山或是安溪相比。

其二，是远销海外。公元1860年，随着汕头埠正式开放为对外通商口岸，许多凤凰人乘坐“红头船”下南洋谋生。单丛茶，也与凤凰移民一起，香飘海外。至20世纪30年代为止，凤凰人在金塔（今柬埔寨金边）开设茶铺20余间，在暹罗（今泰国）、越南也各有茶铺10余间。而自1954年至1975年间，每年运往柬埔寨、泰国等地的凤凰茶就有20万斤之多。

凤凰单丛，墙内开花墙外香。

综合上述因素，单丛历来都算是一种“贵茶”。

单丛有多贵？大家不妨来看一组数据。

作者与黄瑞光先生讨论单丛问题

20 世纪 80 年代凤凰单丛广告资料

我曾在潮州见到过一份《1972—1980年凤凰茶收购价格表》，可作为很好的参考资料。依据当时的分级习惯，最高等级的称“单丛”，稍差的称“浪菜”，最后一级称“水仙”。而“单丛”“浪菜”与“水仙”，每一种再分为特、一、二、三级，每一级又可分为一、二、三等。

其中“特级·一等·单丛”每斤的收购价，为人民币11.5元。而即使“三级·一等·水仙”的价格，也为人民币1.71元。我家中存有一件紫砂一厂的“高狮灯”紫砂壶，为我外祖父于上世纪70年代购买，也才花费人民币1.5元左右。单丛茶价格之昂贵，绝非一般百姓可以消费。

稀少与昂贵，是我没喝单丛前最为直观的印象。

但当喝过之后，这些“俗事”就已抛到九霄云外了。

为何？

答：好喝！

有一年我去某大学讲课，恰好赶上艺考面试。俊男靓女站了一院子，不由得我这“好色之徒”驻足欣赏。但看了一会儿，就感觉自己的脸盲症突然发作了。男孩英俊，女生靓丽，却是容易“过目就忘”。混迹演艺圈，长得好看与否还在其次，首先得风格鲜明。这样的明星很多，这里便不一一举例了。

其实名茶与明星，都是一个道理。

好喝的茶，不胜枚举。

单丛的亮点在于，既顺口，还有特色。

要说单丛茶给人最为直观的印象，就是一个字——香。

作为北京人，起初我还真想象不到，有什么茶能在“香”上胜过茉莉花茶。可喝上以后发现，单丛茶的芳香馥郁，真是别有一番境界。关于单丛的香，要说的、可说的、该说的都实在太多了。裹在本文中，反倒施展不开。待我随后再辟文单独讨论吧。

总而言之，起初喝单丛，都会被她的“香”所吸引。

但细细品味之后，味蕾最终却又会被单丛之“鲜”牢牢拴住。

何为“鲜”？

东汉许慎《说文解字》说，“鲜”是一种鱼的名字，出自“貉国”。可惜时至今日，不管是这个国家还是这种鱼类，都已经消失在历史的长河之中了。清代王筠《说文释例》中，讲得就比较清楚了。其中讲：“鲜似会意字也，鱼羊为鲜，合南北所嗜而兼备之矣。”鱼、羊分别是南北方最为美味的食材，合在一起就形成了极其美妙的味觉感受——鲜。

过去北京广和居，有一道菜叫“潘鱼”，据说是晚清潘祖荫所发明。具体做法，就是用吊好的羊汤去汆鱼片，味道别具一格。我没吃过“潘鱼”，倒是在江苏徐州吃过一道“鱼羊配”。做法类似，吃起来确实膏润芳鲜，尽善尽美。我还见过顶级吃货用鲫鱼汤涮羊肉片，也取一个“鲜”字。

以上吃法，估计都是受了《说文释例》的启发。拿文字学著作当菜谱看，这事也就是咱们中国人才干得出来。

众所周知，我也是个吃货。饮食之道，就讲究酸、甜、苦、辣、咸五味调和。鲜，不纳入五味当中，但仿佛是游走于五味之外的“第六味”。哪种味道里面，又都少不了这个“鲜”。

我常去福鼎，为的是制白茶。但也要承认，去吃当地小海鲜，也是我的重要动机。福鼎属闽东，背山靠海，当地人吃海味个个是行家。福鼎人烹饪上等海味，一定是清蒸而非北方的重口红烧。究其原因，就是要吃到海味本身的“鲜甜”之感。一掀笼屉盖，香闻十里，腴鲜噗人。

除去甜与鲜的结合，湖南菜则是辣与鲜结合的典范。淮扬菜上，爱用镇江香醋。而扬州人对于香醋最高的评价，非酸非甘，而是说它“够鲜”。可见连“酸”，也与“鲜”有着不解之缘。

鲜，于五味之外而存在。

鲜，是五味最好的补充。

将“鲜”与“酸甜苦辣咸”中任何一味相加，都会出现一加一大于二的效果。茶汤中有了鲜，本身的甘甜，变成了“鲜甜”。原有的果酸，也变成了“鲜爽”。就连微微刺激味蕾的苦，也变成了一种精气神儿十足的“鲜苦”。

单丛茶好喝，可能秘密就在“鲜”中。

要想喝懂单丛，“鲜”字无疑是一把钥匙。

现在做菜提鲜，多用味精。以至于很多人脑海中的“鲜”，其实就是味精的味道。这是极糟糕的事情。抛开健康与否不谈，味精提出的“鲜”寡淡单薄，而且绝没有回味。而单丛茶喝过之后，齿颊留香，味蕾的兴奋感久久不能平静。这样的感觉，正是天然的“鲜”味在起作用了。

不但是食材，为了保住这“鲜”味，单丛茶在制作上也要下很大功夫。

众所周知，乌龙茶的精髓，在于焙火工艺。单丛茶，也绝不例外。为了保证底蕴与鲜爽共存，单丛烘焙要细分为初烘、摊晾、复烘三个阶段。每个阶段时间不同，温度也要调整。初烘火温宜高，复烘则火温一定要低。烘焙过程中及时翻拌，坚持薄焙，多次烘干。之所以弄得如此繁复，就是怕火力逼散了茶中的鲜味。单丛茶火工高明，不露痕迹。以至于单丛是焙火茶，倒也成了一条冷知识了。

行文至此，想起来一桩茶界旧事。想当年黄瑞光、桂埔芳等前辈合著的《凤凰单丛》一书在台湾出版时，当地的书商在宣传上颇费了一番心思。他们在台版《凤凰单丛》腰封上用大号字写道："跟95%的茶叶达人说声抱歉，其实你并不了解乌龙茶。"

的确，和武夷大红袍、安溪铁观音、台湾高山茶相比，凤凰单丛确实太小众了。然而一杯好的单丛茶，浓而不腻，嫩而不生，始终鲜美。啜一小口，琼浆玉液，鲜透齿颊。那样的感觉，又真是其他系列的乌龙所不能替代的。热衷乌龙的爱茶人没喝过凤凰单丛，总是一种遗憾。

这样想来，台湾书商的宣传语虽然浮夸，但也算有几分道理吧？

红茵茶

几次到广东省潮安县凤凰镇，都是由黄瑞光老师陪同我上乌崇山访茶。黄老年过七旬，是凤凰单丛茶制作技艺的非遗传承人。生于斯长于斯，又加上半个世纪的单丛茶工作经历，使得他对于乌崇山了如指掌。随着老先生翻山越岭，走村过寨，我受益匪浅。

种类繁多，是单丛茶的特点，同时也是难点。黄老细心，每次上山都尽可能多地教我这个“外地人”辨识各种茶树。大名鼎鼎的宋种，开价最高的通天香，甚至少为人知的香番薯、鸡笼刊、棕蓑挟，我都有幸多次实地考察。

但遗憾的是，几圈走下来，我却从来没有见过红茵茶树。以至于我对于红茵的了解，更多是来源于资料。据记载，红茵属于野生型茶树，因嫩梢新叶的前端呈现斑斓的浅红色而得名。凤凰先民，偶然发现红茵叶，拿回去烹制后饮用，滋味鲜爽怡人。随后便有意遴选，从而拉开了凤凰种茶的序幕。如今大名鼎鼎的国家级优良茶树品种凤凰水仙（笔者按：即华茶17号），即是由她培育而成。

若论资排辈，红茵在凤凰镇乌崇山茶树中应属元老。换句话讲，想喝懂今天的单丛，就不能不了解红茵。话虽如此，但如今红茵已如江湖宿老般淡出茶界。即使我几次上乌崇山，也无缘得见其真容。

红茵为何如此神秘？

究其原因，还是野茶的本性所致。

第一是生长环境太险，第二是采摘难度过大。

红茵，多生长在乌岽的深山老林当中。按照黄瑞光老师的经验，海拔600米以下的环境根本看不到她。由此看来，红茵倒是百分之百属于高山茶了。今天的饮茶人，只知高山茶之美，却不知上高山采茶之险。茶圣陆羽，就曾多次上高山访佳茗。其好友皇甫冉曾有“采茶非采菉，远远上层崖”的诗句，描述的即是陆羽高山采茶的艰辛。

凤凰山势陡峭，道路崎岖难行。即使是从镇子里出发去乌岽村，一来一回也要有大半天耗在路上。上世纪90年代，吴伟新镇长带头修了200余公里的山路，才算使得上山下山便捷了许多。即使如此，许多茶树生长的地方仍是崎岖。至今，很多山上茶园采下的茶青，也要靠钢缆才可以运下山坡。

红茵生长的地方，基本上人迹罕至。我几次上乌岽山，都不曾与她邂逅，原因就在于此了。

有人可能会说，那直接把山上的红茵挖下来，种到山下不就行了？

还真不行！

作为野生茶树品种，红茵保存了很多茶树的原始特性。《茶经》中就曾写道，茶树种植“法如种瓜，三岁可采”。也就是说，种茶树应像种瓜那样，以种子发育繁殖。明代《天中记》中进一步阐释说：

> 凡种茶树必下子，移植则不复生。

后来的茶树，在人为驯化下既可有性繁殖也能无性繁殖，移栽移种也未尝不可。但红茵，保留了这个“老脾气”。有一年，有茶农费尽心力将十株红茵请下高山，移种到茶田之中。结果来年开春，无一存活。

野茶，如同隐士。习惯了山野村夫的生活，一时半会儿估计难以融于现代社会。找到野茶，绝非易事。但即使找到了，采摘野茶更是难上加难。由于非人为种植，因此红茵并非集中生长于一处，而是散居于山野之间。东一棵，西一株，根本没法大规模采摘。有时候一天下来，一半的体力用在采茶上，另一半的体力都耗在转场上了。

由于无人打扰，红茵大可任性生长，有时候植株可以达到四五米之高。当然，几人高的茶树在乌岽山不算新鲜。来凤凰走一圈，随处可见扛着梯子去茶园的采茶工。架梯子采茶虽然麻烦，却也算是行之有效。

可是这一套办法，在红茵上却行不通。原来红茵作为野茶，似乎故意躲着人们似的。越是人迹罕至的地方，她生长得越是茁壮。以至于好容易发现一株红茵，却发现她生长的地方别说架梯子，就是连个板凳都放不稳。茶农无奈，只能上树采茶。有时候无计可施，只能直接连枝带叶地将茶树砍断，再慢慢采上面的嫩叶。采制红茵，费力不讨好。

虽未见茶树，但是我却喝过红茵。如今“野茶”二字，几乎可以与“优质”“美味”等词画等号。作为货真价实的野茶，费了九牛二虎之力采来的红茵，味道如何呢？

若让我用一个字来形容，那便是：

苦！

康熙年间，洞庭东山出了一款名茶。由于香气太冲，吴中俗称其为“吓杀人香”，即如今碧螺春的旧称。按照这个思路，红茵茶就该被叫作“吓杀人苦”了。

爱茶人，多半不怕“吃苦”。但红茵之苦，在口腔里横冲直撞，让人猝不及防。一杯茶下肚，突然想起一段旧事。南宋末年，天下大乱。元人南下，攻破临安。潮州当地传说，宋帝赵昺逃难，途经乌岽山。正在口干舌燥之时，当地村民特献来“红茵茶汤”。落难中的皇帝喝后，竟是连声称赞。想那末帝赵昺也真是走投无路了，若不然，怎么会对这样的苦茶大加褒奖呢？

脑子里正在胡思乱想，口腔中的感觉却有了变化。红茵茶入口，只觉其味苦硬。但静候片刻，竟可回甘。入口的苦有多刺激，回口的甘便有多持久。

茶圣陆羽，曾以“啜苦咽甘”四个字作为好茶的判断标准。

茶中有苦，持久不散，就是缺点。

茶中带苦，若可回甘，便是特点。

因此，从专业审评角度来说，红茵茶的“苦”应描述为“浓强”才更为妥帖。毕竟对于苦味的衡量，还要看个人口味而定。有人觉得如饮汤药，可能就有人觉得似啜甘露。据黄瑞光老师回忆，当年茶叶公司也会收购一些红茵。虽然出自凤凰，但与单丛特征相差甚远。因此，大都归为“假茶”降价销售。

潮州人大都喝不惯，但近海的汕头茶客却痴迷此茶。原来海边居民常吃咸鱼一类的腌制食品，致使饮茶口味偏重。红茵的野性，刚好可以征服他们的味觉。

陈年红茵干茶

陈年红茵茶汤

其实红茵不仅茶树品种古老，制作方法相较单丛也更为简单原始。鲜叶摘下来，不经五次碰青的细腻处理，而是直接锅炒杀青再经烘干。严格意义上讲，新制出的红茵更像烘青绿茶。

单丛特有的丰富香气，红茵并不具备。可是按我的经验，凡新茶不香者，久存往往倒给人惊艳之感。这次在单丛制茶高手黄继雄家中，邂逅了一款存放近三十年的红茵。托他的福，让我又一次验证了这个观点。

久存的红茵干茶，黝黑中透着一层乌亮。近鼻深嗅，只有一股淡淡的陈味。若不和我透题，还真以为是存放经年的六堡茶呢。煅水泼茗，其汤如血。看似浓酽，入口却已无苦涩，反只觉醇和。虽不香，满口却是饱满丰富的滋味。这时莫急着咽下，且在嘴里咀嚼一阵，体会茶汤的“骨肉之感”，却又另一番滋味。细嚼慢咽，方不辜负一杯好茶。

正赶上那两天在山上，多少吹了些山风，总是觉得要感冒似的。结果三杯老红茵下肚，浓沉滃然，微疴尽脱。不知不觉间，额头竟然已是汗涔涔的了。据说当地老人咳嗽不止，也多是用老红茵茶中兑上野蜂蜜饮用。化痰平喘，另有一番奇效。我未曾亲身体验，仅做一家之言收录，以备方家参考。

絮絮叨叨，讲了不少关于红茵的见闻。不仅是因为她为单丛始祖，也是由于其“野茶”的特殊身份。今天市场上野茶概念被炒得火热，却大都名不副实。记得我在几年前，曾随央视饮食文化纪录片《味道》节目组，一起去粤北韶关市翁源县拍摄。当地有一家农户，按照草原牧牛放羊的方式散养香猪。那里的小猪日常不入猪圈，而是散放于山林之间。几千只猪奔跑于山间，也算是一道奇观了。

凤凰茶区鸟瞰图

但即使如此，这样的猪也只能叫“野放猪”或“走地猪”，DNA与圈养的家猪一般无二。而与能和老虎搏斗的野猪，则是风马牛不相及了。

谈及高雅的茶文化，却拿养猪这样粗鄙的事情作例子，罪过罪过！

但如今茶叶市场的现象，不也正与此惊人相似吗？一些茶树荒放几年，便也敢以“野茶”自居了。野猪肉可能没人敢吃，但野茶却是市场上的抢手货。挂羊头卖狗肉，也便不难理解了。

商家利用大众对于如今饮食安全的担心，从而悄悄偷换了“野生”与“毫无污染”“绝对安全”“质量优异”的概念。通过一系列的宣传，暗示消费者贴上“野茶”辨识的茶即是“好茶”。加之一般大众对于真正的野茶十分陌生，因此虽然商家的宣传离谱且脱离实际，但往往还是会打动很多人。

对于野茶的狂热追求，有大众潜意识里对于工业时代的厌倦与反思。同时，也有多年来热衷“野味”的饮食陋习。也正因如此，虽然环保宣传不绝于耳，但每年仍有大量的野生动物被端上餐桌。

我絮絮叨叨地写了一篇关于野生茶树品种——红茵的文字，只是想尽可能拨开笼罩在野茶之上的一层神秘面纱，让大家真切地了解野茶的采摘、制作以及品饮过程。

想象可以很丰满，现实可能很骨感。

真正的野茶产能低下，能做成大众茶饮吗？

真正的野茶口感霸气，会博得大众欢心吗？

对于野茶，我们需要反思。

蜜兰香

说到广东风景，便不可不提凤凰镇，因为有凤凰山。

说到广东名茶，更不可不提凤凰镇，因为有单丛茶。

凤凰单丛中，最为人见人爱的品种，则要数蜜兰香。

顾名思义，既有兰花般优雅的香气，兼具类似蜜糖的甜蜜，便是这款单丛的特征了。

凤凰山产茶的历史很悠久，这一点，生长于高海拔地区的野生红茵茶树可以做证。关于“证人”红茵，我曾专门撰文讨论，这里便不赘述。

勤劳智慧的凤凰茶农，从红茵中选取了优质的茶树，加以人工栽培。穷数代人之心血，便选育出了凤凰水仙的茶树品种。1984年，凤凰水仙被评为国家级优良茶种，编码为华茶17号。此茶现已广泛推广种植于中国南方茶区，此皆凤凰茶农之功劳。

凤凰水仙虽然已经出现，但选育并未停止。茶农们又将凤凰水仙中的优异单株，陆陆续续挑选出来加以特别关照，这便有了后来的凤凰单丛。凤凰单丛，是凤凰水仙品种中优异单株的总称。

有一句广告语，叫作“不是所有的牛奶，都叫特仑苏”。

我套用这句广告，“不是所有的凤凰水仙，都叫凤凰单丛”。

凤凰单丛，相当于凤凰水仙班级里选出来的三好学生。换句话说，如今有如此丰富多样的单丛茶，全靠了凤凰茶农的不停遴选。

蜜兰香的横空出世，自然也不例外。

我曾在凤凰镇乌岽山狮头脚村海拔1150米的山坡上，探寻到一株树龄600余年的古茶树。其名唤作“香番薯”，与蜜兰香可谓是近亲。该树是管理户魏维光的先祖从凤凰水仙群体品种的自然杂交后代中单株选育而来。因成茶冲泡时冒出一种独特的气味，恰似煮熟番薯（北方称白薯或地瓜）的蜜香和甜味，故名“香番薯”。

有一次，我曾给学生们冲泡这款香番薯。喝过后大家讨论，看看能联系到什么场景。有人说，想到了初夏绽开的花朵。也有人说，想到的是成熟的果子。唯有一位同学实在，说花果香真是没喝出来，我就是想起冬天北京大街上的烤白薯了。

同学们忍俊不禁，我倒是觉得这位学生孺子可教呢。

香番薯与蜜兰香，如今都归属在蜜兰香型单丛中。两者香气风格类似，因此很多人至今都会混淆。要说区别，那就是前者唯独缺少一种游走于蜜甜间的幽幽兰香。换句话讲，哪一个喝起来更像烤白薯的味道，那准是香番薯了。

如今的蜜兰香，其实都是用白叶单丛树种制作而成。此树种原产于凤凰乌岽山大坪村，因叶色比其他茶的叶较为浅绿（俗称为白），因而得名白叶单丛。白叶单丛不是真如银似雪般白花花一片，而只是叶片嫩绿罢了。因此白叶单丛之“白”，与安吉白茶之“白”，有异曲同工之妙。

如今的白叶单丛，学名“岭头单丛种”，属于广东省优良茶树品种。那么问题来了，本是发源于凤凰山的茶树良种，为何又要冠以“岭头”二字呢？

我也为此疑惑不解。借多次赴凤凰镇实地考察之机，与当地老茶人交流讨教，这才弄明白这一桩公案。

原来在1956年，饶平县坪溪镇岭头村从凤凰镇乌崬山大坪村引种30亩实生苗。经过几年的精心打理，引种的30亩实生苗俨然成了凤凰水仙群体品种茶园。到了1961年，饶平县岭头村许木溜、许嘉顺等人，在这片茶园中偶然发现一株萌芽特早、芽叶黄绿的茶树。两人格外关心，连续3年对这株树进行单独采摘、单独制作、单独保存、单独销售。最终获得成功，经检测，其质量达到单丛级别的水平。

1963年，通过扦插等技术，该茶树开始进行繁殖。到了1980年，凤凰公社始从岭头大队引进400株扦插苗，作为育苗的母树。经各地大力推广扦插、种植，现而今已成为凤凰镇主要当家品种。

由白叶单丛茶树鲜叶制成的成茶，就兼具蜜韵与兰香。如今市场上的“蜜兰香”商品茶，都是由白叶单丛品种制作而成。蜜兰香的源头——白叶单丛，生于凤凰山，长于饶平县。犹如凤凰茶界载誉而回的“海归”，如今又在自己的故土生根发芽。不得不说，此为凤凰茶事中的一段美谈。

说罢了蜜兰香的品种来源，再来聊聊其特别的工艺处理。

若真想把茶中蜜甜与兰香融会贯通于一杯茶汤之中，在制茶中的焙火环节要格外讲究。

单丛茶工艺繁复，可谓各司其职，哪一项都马虎不得。凤凰历代茶农曾对单丛茶各环节做出了精辟总结：采摘是前提，晒青是基础，做青是提高，杀青是关键，烘焙则是保障与提高。

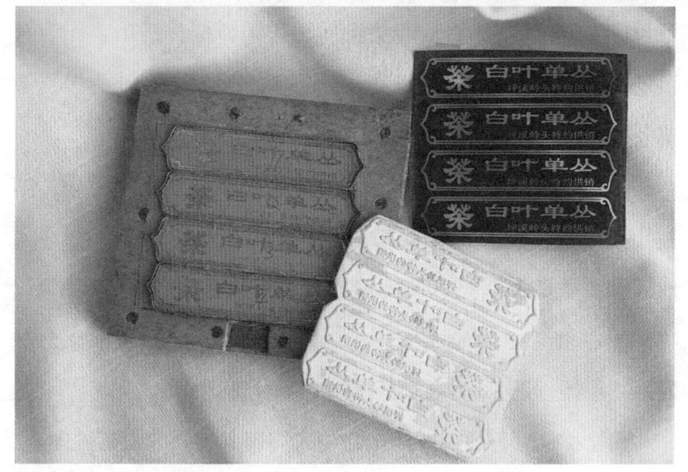

20 世纪 80 年代白叶单丛广告底板

去除多余水分，便于此后长期保存，此单丛烘焙之保障也。

加速生化反应，激发香气韵味，此单丛烘焙之提高也。

由于香甜宜人，很多人可能不知道，单丛其实也是焙火茶。其实单丛不仅是要焙火，而且在这一环节还格外细致。

我曾多次跟随凤凰单丛茶非遗传承人黄瑞光老师做茶，虽水平不及老前辈之万一，但对于复杂的单丛制作工艺也算初窥门径。下面，不妨为大家简单梳理一下单丛中的焙火工艺。

单丛茶烘焙，绝不能一次烘干，而是须进行初烘、复焙、足火三次烘干。

所谓初烘，是将揉捻叶置于焙笼内进行第一次初焙。此时温度要控制在130℃~140℃，焙时约10分钟即可，但中间还要翻拌二次。翻拌要及时、均匀，烘至六成干时起焙摊晾。

随后摊晾1~2小时，再进行第二次烘焙。这时要把温度降到90℃~100℃，焙时约拖长为30分钟。焙茶人中途仍不可走远，因为还需翻拌2~3次，烘至八成干时起焙摊晾。

这次摊晾时间更长，根据气候、茶坯情况而定，一般6~12小时不等。摊晾适度时，手捏茶坯叶片可粉碎，枝茎折之脆断，嗅感清香，茶坯水分含量约为7%~8%。

此时成茶品质基本定型，但焙火却没有结束。

最后一道足火，宜采用“文火慢焙”的手法。焙茶温度掌握在70℃~80℃，烘至足干一般需2~6小时，中间翻拌2~3次。足干后的成茶含水量3%~5%，手捏叶片可成粉末状，干嗅茶香清高。

以上，便是初制工艺中的烘焙。等到了单丛精加工环节，还要另行焙火，那便又要下另一番功夫了。

不仅要多次烘焙，还要不停变换温度。

单丛焙火，为何如此啰唆？

慢工才能出好茶！

初烘时，采用高温可快速排除水分、破坏残留酶的活性、散发青草气味的物质、固定前面几道工序形成的品质。复焙时，在相对低温长时间的热化作用下，可保持果胶、蛋白质、茶多酚的软化状态，有利于条索紧卷，提升芳香物质的转化和形成。

至于最后，一定要采用文火薄摊长时间的烘焙方法。一方面，可进一步消除水分。与此同时，这样有助于一些香气物质的转化形成、解离和发挥，增进高锐持久的香气。有些糖类物质在高温作用下，多糖的裂解会增加可溶性糖的数量，有助于增进茶汤的醇厚和甜香。蜜兰香中，蜜糖与兰花的复合香，形成的关键便是焙火工艺了。

说罢了工艺，再来谈谈蜜兰香的冲泡与品饮。

喝单丛茶，一半的享受都在于嗅觉。因此，品茶前必要先闻其香。若是忽略了凤凰单丛之香，那可谓是暴殄天物了。此条金科玉律，格外适合于蜜兰香。先将干茶掷入热透的茶器当中，静候一股奇香翻腾而起。被高温逼迫着的茶香，从茶器中四散而出。俯首深嗅，愉悦的焦糖味伴着清雅的兰花香，一股脑儿地涌进鼻腔。那种身心舒泰的感觉，却又是茶汤不能给予的了。

开汤冲泡，香气更是益发地肆无忌惮。我是北京人，从小只知茉莉花茶香气高昂。接触到单丛茶后，才感到自己孤陋寡闻。中国茶太多，穷其一生都未必能尝个遍。这才知山外有山，人外有人，香茶之外还有更香的茶呀！这几年，我就用这款蜜兰香单丛，成功征服了不少顽固的茉莉花茶粉丝。

蜜兰香的亮点在于香气，但精彩之处是香能入水。焦糖的甜腻中，微渗出兰花的清香。兰香的含蓄，正好可以配合蜜味的浓艳。而此二者，又恰好与茶汤中的适度苦涩相合。

蜜甜定下基调，兰香增添趣味，苦涩丰富口感，其三者共同构成了蜜兰香的茶汤。

有时候口感的组合，像极了团队建设。不同经历、不同性格，甚至于不同文化背景的人，构建起一个团队，恰好可以互相取长补短。正所谓君子和而不同，小人同而不和。

饮茶之事，一碗见人情。

大乌叶

蜀茶寄到但惊新，渭水煎来始觉珍。

满瓯似乳堪持玩，况是春深酒渴人。

这首《萧员外寄新蜀茶》，是唐代乐天居士的茶诗名篇。古代咏诵新茗的茶诗，可谓不胜枚举。例如白居易《谢李六郎中寄新蜀茶》、卢仝《走笔谢孟谏议寄新茶》、柳宗元《巽上人以竹间自采新茶见赠酬之以诗》等。

唐宋茶业生产水平有限，所以基本上只在春季采制新茶。因此诗人们笔下赞美的新茶，也就无一例外都是春茶。但是现如今，新茶的范围可就不局限在春季了。例如闽南乌龙，就既有春茶也有秋茶。其中春茶汤感饱满，秋茶香气高昂。二者各具特色，所以坊间也有“春水秋香”的说法。潮州的凤凰单丛，更是四季产茶。除去夏茶品质一般外，单丛的春茶、秋茶以及冬茶都别有一番滋味。

我因写作《凤凰单丛》一书，多次进入潮州凤凰山中访茶，所以对于凤凰茶业生产的情况，较常人了解更多一些。由于茶树生长区域环境不同，株系品种熟期不一，整个凤凰茶区的鲜叶采摘并不同步。总体而言，低海拔茶区最先开采，其次是中高山茶区，高山茶区采摘最迟。

大乌叶茶青

凤凰单丛大乌叶

凤凰山，海拔越低的茶区，采茶的轮次也就分得越细。像海拔800米以上的高山茶区，每年只采春茶一季。但海拔400米以下的低山区，一年却可以采五至六个轮次。每年低山茶区3月中旬采春茶，8月下旬采秋茶，立冬开始采冬茶，小雪到大雪间采雪片。至于海拔五六百米的中高山区，也可做春、秋、冬三季茶。只是入冬便是采一次而非两次了。所以低山区的冬茶与雪片是两种茶，中高山区的冬茶与雪茶是一回事。

所以每年入冬以后，我仍有中高山的单丛新茶喝。这真是古代爱茶人不能想象的幸福。单丛冬茶中，我最期待的品种要数大乌叶。这是一款什么样的茶呢？为何偏偏我要在冬季期待她的到来呢？咱们慢慢聊。

单丛的品种极多，命名方式也五花八门。有的以树形命名，如娘仔伞、过江龙、鸡笼刊。有的以香气命名，如姜花香、夜来香、杏仁香。还有的则以鲜叶颜色命名，如白叶单丛、大乌叶等。

乌者，黑也。当然，不是说这种单丛的鲜叶是黑色的。只是相对而言，大乌叶品种的鲜叶颜色更深，呈现一种和田碧玉般的深绿。与此同时，这种茶的叶幅也较大，因此得名大乌叶。这个品种，也是由凤凰水仙品种自然杂交后代中选育而来。我写书时曾去探访过大乌叶的母树。她生长在海拔800米的凤西管区大坪村的茶园里，树龄约120年。

大乌叶这种茶很奇怪，虽然春茶质感很厚，但汤水中却总带有一种不讨喜的浊味，喝起来也总不如鸭屎香一类的茶清悦高雅。可等到小雪节气之后，采制的大乌叶浊气尽消，香气变得幽雅持久，茶汤仍绵稠扎实，真算是单丛雪茶中的上品。所以每年入冬，我才会苦等大乌叶。

话说至此，很多人会问：杨老师，大乌叶算是什么香型呢？

这个问题，还真不好回答。

凤凰单丛，香型种类极多。因此几代茶学工作者，都试图将纷繁复杂的单丛香型合并归类，以便于爱茶人掌握与理解。上世纪80年代，梁祖文老先生写了部《潮州茶叶志》（油印本），其中将单丛分为黄枝香、肉桂香、芝兰香、茉莉香、暹朴香、通天香等15种；后来《潮州凤凰茶树资源志》一书，则划分为自然花香型9种：黄枝香型、芝兰香型、桂花香型、柚花香型、玉兰香型、夜来香型、姜花香型、茉莉花香型、橙花香型，天然果蜜香型7种：杏仁香型、肉桂香型、杨梅香型、薯味香型、咖啡香型、蜜兰香型、苦味型，共16种；《中国凤凰单丛茶图谱》又将其分为黄枝花香型、芝兰花香型、玉兰花香型、蜜兰花香型、杏仁香型、姜花香型、肉桂香型、桂花香型、夜来花香型、茉莉花香型、柚花香型、橙花香型、杨梅香型、附子香型、山茄香型、咖啡香型、苦味茶、黄茶香等共18种。

诸位，是不是已经听晕了呢？

显然，不管是18种、16种还是15种，都太过复杂了。所以在2017年着手编写《凤凰单丛》一书时，我们一致决定采用民间约定俗成的十大香型，即黄枝香、桂花香、杏仁香、蜜兰香、夜来香、芝兰香、肉桂香、茉莉香、姜花香、玉兰香。

其实单丛香型数量的更改，很类似中国古代十二时辰的演变。中国古人在用十二地支来记一昼夜的时间之前，还曾把一昼夜分为十个时段。西汉时，甚至曾分一昼夜为十八个时段。

但似乎十个时段过简，十八个时段又过繁。东汉时，首先是民间将十八个时段简化为十二个时段，后来慢慢得到了官方的认可。唐代赵州从谂的茶诗《十二时歌》中，就是按照“子（夜半）、丑（鸡鸣）、寅（平旦）、卯（日出）、辰（食时）、巳（禺中）、午（日中）、未（日昳）、申（晡时）、酉（日入）、戌（昏时）、亥（人定）”来划分一天了。

十二时辰也罢，十大香型也好，都是希望人们利用起来更加便捷。但是坦白讲，爱茶人品饮凤凰单丛时的困惑，似乎却没有因为十大香型的出现而解决。例如大乌叶，属于其中的黄枝香。所谓黄枝花，即大致是北方人说的栀子花。我是北京人，也常听歌词里唱“栀子花开呀开”。但是问了一圈，身边真闻过栀子花香的人并不多。没办法，北方的花卉品种确实比不了南方。所以很多人喝单丛，都觉得确实很香，但细究起来，又描述不出具体的香型类别了。

您瞧，面对十大香型，大家还是傻傻分不清。

别急！

我们可以将十大香型再次简化，变为花香型、花蜜香型、兰花香型三大类。

香气清雅悠长、艳而不妖者，可归为兰花香型，例如玉兰香、八仙等。香气浓郁持续、后调绵长者，则可归为花香型，例如鸭屎香、特选黄枝香、姜花香、肉桂香等。至于花香如兰似蜜、香中带甜者，则可归为花蜜香型，例如番薯香、蜜兰香、白叶单丛等。

大乌叶，又属于三大类别中的哪一种呢？

答：不一定。

我这样回答，大家估计又糊涂了。您别急，听我慢慢给您解释。上文说过，单丛几乎可以四季生产。同一个品种，不同季节制作，往往还会产生不同的味道与香气。例如单丛中的八仙，正常制作香气淡雅悠长，肯定要归入兰花香型。但如果碰上天时、地利、人和俱全，做出的极品八仙竟然可以具有明显的蜜韵，所以又可归入花蜜香型了。

大乌叶，也有同样的情况。正如我之前所说，春茶大乌叶香冲水浊，显然要归入花香型。但是冬茶大乌叶，香气悠长淡雅，则必要归入兰花香才对。

有人不禁感叹，凤凰单丛实在太复杂了。没错，我也同意这样的说法。但是，单丛之难点，即趣味之所在。也就是我们这些爱茶人，习茶之意义。

单丛的香甜，让初学者很容易上手。

单丛的丰富，使老茶人很容易沉迷。

单丛，可以作为暂时的新欢。

单丛，也能成为长久的陪伴。

这就是我眼中的单丛。

鸭屎香

其实影星长相美与丑，都不是关键问题。重要的是，能让观众过目不忘。反之则是“大众脸”，要走红可谓难于上青天了。像“鸭屎香”，就是如此。甭管名字有多么下里巴人，但不得不承认，确实能第一时间让人记住。

鸭屎香，产于潮州市潮安县凤凰镇。它属于乌龙茶，是凤凰单丛中的代表品种之一。能在茶界立足，名茶各有神通。有的依靠口感，有的依靠颜值，也有的依靠历史名人代言。唯有“鸭屎香”，不用开汤冲泡品饮，单单这名字就足以吸引眼球，让人忍不住一探究竟。

记得第一次听闻此茶，我也是一头雾水。对于在城市里生活的人来讲，“鸭屎”不是一样很熟悉的物质。但据浅薄的生活经历来看，一般动物排泄物的味道都不太理想。怎么单单“鸭屎”就能香？要不是当时身边没人养鸭子，我可能真去一“闻”究竟了。

鸭屎不易得，便只能诉求于文献。但不管是王镇恒、王广智主编的《中国名茶志·广东卷》，还是《中国茶叶大辞典》，或是《广东茶叶》等专业期刊，都找不到“鸭屎香”的踪迹。就连黄瑞光、桂埔芳、黄柏梓、吴伟新等合著的《凤凰单丛》一书，也没有这款茶只言片语的记载。

后来有一次，我与桂埔芳老师从广州出发一起去潮州凤凰山。动车上闲谈之际，她才向我道出了“鸭屎香”名不见经传的原因。早在上世纪80年代，桂老师就曾任广东茶叶进出口公司经理、第一厂副厂长等职务。对于单丛茶的收购与销售，可谓是见多识广。按桂老师的说法，之前从未听闻过“鸭屎香”的名号。因此在2006年编写《凤凰单丛》一书时，也未将“鸭屎香”一条收录。由此可见，“鸭屎香”的成名也只是近十余年的事情。

虽然成名晚，但鸭屎香品种却有着悠久的历史。这款茶的原产地，位于潮安县凤凰镇凤溪村。母树的树龄已有300多年，现由茶农魏春色管理。该品种生长速度快，产量高，香型优雅，广受茶农欢迎。现如今，凤凰茶区多采用扦插或嫁接技术。像“鸭屎香”，当年嫁接，第二年就可以开采，因此种植的人也越来越多。

说起“鸭屎香”的出名，我想可能还有猫屎咖啡的功劳。这款咖啡口味如何，我们不做评论。但由于其特殊的生产方式，从而成为咖啡界的明星。

原来印度尼西亚所产的一种麝香猫，爱吃咖啡果。而咖啡果里的种子，就是咖啡豆。在麝香猫的消化系统中，这些咖啡豆经历了独特的发酵。因此人们在麝香猫排出的粪便中收集咖啡果，从而再加工成咖啡。

“猫屎咖啡”与“鸭屎香”都是饮品，从名字上看又都与动物排泄物有关。因此，很多人误将“鸭屎香”认定为中国茶界的“猫屎咖啡”。大错特错！“猫屎咖啡”，是与麝香猫的粪便有关。可“鸭屎香”茶，则真是与鸭子的排泄物无关了。

关于“鸭屎香”茶名的由来，我在凤凰镇当地听到了不同的讲法。

其一，外形说。

鸭屎香这种茶树，叶形椭圆，叶幅大，芽叶硕壮，叶色深绿。因此采用传统手工制茶方法，难以条索紧卷美观。成品茶看起来，像是一坨坨的鸭屎，故名“鸭屎香”。

不瞒诸位，为了研究这件事，我落下了一个毛病。此后每到乡村，先要找找鸭笼。鸭笼附近，大都有鸭子的排泄物。经过我多次观察，实在难以把单丛茶的条索与鸭屎联系在一起。外形说，也仅作一家之言记录在册就是了。

其二，土壤说。

也有人讲，这种茶之所以好喝，是因为茶树生长区域为特别的“鸭屎土”（黄壤土，富含白垩）。并且，茶农要用鸭屎作为肥料，才使得茶树茁壮成长。由于种在“鸭屎”上，肥料又是“鸭屎”，因此得名“鸭屎香”。

这种说法，也欠妥当。首先，同一茶区土质差异不会很大。其次，在没有化肥的年代，茶树施肥也不会单单只用鸭的粪便，能收集到的有机肥应该都会用到才对。用土壤和肥料与“鸭屎”联系，也显得牵强了。

其三，贱名说。

还有一种讲法，说此树最早散落荒野，被茶农意外发现。初时未曾在意，采得鲜叶回去制茶，冲泡后香气浓郁，回甘不绝，确是真正好茶。乡亲们都听说这家得了好茶，七嘴八舌地又是问香型，又是问树种。发现者怕被别人抢先挖走，就谎称没有什么好茶，这茶就算是香，也就是个鸭屎香。起个贱名，为的就是保密，不让外人注意。

到后来，这种茶树还是被广泛嫁接与扦插。只是这个“鸭屎香”的名字，倒是留了下来。

关于这个说法，倒是符合我们一贯的文化习惯。在中国文化中，向来有一套知识产权保护系统。最为典型的，就是中医的秘方。每位名医，都有自己秘不示人的方子。旧时很多医生，同时自己还要开设药房，就是为了方便配药，以免方剂外泄。

即使你拿到医生开的方子，仍然没法知道秘方的奥妙。为何？因为医生早在药名上动了手脚。我有位学生，为北京中医药大学高才生。她在出诊时，就曾看到过患者之前的药方上面有一味“抽毛桃”，遍查医书没有记载。虽依据方子可推断，大致为金荞麦一类专治肺病的药材。但具体“抽毛桃”代指什么，只有开药的大夫自己知道。

显然，她拿到的就是一张“加密”药方。鸭屎香的名字，与中药“抽毛桃”的做法类似。起初，应都是起到保密的作用。没想到歪打正着，茶树资源虽然没做到独享，倒是成就了现如今最有卖点的单丛茶。

此茶名字虽俗，香型却极其雅致。先将茶器用热水烫过，丢一把“鸭屎香”下去，借着高温的茶器，冲鼻的香气直涌而出。沸水冲泡，快进快出。汤色淡黄，口感香鲜、净清，不杂一丝杂味。细细寻找，在昂高的香气中可捕捉到一股子鲜金银花的味道。怪不得，也有人将其雅称为“银花香”。

不论是下里巴人，还是阳春白雪，“鸭屎香”这么火绝非仅靠奇特的名字。只有好喝的茶，才会真正俘获爱茶人的心。

味道不好，纵使再编出个“鸡屎香”“狗屎香”或是“牛粪香”，也绝不会畅销。

与其想着如何包装炒作，倒不如踏踏实实地把茶做好。

宋种

中国茶的命名，习惯用产地加品种的方式。例如，西湖龙井，就是杭州西湖旁产的龙井茶。太平猴魁，就是安徽太平县产的猴魁茶。福鼎白茶，就是福建福鼎市产的白茶。以前的中药铺，门口一定要悬挂“地道药材”的牌匾，以示货真价实。中国茶的命名方式，恐怕也是受其影响。的确，一方水土养一方人，一处山水造就一类名茶。

广东乌龙中的单丛茶，产于潮州市凤凰镇的凤凰山。所以现如今的包装，“单丛”前面一般冠以“凤凰”二字。可是也有一些单丛，前面不写“凤凰”而写“乌岽”。有爱茶人在北京电台的节目中问我：到底凤凰单丛与乌岽单丛，谁更正宗一些呢？

要回答这个问题，您先得搞清楚凤凰山的地理情况。我虽是外人，但上山的次数多了，对于单丛茶的产区还有些了解。凤凰山，也称翔凤山。古时堪舆家把凤凰山绵延起伏的山峰，看似一只展翅腾飞的凤鸟。主峰是凤头，定名为凤鸟髻。腹地三座山峰形似飞翔之凤，称为飞凤岭。东北三座山坡斜势缓慢形似凤尾，称为凤尾岭。唐代《元和郡县图志》中记载：“凤凰山，在海阳县（即今潮安区）北一百四十里。”由此可见，凤凰山自唐代立名沿用至今。

凤凰山，峰峦重叠，高耸入云，有“潮汕屋脊”之称。那并非一座山，而是一片连绵不断的山脉。清末爱国将领丘逢甲，曾在诗作《凤凰道中》形象地写道：“磴道千回转，连峰接凤凰。”凤凰山这一山脉，千米以上的山峰有50多座，仅凤凰镇周边的界山就有21座。西北部的凤鸟髻，峰高海拔1498米；乌岽山的峰高1391米；东北部的笔架山，峰高1134.7米；东部的大质山，峰高1143.9米；西部的万峰山，海拔1316米；这些高峰的山腰以至山下，都是单丛茶的主要产区。

凤凰山脉上产的单丛，自然就可以叫凤凰单丛。所以乌岽单丛，也是凤凰单丛中的一种。那么问题来了，为何不写“凤凰”而专写“乌岽”呢？一开始，我也有同样的疑惑。直到真正上了乌岽村，我才豁然开朗。

那里是真正的高山产区，终年水雾缭绕。开车上山，能见度常常不足五米。正如古人在诗中所写，“度涧穿云采茶去，日午归来不满筐”。相较凤凰其他山峰，乌岽植被率更高，土壤也富含有机质。所以乌岽出产的茶叶香悦高长，滋味醇爽，极具独特“山韵”“丛韵”。“乌岽”二字，也就成为高山好茶的代名词。所以在广东茶叶市场上，有一些商家更爱打出“乌岽”的招牌，以示其单丛的正宗。

乌岽之所以出名，可能也因为那里出产最昂贵的单丛——宋种。望文生义，所谓宋种即是宋代遗存的品种。当地故老相传，南宋末代小皇帝赵昺被元兵追逐，南逃至凤凰山，口渴思茶，哭闹不休。这时突然有一只凤凰鸟驾着彩云，口衔树枝赐茶。众人赶快将茶烹煮，献给皇帝饮用。赵昺饮后满口生津，大加赞赏。此后广为流传。因是凤凰鸟嘴叼来的茶叶，遂称鸟嘴茶，亦称宋茶。小皇帝赵昺，后来由大臣陆秀夫背着跳海殉国。他执政时间太短，谈不上造福社稷黎民。倒是留下了一个尝茶的故事，算是惠泽了凤凰当地的百姓。

传说，当然不能尽信，但也不会是空穴来风。现如今，潮州是很不错的旅游目的地。既有飞机场，也有动车站。散步在牌坊街上，逛古寺，尝美食，观手艺，不亦乐乎。其实宋代以前，潮州是非常荒僻的地方。唐代韩愈贬官潮州，上任时抱着赴死的决心。您要不信，有诗为证：

一封朝奏九重天，夕贬潮阳路八千。

欲为圣明除弊事，肯将衰朽惜残年！

云横秦岭家何在？雪拥蓝关马不前。

知汝远来应有意，好收吾骨瘴江边。

等他到了潮州上任，发现危害百姓的不是恶霸，而竟然是鳄鱼。当地百姓向韩大人抱怨，说鳄鱼横行乡里，吞食民畜熊豕鹿獐。于是韩愈写了一篇《鳄鱼文》，勒令鳄鱼三天之内率丑类南徙于海。三天不走放宽五天，五天不走放宽七天。七天再不走，就是故意不肯迁避，心目中没有刺史。届时官府就要精选有技能的吏民，操强弓毒矢来对付，务必杀尽才罢休。潮州城内外，竟然都有鳄鱼出没。这地方的荒蛮程度，也就可见一斑了。

所以纵观唐宋，估计赵昺算是到过潮州最大的人物了，虽然是末代皇帝，那起码也是真命天子。所以凤凰茶的故事，也就要由他身上编了。顾渚紫笋，能说自己是大唐名品。凤凰单丛，只能说自己是南宋遗韵了。

讲完了传说，咱们再聊聊现实情况。

乌岽山上的宋种母树，共有三株，即宋种黄枝香、大庵宋种以及宋种芝兰香。

但实际上，这几株茶树虽老，恐怕也都追溯不到宋代。

例如大庵宋种，生长在海拔950米凤西大庵村太平寺后的茶园里。该树自清朝初年到新中国成立初期，一直为凤凰山太平寺的固定资产。所制出的香茗，也就是该寺方丈专用之茶。按照凤凰山茶农口口相传，此树大致有500年树龄。若是从公元1660年该树为太平寺方丈专用茶开始进行保守估算，大庵宋种的树龄大致在400年左右。当然，虽然不是宋代茶树，四五百年的老茶树也十分难得了。所以大庵宋种的价格，这几年一直稳定在每公斤6万至8万元。

1952年土地改革时期，这株大庵宋种分配给贫农黄勇管理。1958—1979年，为大庵生产队集体所有。1980年归还原农户黄勇之子黄良庆管理，现由黄良庆之子黄宝国负责。祖孙三代人，精心养护传承名丛，使该古树气势雄伟，树势高大，高产、稳产，人们又称之为“大丛茶”。

我有幸在黄家喝过这款大庵宋种。该茶条索紧卷壮直，色泽黑褐油润。香气高锐，属于典型的黄枝香型。汤色橙黄明亮；滋味醇厚鲜爽，山韵味浓且持久。回甘力强，耐冲泡。叶底软亮如丝绸，让人爱不释手。

比起大庵宋种，宋种黄枝香的名气更大。该树生长在乌崬管区李仔坪村东北，几块巨大的泰石鼓下的茶园里。山坡海拔高度约1150米，坐西南而朝东北。据说是南宋末年村民李氏几经选育，一直流传至今。因种奇、香异、树老，所以历史上的名字也特别多。最初因叶形宛如团树之叶，故称“团树叶”。后经李氏精心培育，叶形比同类诸茶之叶稍椭圆而阔大，又称“大叶香”。1946年，凤凰有一侨商在越南开茶行出售这款单丛茶，以生长环境之稀有及香型特点，取名“岩上珍”。

凤凰茶区采茶工人

1956年，经乌岽村生产合作社精工炒制后，仔细品尝，悟出栀子花香，更名为“黄栀香”。1958年，凤凰公社制茶四大能手，带该茶往福建武夷山交流，用名“宋种单丛茶”。1959年“大跃进”时期，为李仔坪村民兵连高产试验茶，称为“丰产茶”。1969年春，因“文革”之风，改称“东方红”。1980年农村生产体制改革时，此茶树落实到村民文振南管理，遂恢复为“宋种单丛茶”，也称“宋茶”。1990年，因其树龄高、产量高、经济效益高，而为世人美称“老茶王”。

但是宋种黄枝香的命运，却远没有大庵宋种好。第一次灾祸，发生在1987年。老树遭到一个精神病人的砍伐，产量骤减。第二次打击，发生在1996年底。管理户在茶园里增植了白叶单丛茶树32株，造成水、肥、阳光的分流分散，影响了该古树的肥培生长。又因为宋种黄枝香名声在外，引来了不计其数的猎奇者。茶树周边土壤遭游客参观践踏，造成土壤板结。更有胆大者，竟然上树攀采枝叶。几经折腾，宋种黄枝香可谓奄奄一息。

别看宋种黄枝香健康指数不断下降，可卖价却是与日俱增。那老茶树上长的不是树叶，简直就是人民币。甭管春茶、夏茶、秋茶还是冬茶，只要薅下来都能卖大价钱。在利益的驱使下，宋种黄枝香遭到过度采摘，也就愈加衰弱了。2010年3月9日遭霜冻后，该古茶树逐年枯萎，2016年9月不幸枯死。2017年我上山时，看到逝去的老树仍没有移除，反而做了包裹处理。问其原因，说是希望还能枯木逢春。当然，宋种黄枝香最终还是没能活过来。

有人说，宋种黄枝香的母树已成为一段传说。

我认为，宋种黄枝香的母树只能算一场教训。

幸好，1962年乌崠村就将宋种黄枝香的品种进行扦插育苗，使这个株系有所发展。1990年以后，也有茶农取穗嫁接于其他品种或其他株系，产生新的后代。现如今宋种黄枝香的后代，大部分都直接以“宋种”或“宋茶”的名目上市。也有些称为“东方红”，实际上是一回事。

当然，宋种名气太大，挂羊头卖狗肉者也不少。我就见过一位商家，将同一批单丛分成两份，一半贴鸭屎香标签，另一半贴宋种标签。后来一打听，敢情这批茶既不是鸭屎香也不是宋种，而是大乌叶。不得不感叹，“高手”在民间。

铁观音

现如今，中国乌龙茶分为四大产区，即闽北、闽南、潮汕与台湾。闽北的大红袍，闽南的铁观音，潮州凤凰单丛与台湾乌龙，可谓争奇斗艳不相上下。但若在晚清，乌龙界却以武夷岩茶为尊。

台湾学者连横在《雅堂文集·茗谈》中写道：

> 台人品茶，与中土异，而与漳、泉、潮相同。盖台多三州人，故嗜好相似。茗必武夷，壶必孟臣，杯必若琛：三者为品茶之要，非此不足自豪，且不足待客。

连先生一句“茗必武夷”，生动形象地描绘出了武夷岩茶在乌龙茶界享有绝对的权威。当然，中国名茶向来是你方唱罢我登场，各领风骚数百年。武夷岩茶的霸主地位，坐得也不是那么安稳。闽南的铁观音，觊觎乌龙霸主地位已久，最终在机缘巧合下取而代之。

关于铁观音的起源，大致有两种说法。

一说是公元1726年，安溪县西坪乡的茶农魏荫，得观音大士梦中点拨，最终在住家附近的山林间，发现了铁观音的茶树品种。后人称其为“魏说”。

一说是公元1736年，安溪县西坪乡的官员王士让，在一次偶然春游中发现了铁观音茶树品种。后又将成品茶带进京城，本是与侍郎方苞分享，后辗转呈递乾隆皇帝，遂成就了铁观音的盛名。后人称其为“王说”。

现如今，魏、王两家的后人都还从事铁观音的制作与销售，自然希望本家祖上才是铁观音的真正发现者。因此，围绕着铁观音起源的争论从未停止。但实际上，不管是“魏说”还是“王说”都是民间的传说。不可不信，也不必尽信。我们不妨求同存异，给两家的说法取一个最大公约数：大约在清代雍正晚期至乾隆初期，铁观音被发现并创制于福建省安溪县西坪乡。

但铁观音自出现后，很长时间都没有走红。《泉州工商史料·第一辑》(1983年内部发行)，收录有周植彬《泉州茶叶经营简介》一文。其中写道：

> 安溪茶在1810年以前，就运到泉州销售，可是数量不多。安溪茶农多数是自产自销，有的去南洋推销，有的贩售邻近或运销汕头市，其中铁观音最为著名。

由此我们可以分析出，以铁观音为代表的安溪茶，在清中期前已经行销泉州、汕头及南洋地区，只是还未占据很大的市场份额。当时的乌龙茶市场，几乎完全是被武夷岩茶所占据。

关于民国时期武夷茶与安溪茶的地位差别，周植彬《泉州茶叶经营简介》中写道：

> 泉州人过去因长期习惯饮用武夷茶，认为安溪茶虽气味芳香，但性较寒冷，多饮有伤脾胃，故很少人购买；其次是经营茶店的人自身对安溪茶认识不足，又缺乏制焙拼配技术，即使出售安溪茶也怕群众轻看，招牌上总写武夷岩茶借以骗人。

笔者收藏有一份民国时期“福建刘合兴海记茶庄”的铁观音包装纸，上面在最显著的位置标明“正岩”二字。众所周知，“正岩”是武夷岩茶特有的概念。铁观音的产地安溪，则无正岩、半岩或洲茶的分法。而民国出售铁观音的包装纸上“正岩”的字样，便是周植彬文中“出售安溪茶也怕群众轻看”的实物证据了。

笔者另收藏有一份“缅甸仰光福建茶行”的包装纸，与上文提及的“福建刘合兴海记茶庄”包装纸相同，都使用了“正铁观音”的说法。这里的“正铁观音”，其实就是“正岩铁观音”的简称。由此可见，民国商家习惯利用武夷岩茶的威名，来增加铁观音的附加值。通过这些老包装纸，我们也可以清楚地体会出武夷茶与安溪茶在民国时期市场地位的差别。

名茶与明星，其实颇有类似之处。能够出道登台，其实已属不易。铁观音若真想崭露头角，更是要经过一番周折与努力才行。但是奉行“爱拼才会赢”信念的闽南人，终于还是将铁观音的生意做大做强了。

《福建工商史料·第一辑》(1986年)，收录有倪郑重《福建侨销茶史话》一文。其中关于以铁观音为代表的安溪茶的崛起，有着这样的描述：

> 民国前后，安溪的铁观音，以及适制乌龙茶的茶树品种如黄旦、本山、毛蟹、梅占等渐露头角，逐步打破武夷茶垄断的局面。同时，在侨销市场上，安溪茶也部分取代了武夷茶。

其中专营安溪茶的老茶庄，要首推泉州南门水仙桥下的周玉泉茶叶店。他家首先将安溪盛产的奇兰、梅占、乌龙等焙火拼配试销，深得品饮者赞美。归国华侨也渐有人向各茶店购买安溪铁观音携带出国，并转赠海外亲友。

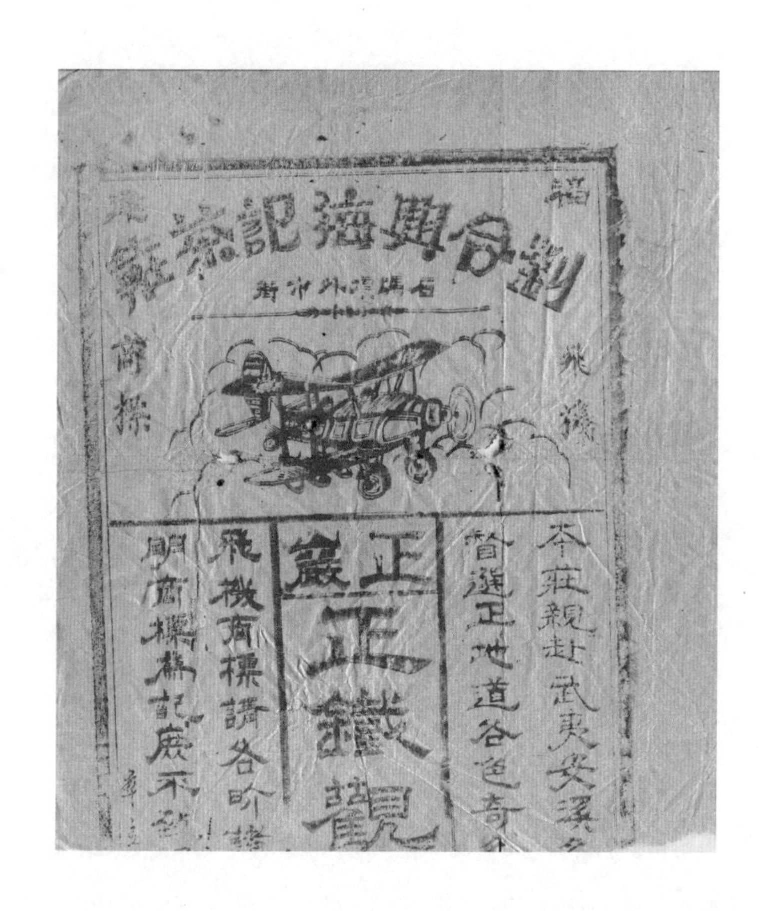

民国时期铁观音广告纸

武夷岩茶，可谓昔日霸主。

铁观音，终成后起之秀。

细究铁观音的崛起原因，笔者认为大致还是占据天时、地利与人和三点。

首先是天时。武夷山自清末以来，匪患横行，治安不稳。例如1924年，闽南张泉苑茶店的东家张伟人入武夷山采办茶叶，结果遭土匪劫持绑架，最终缴纳赎金两万余元才得以活命。恶劣的治安，给武夷岩茶的生产与销售带来了很大的负面影响。

其次是地利。由于铁观音产地为闽南安溪县，离着泉州、厦门等乌龙茶传统销区很近，因此相较于武夷岩茶运输更为方便，中间商也大为减少。这样一来，铁观音比武夷岩茶的价格优势就明显很多。

最终是人和。经过制茶师傅的匠心，重发酵、足焙火的铁观音佐以正宗工夫泡法，汤色红亮艳丽而口感扎实厚重。茶汤下肚后，更在口腔中留有持续性的甘甜回味。与武夷茶的“岩韵”相对应，铁观音的“观音韵”也逐渐征服了爱茶人的味蕾。

作为武夷岩茶的竞争者和替代品，铁观音在汤色、口感以及韵味方面都以前者为标杆。所以我才强调，正宗的铁观音一定要是红汤，一定要有韵味。这样风格的铁观音，大致一直保留到了上个世纪80年代。笔者收藏有多份中国土产畜产进出口公司福建省茶叶分公司厦门支公司的铁观音产品介绍单，图片中的铁观音汤色一律为沉稳的深红色。若不明就里的人，很有可能以为冲泡的就是武夷岩茶呢。

2000年之后，铁观音商家为了赢得北方市场，将假想敌设定为绿茶。于是乎，他们开始改变制茶的工艺。轻发酵、不焙火的新工艺铁观音，汤色黄白滋味清淡，与武夷岩茶的风味也就风马牛不相及了。

武夷岩茶与安溪铁观音的这段旧史，闽南人不愿聊，闽北人不爱聊，只能由笔者这样的局外人聊吧。

红水乌龙

很多年前，认识一位爱喝茶的北京老大哥。

于是乎，便有了如下这番对话。

“您爱喝什么茶？”我问。

“原来就是花茶。最近又爱上绿茶了。”大哥答道。

“那是喝龙井，还是碧螺春？”我追问。

“都不喜欢，味儿太淡。我现在主要喝这种绿茶。”说着话，大哥顺手递给我一个茶叶罐。

我接过来一看，罐子上写着三个大字：铁观音。

“这是闽南的乌龙茶。”我忍不住纠正大哥。

“乌龙茶？那怎么泡出来跟绿茶一个色儿？”大哥反问道。

这次换我没词了。茶叶审评中，绿茶讲究要“清汤绿叶”。可是反观本世纪初走红的新工艺铁观音，也完全符合这四个字的标准。难怪这位北京老大哥，拿着铁观音当绿茶喝了好多年。

那么问题来了，铁观音到底应该什么汤色呢？

实际上，传统铁观音应该冲泡出来红艳的汤色才对。其实也不光是铁观音，再如闽南黄金桂、本山、毛蟹、佛手乃至于台湾冻顶乌龙，按老规矩都应该是沉稳的红汤茶。所以按传统工艺制作的闽式乌龙茶，也可以统称为红水乌龙。

此言一出，不由得让很多爱茶人质疑：难不成，这些年我们喝的都是假乌龙？

诸位稳坐，听我慢慢道来。

○ **红水乌龙的魅力**

现如今，市场上的乌龙茶早已换了风格，汤色大都是清黄蜜绿。以至于您跑遍了海峡两岸的茶店，想喝一杯传统红水乌龙都绝非易事。幸好，我在走访两岸老茶店的过程中，遇到了一些坚守的老师傅。在他们那里，我才真正认识了红水乌龙。

传统红水乌龙的魅力，可用五个字来概括，即红、甘、厚、爽、凉。

红，指的是汤色。但请注意，这里的“红”不可理解为“酒红”甚至“紫红”。要不然，红水乌龙岂不成了红茶？红水乌龙的汤色，基本上是一种沉稳大气的橙红色。浓泡之下，会呈现出正红的样貌。又由于汤色清澈透亮，所以称之为“红水”而非“红汤”。老一辈人用字极准，值得我们学习。

甘，强调的是茶的甘甜度。回甘的强度可以深入舌下，似有舌底鸣泉之感。厚，说的是茶汤的质感。不可稀汤寡水，而要有丰富果胶的质感。爽，自然是爽口，不黏腻不拖沓更不可有怪味异味。最后的“凉”，颇为有趣。尽管茶汤是热的，但入口后却可以在喉头泛起一股凉气。这种感觉，行家里手称为“凉喉”，有时候在六堡、岩茶当中也能找得到。但是想体会到凉喉的感觉，不仅茶要好，而且心要静。好茶容易找，心态最难得。所以有些人喝茶多年，也没体会过这种“凉”的感觉。

为什么旧时的茶师，一定要把乌龙茶做成红水呢？

难道就不能把乌龙茶也做成小清新的风格吗？

还真是不行。

原来福建茶区海拔普遍不高，再加上乌龙品种的条件特性，原本的滋味苦涩度偏高，因此茶农必须用比较高的发酵度，用比较多次的揉捻，用比较长的时间烘焙，最后将乌龙的甘甜、香气和韵味都表现出来，反而将原本产区的缺点转变为特色与魅力。

这就如同云南大叶种，做成炒青绿茶苦涩度太高，所以久而久之，才发展出了后发酵的普洱工艺，利用云南大叶种内含物质丰富的特性，来促进其后期的转化。其实做茶的道理，和教育的原理相通。

教育，讲究因材施教。

做茶，定要因材施法。

这样的道理，老一辈的云南制茶人懂，老一辈的闽台制茶人也懂。如今的制茶人，懂还是不懂？我就没法回答了。

○ 红水乌龙的缺点

制茶时顺应天性，将劣势扭转为优势，饮茶时照顾体感，既解渴又能够养胃，这便是传统红水乌龙的魅力。若真要说起红水乌龙的缺点，那当然也是有的。那就是，它实在太不像绿茶了。

此话怎讲？

要知道，乌龙茶只不过流行于我国的福建、广东、台湾地区。然而放眼全国，却几乎皆是绿茶的天下。江南、华南、西南地区，对于绿茶的依赖自不必说，就连热衷花茶的三北地区（华北、东北、西北），实际上也奉绿茶为尊。像我小时候的北京城，逢年过节要是给亲友拎两盒高档绿茶，那是非常有面子的事情。再说了，茉莉花茶也是以绿茶为基础所做的再加工茶。因此，常饮花茶的人对于绿茶也有亲近感。

20 世纪 80 年代传统工艺乌龙茶包装纸

当然，绿茶本该有绿茶的样子，乌龙本该有乌龙的韵味。这都是无可厚非的事情。而且想当年，人们饮茶种类比较单调。不同的茶叶销区，饮用不同的茶叶种类。北京茶叶公司的老前辈向我回忆，上世纪80年代，北京城一年也卖不出去两斤铁观音。那都是福建籍的领导或教授特别向公司订购，一般的北京老百姓可不兴喝那些茶。

所以那时的绿茶与乌龙，真可以说是井水不犯河水。笔者收藏有一份上世纪80年代中国土产畜产进出口公司福建省茶叶分公司厦门支公司印制的宣传卡片。上面的乌龙茶，甭管是铁观音、黄金桂还是茗香茶、正溪茶，照片里还都是一碗红艳艳的茶汤呢。

但是当乌龙茶想要走出东南沿海，继而走向全中国的时候，就遇到巨大的困难。因为全国绝大部分地区，喝的都是绿茶或花茶。对于红浓的茶水，消费者们表示了疑惑。再一尝味道，浓酽间还伴着明显的焙火味道，不由得眉头紧皱。细细咂摸两口，也没找到什么香味。撂下茶杯，人家扭头就走了。

○ 红水乌龙的堕落

因此，乌龙茶要想从小众茶变成大众茶，就必须打破小众审美迎合大众审美。中国大众普遍喜欢的是绿茶，所以乌龙茶就必须向绿茶学习，甚至向绿茶靠拢。只有这样，才能让当年习惯饮用绿茶的消费者试着去接受乌龙茶。本世纪初，铁观音风靡京城，靠的就是“绿茶化”的手段。这一招确实有效，也让以铁观音为代表的乌龙茶一度打开了全国市场。所以那时的茶汤，已经是黄绿色了。至于所谓红水乌龙，茶商们避之唯恐不及，当然没有人去提了。

台湾茶界前辈吕礼臻先生，也曾跟我聊起过传统红水乌龙的往事。按台湾老茶师的说法，传统乌龙一定要做透，最忌讳的就是有茶青味。首先要把茶发酵“透”，才不会有绿茶味和茶青味，喝了也才不会肚子疼。

除此之外，红水乌龙的制作还有一个关键点，那就是茶的含水量要低于5%。这就不仅是发酵要透，焙火也一定要透。如果茶水中有茶青味、绿茶味时，代表茶的发酵不到位或含水量偏高。这样的茶喝起来容易引发胃痛，而且不适合存放。

绿茶化的乌龙茶，就是犯了做茶不透的禁忌，以至于这样的新工艺乌龙茶媚香有余而韵味不足。浅尝辄止倒还好说，久而生厌则不可避免。而且这样的乌龙必须和冰棍一个待遇，常年放在冰箱里冷藏。一旦拿到正常室温下，马上会变质，根本谈不上久存久放。

更为重要的是，乌龙茶发酵与焙火工艺不透，茶汤喝多了对胃肠刺激很大。所以绿茶化的乌龙茶火了一阵子，如今已经在市场上销声匿迹了。时至今日，还有不少被这种茶伤害过的人，提起“乌龙茶”三个字都还胃疼呢。口碑难立，骂名难消，整个乌龙茶都因此蒙羞。

○ 红水乌龙的衰落

到底是谁，最先把传统的红水乌龙做成了绿水乌龙呢？不得而知。因为这不是政府行为，而是茶商自发的市场变动。但是可以肯定，乌龙绿茶化的滥觞起始自台湾的高山茶。

上世纪70年代以后，随着台湾经济的大幅提升，山区道路建设的改善与政策法令上的开放，台湾高山地区的美丽风光与丰富物产，逐一呈现在台湾民众的面前。台湾中部多高山，海拔普遍可以达到千米以上。这里的气候，的确可以生长出氨基酸高、茶多酚低的优质茶青。按台湾茶农跟我介绍时的讲法：阿里山的茶，用脚随便踢一踢也能做出好茶。

所以台湾高山茶区的乌龙，适当降低发酵程度，再佐以精细的焙火，也可以形成自己的风格。台湾高山茶清新饱满的风味，让喝惯传统乌龙茶的民众有耳目一新的感觉，一些不喝茶的年轻靓女，也开始因高山茶而亲近茶事。一时间高山茶大行其道，而许多传统口味的台湾茶逐渐没落。

回顾早期茶区，因海拔较低，茶叶中的苦涩物质较高，因而人们重视茶青发酵要足，并佐以焙火精制，来克服茶叶中的苦涩物质，并将缺点化为优点，但自高山茶崛起后，因高山茶的清香口感成为市场主流，这些低海拔茶区也被迫要顺应市场而制作轻发酵茶了。这样的做法虽然符合市场经济的规律，却并不符合制茶的逻辑。

○ 红水乌龙的影响

台湾高山茶的兴起，不单撼动了红水乌龙的地区，更是产生了一系列的连锁反应。而红水乌龙衰落带来的影响，至今仍影响着我们的茶界。

首先，是从根本上改变了两岸乌龙茶的审美趋向。自台湾高山茶兴起后，不管是冻顶乌龙还是铁观音、黄金桂，都一律做成了“小清新”的风格。说好听了叫金汤玉液，说不好听了就是清汤绿叶。所以我之前认识的那位北京老大哥，才会错把铁观音当作绿茶。一时间，香高汤清的才是好乌龙。至于乌龙茶的韵味，以及茶汤的熨帖感，则根本没有人去谈了。

其次，是促成了普洱生茶与熟茶概念的产生。

自台湾高山茶问世之后，风格便与传统红水乌龙产生了鲜明对比。于是乎，饮茶人便慢慢分成了两个派别。那么怎么形容这两个派别呢？难不成，一部分喝红的，另一部分喝黄的？不明就里的人，还以为是说红酒和黄酒呢。这显然不妥。

久而久之，人们便用“生”字形容新兴的高山茶。“生”字，与“茶”字搭配时当形容词来用。生茶，可以指未经焙火或轻发酵或口感清淡仍保留有鲜活性的茶，所以用来形容轻发酵轻焙火（也可不焙火）的新派乌龙，就再合适不过了。与其对应，那些传统红水乌龙则称为熟茶。

随着港台的普洱茶火热，这个观念也进入普洱茶的领域，现今云南普洱皆以生、熟作为最初步的分类方式。笔者翻查1993年首届中国普洱茶国际学术研讨会的资料，发现不管在论文或国内外学者的演说中，皆未发现有生、熟概念运用于普洱茶的情况。换言之，生、熟茶的概念是随着台湾茶商的介入，而逐步从乌龙领域跨界运用到了普洱茶界。

红水乌龙的衰落，清汤乌龙的兴起，促成了生、熟茶概念的应用，从而产生的蝴蝶效应，又对普洱茶的当代发展产生了重大影响。这一种生与熟的二分法，虽然非常粗糙，但其简单明了的概念，能让入门者很快地了解口味区别，再进一步进入较复杂的领域。客观上，促进了普洱茶的推广与发展。

台湾老茶庄一角

○ 几句闲话

北京有一种小吃叫豆汁儿，须透着一股子酸腐味道才算正宗。爱豆汁儿的人，说这是异香。不爱的人，说这是臭味。豆汁儿这种独特的口感，决定了它不可能成为大众的饮食。即使是在北京城，如今经营豆汁儿的店铺也不过是寥寥几家而已。其中磁器口豆汁店是卖熟的，牛街宝记、北新桥三条两家则是卖生的。您要是去大型商超热门商圈，根本找不到它的身影。没办法，豆汁儿就是小众。

红水乌龙和北京豆汁儿一样，只是一种小众口味，只符合小众审美。只有那些愿意花时间仔细冲泡认真品饮的爱茶人，才能够欣赏到红水乌龙的韵味与魅力。但有些人认为，小众的生意怎么能做大？于是乎，有些人为了改善乌龙茶“落后”的小众面貌，开始积极寻求乌龙茶工艺的变化。红水乌龙变为清水乌龙，便是这样“进步”思维下的产物。最终结果如何？市场已经说明了一切。

行文至此，不禁想到了唐末布袋和尚的一首禅诗，原文如下：

手捏青苗种福田，低头便见水中天。

六根清净方成稻，退步原来是向前。

禅宗的思想，是提倡僧人积极劳动，从而在其中参悟佛法奥义。这一首诗，便是以农村中最为常见的插秧为题材而写。在实现农业机械化以前，插秧是最基本的农作之一。像我的母亲年轻时在京郊农村劳动，也还经常要在水田里插秧。我小的时候，也常听她回忆插秧的辛苦。所以读起这首诗，我这个四体不勤五谷不分的人，倒是也感觉到十分亲切。

为了将集中培育的水稻秧苗分株定植在稻田中，劳动者必须低头弯腰一根根栽秧。如果往前走，那就会踩踏已经插好的秧苗。他们只能是一步步后退。禅僧就是在这样的简单重复的劳动中看出了大道理，并且写出了上述这首示法偈。

这首诗的有趣之处，是多用一语双关的写法。例如“福田”二字，既是说自己的田地，也是指修为的福德。而“方成稻”的说法，既是写种成了水稻，也隐喻着通达得道。至于“退步原来是向前”一句，既是说种稻的步法，也暗示着人生的哲理。

我们去改变红水乌龙的小众口味，强行让她迎合市场献媚大众，这看似是一种进步，实际上给乌龙茶产业带来了极大的伤害。真的希望做茶人，能够读到这一首禅诗。真的希望现在的乌龙茶，能够倒退回红水乌龙的老样子。

退步原来是向前，是一种智慧，也需要勇气。

辑四　红茶荟萃

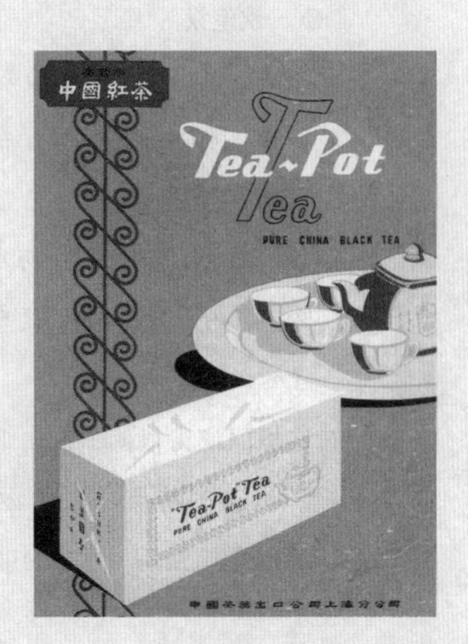
中國紅茶
Tea-Pot Tea
PURE CHINA BLACK TEA
"Tea-Pot" Tea
PURE CHINA BLACK TEA
中國茶葉出口公司上海分公司

正山小种正传

中国茶史，有许多公案悬而未决。例如乌龙茶，到底哪里是起源地？闽北人，说在武夷山。闽南人，说在安溪县。双方都引经据典，一直争论不休。国人慎终追远，凡事总要讲求个正宗。在这样的文化背景下思考，对于茶叶鼻祖的争论，也就是可以理解的了。

红茶界却从不为此事苦恼。大家一致公认，福建武夷山的正山小种是红茶鼻祖。地点与茶名，都已经确定了。难题，在于红茶起源的时间。这也是了解红茶鼻祖正山小种最先要讨论的话题。

○ 一次笔误

在浩如烟海的文献中检索，你会发现“红茶”一词最早出现在一本叫作《多能鄙事》的书里。在《多能鄙事·茶汤法》“兰膏茶”中记载：

> 上等红茶研细，一两为率。先将好酥一两半溶化，倾入茶末内，不住手搅。夏日渐渐添水搅……务要搅匀，直至雪白为度。

这里面说得很明白，白纸黑字写的是“红茶”。但是有个问题，红茶的特点是“红汤红叶”。可是《多能鄙事》中的“红茶”，怎么最后“雪白为度”呢？我们姑且存疑。

20 世纪 80 年代中国红茶广告卡片

好在这本书中关于“红茶”的记载还不止一处。《多能鄙事·茶汤法》“酥签茶”中，也记载道：

> 好酥于银石器内溶化，倾入红茶末搅匀。旋旋添汤，搅成稀膏。散在盏内，却以汤侵供之。茶于酥相客多少用，但酥多方为佳。四时皆用汤造，冬月造正风炉上。

您看，又一条关于“红茶”的记载。

《多能鄙事》的署名，是明代初年的刘基（1311—1375）。难不成，红茶的历史已经超过了600年？且慢下结论，这条文献有疑点。

明代有个人叫宋诩，写了一本书《竹屿山房杂部》。在这本书卷二十二处，有一段这样的记载：

> 将好酥于银石器内熔化，倾入江茶末搅匀。旋旋添汤，搅成稀膏子。收在盏内，却着汤侵供之，茶与酥看客多少用，但酥多于茶，此为佳。此法且简至易，尤珍美，四季皆用汤造，冬间造在风炉子上。

有没有觉得，这段文献有点眼熟？没错，这几乎就与《多能鄙事·茶汤法》“酥签茶”的记载一般无二。区别在于，《多能鄙事》中的“红茶”，在《竹屿山房杂部》中成了“江茶”。

那么这两部书，谁更可信呢？

清乾隆年间编写的《四库全书总目提要》中，就已经认为《多能鄙事》并非刘基所写，也不是成书于明代初年。《多能鄙事》是一部后人的伪托之作，内容不足为信。由此我们推断，《多能鄙事》抄袭了《竹屿山房杂部》中关于“江茶”的内容。在这个转录的过程中，把“江茶”错抄成“红茶”。

其实细看一下，“江”与“红”字形确实比较像。古人誊抄全凭人工，抄错了也在情理之中。差之毫厘，谬以千里。这一下子，差点把红茶的历史推早了300年。

○ 一次损失

关于正山小种的起源，如今大致有两种说法。

其一，是邹新球主编的《世界红茶的始祖武夷正山小种红茶》一书转引江元勋先生的叙述。

我到武夷山时，承蒙元勋先生的陪同与招待。其间，我曾向他仔细询问了这个家族传说，也因此知道了更多的细节。

如今武夷山市（原崇安县）星村镇桐木村东北10里处，被很多人视为红茶发源地。张天福老先生题写的“正山小种发源地”石碑，就立于庙湾的一片平地上。不少游客到了桐木关，都要赶到这里拍照留念。

据说，江家自宋末定居在江墩，已经有24代人了。明朝末年，天下大乱，刀兵四起。有一天，一支北方军队路过武夷山庙湾。天色将晚，就驻扎在茶厂当中。

当地老百姓早就吓跑了，军士们东倒西歪，不少人就睡卧在茶青之上。第二天，军队虽然走了，但是茶农们犯了愁。原来被睡卧的茶青，都已经发红变味。茶农心急如焚，把茶叶揉搓后，用当地盛产的马尾松柴块烘干。制成的茶叶呈现乌黑油润，并带有明显的松烟味。

当地人将这批“残次品”运到星村茶市贱卖，不求挣钱，只图尽量减少损失。没想到第二年，竟然有人在市场上寻找这种带有特殊味道的茶。因祸得福，倒是一下子成了爆款。

这款意外而得的名茶，就是武夷正山小种。

这种欲罢不能的味道，就是松烟香桂圆甘。

○ 一场意外

由于江元勋先生是知名企业家，因此这种说法便伴随着产品宣传而广为流传。

除此之外，还有一种不太常见的说法。

王镇恒、王广智主编的《中国名茶志》中，收录有茶学家姚月明先生的讲法。

姚先生认为，小种红茶大致起源自清道光、咸丰年间。当时有一队太平军，路过星村驻扎。为了不扰百姓，便选在买卖铺户中屯兵。当时这一带茶行很多，不少太平军的兵勇就住了进去。

正值茶季，茶行里放着不少茶包。什么是茶包呢？其实就是茶农初制的毛茶。这些茶已完成萎凋、摇青、揉捻，并且经过了走水焙。在当时，这种毛茶又叫“湿坯”，干度只在六七成左右。茶农把初制好的茶装入大包，送到星村镇的茶行换钱。随后的精制过程，再由茶行完成。

太平军来了以后，发现在茶包上坐卧十分舒适，简直就是天然的土沙发。于是到了晚上，很多人就睡在茶包上。由于是湿坯，还有非酶性氧化的后发酵作用，一发酵，还使得叶温升高。结果这天然土沙发，自带了发热功能，是越睡越舒服。

第二天，太平军拔营起寨，留下了睡得横七竖八的茶包。茶庄老板打开一看，发现茶包已经完全变红了，并且产生了特殊的气味。本来都是挺好的毛茶，这一下岂不是都毁了？老板心急如焚，赶紧将茶置于铁锅中焙炒，再用松柴烘干。连炒带熏，总算把这茶给做出来了。稍加分拣后，装箱运往福州，委托洋行代为销售。没想到，这款意外而得的茶竟然一炮而红。

追问消费者，为何这么喜欢这款茶？

答：有一股特别的味道。

这款意外而得的名茶，还是武夷正山小种。

这种欲罢不能的味道，还是松烟香桂圆甘。

○ 综合分析

这两种说法，都没有文献的支持，算是民间故事。谁对谁错，可能永远是历史谜团。但我们不妨剥茧抽丝，试图分析一下两种说法的可信度。

首先是时间，二者讲法不同。

江说认为，正山小种起源自明朝末年。

姚说表明，正山小种起源自清朝中期。

中国茶叶出口西方，前期的确是以绿茶为主。我们从英国东印度公司的记录中，可以看到当时茶叶出口情况。公元1702年公司从中国进口的茶叶中，仍有三分之二是普通松萝绿茶，六分之一是珠茶，另外六分之一是武夷山的红茶。由此可见，这时已经有红茶贸易，只是量还不算多。最终武夷红茶代替绿茶，成为全球茶界的宠儿，已经是18世纪中期的事情了。

清朝中期，不应是红茶发明的时间。

清朝中期，应该是红茶走红的时间。

若是按照姚月明先生的讲法，清代咸丰年间才有红茶，似乎确实晚了点。所以在时间的问题上，江说更加可信。

其次是工艺，二者讲法也不相同。

江说认为，茶叶发红是在茶青被睡卧之后。

姚说表明，茶叶发红是在毛茶被睡卧之后。

我们知道，红茶的制茶工艺大致为萎凋、揉捻、发酵、干燥四个基本步骤。那么如果睡卧茶青，其实是加重萎凋。如果后续没有发酵的过程，是否能达到红茶特有的100%发酵呢？我个人持怀疑态度。

按照姚月明先生的说法，则是在经过揉捻和一定程度发酵后的毛茶中继续发酵。听起来可能性更高。有一年我去闽东建瓯，看望茶界前辈叶兴渭先生。一时间聊得兴起，老人家给我讲了上世纪50年代初建瓯茶厂的一件奇事。自此之后，我也开始怀疑姚月明先生的说法了。

话说有一天午休的时候，年轻的茶工小张准备找个地方眯一觉。选来选去，就看上了库房的茶包。于是一下子躺在茶包堆上，呼呼大睡起来。结果下午开工时，小张并没有到车间上班，大家也没太在意，只以为他是贪玩旷工了。可等到了吃晚饭时，小张也没来食堂，这一下同事们都慌了。大家找遍了茶厂，最终在仓库的茶包堆里发现了小张。可这时候，原本生龙活虎的大小伙子，已经奄奄一息了。

工友们赶紧把小张送到医院，诊断的结果是严重脱水。再晚来一会儿，就会有性命之忧。后来询问厂子里的老茶工，才知道“睡茶包”是大忌。干燥的茶包，会在不知不觉间吸取人体内的水分。小张在熟睡间，其实已经慢慢被茶包吸干了。

那么按姚先生的说法，太平军将士们都是睡在茶包上，那恐怕第二天就都起不来了。所以我揣测，可能是太平军为了腾地方睡觉，把茶包堆在了房间的角落，继而产生了发酵。起码这样的说法，会更合理一点。

其实两种说法，代表了截然不同的路径。

江说，其实暗示红茶是由绿茶演变而来。

姚说，其实表明红茶是由乌龙演变而来。

当然，武夷山既产绿茶，又盛产乌龙。所以两种说法，都有可能性。真相到底如何？我可能一时也不能说尽。我只能将两种说法都忠实记录，以求茶学工作者揭开谜团。

总之，在一次美丽的错误之后，红茶鼻祖正山小种横空出世。她以红艳艳的汤色、雾沉沉的香气、甜腻腻的口感，最终征服了这个世界。正山小种的走红，最终也使得茶界的金交椅易主。

桐木关里升起的松烟，仿佛昭示着绿茶时代的逐渐消散。

大西洋上飞驰的货船，似乎注定了红茶时代的一往直前。

正山小种之谜

○ 正山之谜

中国茶，命名方式有着很明显的套路。最常见的模式，即为产地加品种。产地之中，又多是山名。毕竟，名山出好茶嘛。

我来举几个例子：

黄山毛峰，即是安徽黄山出产的毛峰茶。

庐山云雾，即是江西庐山出产的云雾茶。

君山银针，即是湖南君山出产的银针茶。

那么问题来了，正山小种中的“正山”，又在哪里呢？众所周知，正山小种产于福建北部的武夷山。难不成，武夷山的别称叫正山不成？

当然不是。

正山小种的原产地，位于武夷山脉的主峰黄岗山。这里距离市区不到40里地，最高海拔2158米，号称是华东屋脊。如今正山小种的主产地，就在其南侧山下的武夷山市星村镇桐木村。

从桐木关的关头到皮坑纵横25公里所产的可称桐木小种。以此为中心，东至大王宫，西近九子岗，南达先锋岭，北延桐木关外，凡是这一地区高山茶园出产的均称正山小种。说得再明白些，正山的范围即是如今国家级自然保护区原始森林圈内的地域或邻近山地。正山小种，也一定是保护区里的茶。

凡是到过桐木关自然保护区的人，就一定会坚信这里会出好茶。这里的海拔，高处1500米，低处也有800米，完全符合高山茶的标准。这里的温度，全年最高不过32℃~34℃，最低气温可达零下11℃~12℃，昼夜温差接近10℃。对于喜温的茶树来讲，这样的温度既利于生长，也便于有效物质的积累。最后是降水，这里常年水雾缭绕，年降雨量达到2000毫米以上。丰沛的降水，适度的光照，也都是形成好茶的条件。

当然，这样的环境茶树是舒服了，人待久了却易染湿气。像我这样不善于吃辣的人，到了桐木关做茶时却是顿顿饭无辣不欢。开始是尝试辣菜，后来索性是干嚼辣椒。一定要吃到满头大汗，尽将山中湿气排出，才觉得周身通泰。

这些年遇到要探访正山小种工艺的朋友，我都是劝他们进保护区看看就走。城里人在这里过夜甚至小住几日，有时候还是不适应的。

客观上讲，桐木关是保护区，并非旅游区。主观上说，我也不希望桐木关保护区成为旅游景点。若桐木关真成了国民打卡的热门景区，估计也就很难出好茶了。所以，我并不希望桐木关火起来。请允许我作为爱茶人的自私吧。

由于得天独厚的自然条件，这里出产的红茶确实特别优质。

优质，势必会畅销。

畅销，势必遭仿冒。

仿冒，势必要打假。

怎么打假呢?

自然是请消费者认清防伪标志。且慢，几百年前可没有什么条形码、镭射标。怎么办呢？那就是起一个名字。为了和桐木范围之外的茶区别，这里出产的茶就叫“正山茶”了。

正山，并非一座高山。

正山，实是一种品质。

当然，正山茶品质之优，确实成为世界茶叶界的一座高山。印度红茶、锡兰红茶，无不以“正山”二字为品质追求。时至今日，喝过真正桐木关内正山小种的人，也一定会被那种特别的甜润饱满口感所吸引。如果实在要问，正山到底在哪里？可能，就在爱茶人的心里吧。

○ 小种之谜

说完了正山，咱们再来聊聊小种。

我第一次看见“小种”的概念，是在清代陆廷灿的《续茶经》当中。

《续茶经》是一部集辑体茶书，其中收录有《随见录》条：

> 武夷茶，在山上者为岩茶，水边者为洲茶。岩茶为上，洲茶次之。岩茶，北山者为上，南山者次之。南北两山，又以所产之岩名为名，其最佳者，名曰工夫茶。工夫之上，又有小种，则以树名为名。

这条文献，说明了两个基本问题。其一，小种最早是岩茶的一个等级。其二，小种的级别很高，在工夫茶等级之上。后面有一句“则以树名为名”，由此可见，“小种”有“稀见品种”的意思。其含义，类似于我们在乌龙茶中讲的“名丛”或“单丛”。

当桐木关的红茶制出来以后，品种特别优异，从星村发起，最终远销海外。订单纷至沓来，赞许之声四起。质量这么好的红茶，叫个什么名字呢？

武夷山，已经有了“小种岩茶”。

武夷山，便又有了“小种红茶”。

小种红茶，便是优质红茶之意。

正山红茶，也是优质红茶之意。

正山加上小种，便成了世界上最优质红茶的代名词。

○ 口感之谜

正山小种的味道，你可能喜欢，也可能不爱。但是我敢保证，只要喝一次，你一定忘不掉。

过目不忘的人，才可能是明星。

过口不忘的茶，才可能是名茶。

有特点，就是正山小种的最大特点。说具体点吧，这个特点是什么味道？有的人很客气，说是松烟的香气。有的人很直白，说是腊肉的韵味。松烟香，很有文学感。腊肉味，很有烟火气。我倒是不觉得，哪个高雅，哪个粗俗，这都是正山小种的味道。

不光是我们这样想，西方人也这样认为。我有个学生，在波士顿大学读书。闲来无事，发现波士顿竟然有一座“BOSTON TEA PARTY SHIPS&MUSEUM”（波士顿倾茶博物馆）。里面除去常设展览，还有出售茶叶的商店。据售货员讲，里面出售的茶就是几百年前销往美国的品种。

学生有心，赶紧给我买了两包当礼物。我问他：是不是正山小种？他看了半天包装说：不是正山小种，是Lapsang Souchong。其实，Lapsang Souchong就是正山小种的英文学名。我仔细一看，在袋子上还有一行小字：SMOKY BLACK

TEA。直接翻译过来，就是烟熏红茶的意思。敢情味觉粗犷的美国人，也能喝出正山小种的松烟味呀。

很多人，都被这种独特的味道吓到，而将它束之高阁了。其实，初尝，的确是松烟香。再品，其实有桂圆甘。松烟味，是香气，先入为主。桂圆味，是口感，历久弥新。优质的正山小种，松烟香绝不会造成违和感。恰恰相反，烟味与茶中单宁、咖啡碱、氨基酸之间，会形成一种闺蜜似的窃窃私语。松烟香极度灵活，会在甜、苦、鲜、润之间上下攒动。

松烟香的出现，便如同聚会上性格开朗的那位朋友。有他在，绝对不会担心冷场。当然，好的松烟味如同知心好友，最懂得分寸进退，虽然帮你活跃了气氛，却绝不会喧宾夺主。后面的舞台，全部交给桂圆甘。

这里说的“桂圆”，不是鲜桂圆而是桂圆干儿。这种干货会出现一种浓缩后的味道，馥郁而持久。当然，她仍是茶中甜味的一种，程度不会如糖般腻口。因此我愿称她为“桂圆甘”，而非“桂圆甜”。市场上不少红茶，都愿意打着“正山小种”的旗号销售。怎奈，包装好仿，口味难成。

桂圆甘的形成，要靠桐木独特的茶青品质。

松烟香的形成，要靠桐木独特的制茶工艺。

○ 青楼之谜

正山小种，是红茶的鼻祖。在初制技法上，自然也是遵循着萎凋、揉捻、发酵、干燥四大步骤。至于松烟香与桂圆甘的形成，则需要到一个特殊的地方进行深造。

作者探访桐木关老青楼

何处？

答：青楼。

诸位没看错，就是青楼。当然，此青楼非彼青楼。勾栏瓦舍，八大胡同，都不在本文的讨论范畴。这里说的青楼，其实是武夷山桐木关特有的制茶场所，即制作茶青的小楼。

桐木关里的青楼，有大有小，但都是纯木质结构。每一次我登上青楼，脚下的楼板都是嘎吱吱作响。那时我只恨自己过于臃肿，生怕一不留神把楼踩塌了。在山林掩映下，青楼也与一般的老房子没太大差别。若非习茶之人，即使路过也看不出什么门道。但青楼住不得人，而是为茶叶专门搭建的一处场所。

外面看，稀松平常。

里面瞧，内藏玄机。

青楼一般分上下两层，下面点火生烟，上面铺设茶叶。中间却不设楼板，而只是在横木上铺上厚竹席。这样的处理，是便于松木点燃后的烟火气快速抵达二楼，与茶叶会合。真正的正山小种，要依靠青楼的培育。

○ **烟熏之谜**

那么，制作一款正山小种，茶叶需要进几次青楼呢？

答：三次。

第一次上青楼，是在萎凋阶段。桐木关气温低，日照短，湿度大，所以萎凋很成问题。于是先民想到了利用烟火之能，来帮助茶青萎凋的办法。青楼中萎凋的时长，大致在6~8个小时。前3个小时，温度在30℃。后几个小时，温度在40℃~50℃。

第二次上青楼，是在初制的干燥阶段。这次的时长，可以控制在4~6小时。温度方面，则是在60℃~80℃。这时茶叶的初制已经完成，随后便可以挑拣和匀堆。

第三次上青楼，是在精制的干燥阶段。这次的时长，要达到8~12个小时。时间拉长，是因为温度要降低，大致在50℃~70℃就可以了。小火慢炖的肉，最香。低温慢熏的茶，入味。不好意思，一不留神又聊到做菜上去了。饮食之道，原理相通。慢工出细活，欲速则不达。

○ 改良之谜

现如今的市场上，叫正山小种的茶真不少。

现如今的市场上，是正山小种的茶却不多。

有的茶，叫自己是改良版正山小种。

有的茶，说自己是无烟版正山小种。

那么，问题就来了。

没有臭味，还是臭豆腐吗？

没有腥味，还是鱼腥草吗？

都没有松烟香了，那还是正山小种吗？

北京有一种小吃叫豆汁儿，和豆浆没任何关系，是一种汤色灰绿、口感酸臭的发酵类饮品。发源于清代乾隆年间，至今也有200余年的历史了。豆汁儿和小种很像，也是一种由失误而得来的美味。当然，喜欢的人喝起来是美味，不喜欢的人喝起来是受罪。

北京南城花市往南的榄杆市，原来有一家锦馨豆汁店，是清真字号。如今老店直接改名磁器口豆汁店，并且搬迁到了天坛北门。我第一次喝豆汁儿，就是在榄杆市的锦馨老店。那酸中透甜、后味生津的口感，我至今都忘不掉。

可近些年，想喝到一碗对味儿的豆汁儿也成了难事。可能是怕人嫌弃自己的酸臭味，豆汁儿基本上都改良成了“清香型”。清淡如水，毫无劲道。殊不知，这样既失去了原有的风味，也还是难以争夺新的顾客。不喜欢的人，还是不喜欢。喜欢的人，也不喜欢了。从这个角度来说，豆汁儿与正山小种可谓同病相怜。长久以来，手艺人在保留传统与力图革新之间摇摆、挣扎。

保留传统，不见得就是倒退。

力图革新，不见得就是进步。

最终，时间会给我们答案。

闽红工夫

○ 红茶祖庭

福建，是我国的产茶大省。尤其是近些年，茶产业更是做得风生水起。大红袍、铁观音、福鼎白茶……屈指一算，这些年的爆款茶竟然都出自福建。提起乌龙与白茶，确实绕不开福建省。以至于如今很少有人意识到，福建原先竟然是一个红茶大省。

可其实，世界红茶鼻祖正山小种就是出自福建北部的武夷山。中国红茶，却又未曾止步于正山小种。陈宗懋主编的《中国茶叶大辞典》“工夫红茶”条目中写道：

> 亦称“条红茶”。创制于福建崇安（今武夷山市）的条形红茶。因制工精细得名。由小种红茶演变而来……19世纪80年代以前在世界茶叶市场上占重要地位，远销世界六十多个国家和地区。

由此可见，福建茶农在小种红茶的基础之上，又变革精进工艺，从而衍生出工夫红茶。后来为世人熟知的祁红、滇红、川红、越红、湖红、台红等红茶，其实都已经不是小种红茶工艺，而全部归属为工夫红茶。

青出于蓝而胜于蓝，工夫红茶最终超过小种红茶而取得茶叶贸易中的霸主地位。只是后来印度与锡兰（斯里兰卡旧称）等新茶区的兴起，冲击了中国茶叶的贸易，也抢占了工夫红茶的市场份额。当然那又是后话了，这里先不赘述。

总而言之，小种红茶，起源自福建。工夫红茶，仍然起源自福建。若将福建茶区命名为红茶祖庭，我想都不算过分。工夫红茶开枝散叶，终成中国红茶的主流。品种多，产地广，是中国工夫红茶的特点。要想研究清楚庞杂的工夫红茶，不妨就从闽红工夫入手。

○ 三大工夫

值得注意的是，工夫红茶最早起源自闽北，但发扬光大还是在闽东，到最后形成了举世闻名的三种工夫红茶，即白琳工夫、坦洋工夫和政和工夫。以上三种工夫红茶，又称为“三大闽红工夫”。

坦洋工夫，相传19世纪中叶创制于福建省福安县坦洋村。因村得名。此茶条索紧结圆直，茶毫微显金黄，色泽乌润，汤色明亮，滋味醇厚，香气高爽，是早期工夫红茶的高等级代表。

从我查阅的档案资料来看，坦洋工夫曾经出口量极大。从1881年至1936年的50余年间，年出口量均在2万箱左右。其中1898年最盛，出口量曾达到5万余箱，约1500吨。1949以后，坦洋工夫的生产工作归属福安茶厂。当时国家闽红工夫的标准样，一度就是以坦洋工夫来制定。久而久之，坦洋工夫的生产早就不局限于坦洋村。福安、寿宁、周宁、霞浦等县，都有坦洋工夫的生产。

白琳工夫，原产于今福建省福鼎市太姥山麓的白琳、磻溪、黄冈等地。当时在福鼎经营工夫的闽粤茶商，都以白琳镇为集散地，设号收购，远销重洋。这里的红茶，最终得名白琳工夫。

自20世纪初期以来，白琳工夫选用福鼎大白茶为原料，质量可谓更上一层楼。由福鼎大白制出的白琳工夫，条形紧结纤细，含有大量橙黄白毫。冲泡出来，特具一种鲜爽愉快的毫香。饮汤色橙红明艳，因而又得了“橘红”的雅号。

政和工夫，产于福建政和、松溪及邻省浙江的庆元地区。因县得名。政和工夫，按品种还可细分为大茶与小茶两种。所谓大茶，采用政和大白茶制作而成。外形条索紧结，肥壮多有茶毫。香气高昂，滋味鲜甜。

至于小茶，是由小叶种制成。条索紧细，香气高锐，汤色稍浅，味道醇和。很多政和工夫，都是以大茶为主，适当拼以小茶调味，取二者之优长于一身。

总结来看，闽红三大工夫红茶的命名方法颇为有趣。坦洋工夫，以村得名。白琳工夫，以镇得名。政和工夫，以县得名。地名有大有小，名气却不相伯仲。

不管是坦洋村、白琳镇还是政和县，又都地处福建省东部地区。现如今我们总炒闽北的岩茶和闽南的乌龙，倒是闽东茶区长期被人忽略了。可其实，长期以来闽东才是福建省茶产业的重中之重。

到后来，闽红工夫的制法渐渐传入附近省份，从而带起了新的红茶热潮。清光绪元年（1875），安徽籍官员余干臣从福建卸任回乡，将福建红茶的技法引进皖南。翌年在祁门设庄试制，以后逐渐扩大生产，从而生产出了大名鼎鼎的祁门红茶。这便是闽红工夫的又一功绩了。

20世纪80年代红茶广告海报

○ **红绿相间**

福建的红茶产量之巨，可以通过现存的档案资料窥见一斑。

自1927年北伐战争之后，一直到1937年抗日战争全面爆发之前，国民政府迎来了相对良好的发展空间。经济高速发展，社会相对安定，是这一时期的基本特点。因此1927—1937年，也被历史学界称为国民政府的黄金十年。

我选取民国二十五年（1936）福建省政府统计处的材料，便是希望体现出闽茶发展的一个鼎盛状况。材料中显示，1936年福建全省共产茶244930担（每担50公斤）。绿茶最多，有131500担。红茶其次，有64490担。乌龙茶，有45660担。白茶，有3280担。

通过这组材料，我们看到了非常有趣的现象。如今火爆的乌龙茶，在当时的福建茶区还未取得举足轻重的地位。至于白茶，产量更是微乎其微。反而是闽东生产的绿茶与红茶，是民国时期福建茶区的绝对大宗产品。

这些红绿茶一般都是从闽东重要海港三都澳集散，直接出口到海外各国。我曾经在福建友人的陪同下，坐船登上过三都澳。那是一个规模不大的海岛，如今上面居民不多，人口规模恐怕还不及北京一个街道的。只有其间林立的教堂、洋楼以及海关遗址，默默诉说着当年茶叶贸易的繁华。

○ **红花绿叶**

福建红茶的黄金时期，还是在新中国成立之后。随着苏联订单的增多，福建红茶的产业也达到了空前繁盛的局面。

根据档案显示，1956年福建茶区产茶数量为146365担。

其中红茶最多，有72451担。绿茶其次，有41677担。乌龙茶有30125担，白茶有2112担。

从中我们可以看到，乌龙茶与白茶在福建茶区仍然处于相对小众的地位。至于原来产量居于榜首的绿茶，建国后则将金交椅让给了红茶。

值得注意的是，经过抗日战争与解放战争后的福建茶区，茶产量受到了很大的影响。1956年的产茶总量，仅为1936年的60%左右。各个茶类的产量，也都有不同幅度的降低。唯独红茶，产量不降反升，成为建国初期福建红茶的支柱。

当然，一直到20世纪末为止，福建民众，除去闽南部分地区喜饮乌龙茶外，大部分地区均喝绿茶或花茶。那时的白茶以及红茶，几乎全部用来出口。

○ 由红改绿

既然是出口茶，其命运便要受到国际形势的左右。上世纪60年代，中苏两国关系日渐紧张，并从政治领域迅速扩展到了经济领域。随后苏联便停止了对于中国工夫红茶的进口，闽红工夫全面滞销。

与今天的情况不同，当时的国人没有饮用红茶的习惯。既然不能够出口创汇，也不能转向内销市场，闽红工夫也就没有必要大规模生产了。于是在有关部门的支持下，福建全省开始全面将生产红茶改为生产绿茶，史称“红改绿”。

但事情也没有想象中的简单。如此大批量的茶青全部改制绿茶，一时间又引起了绿茶的产能过剩。当时中国华北、东北乃至西北，消费者都更青睐花茶。于是乎，福建省开始转向窨制生产茉莉花茶。1975年至1985年间，全省产制花茶的除去国营福州茶厂、宁德茶厂、福鼎茶厂、福安茶厂、政和茶厂、沙县茶厂之外，同时还有许多产花的县新办茶厂也加入其中。仅1983年，全省就生产茉莉花茶128443担之多。红改绿，是对于闽红工夫的一次重大冲击。

○ 新秀辈出

自本世纪初起，福建的新工艺铁观音又成为茶界爆款。原本乌龙茶只是局限于闽南及港澳台、南洋等地消费的小众茶，随着铁观音的兴起，带动了全国品饮福建乌龙的热潮。从闽南到闽北，从铁观音到大红袍，近些年福建乌龙出尽了风头。

2009年，福建全省茶产量达到了265659吨。其中乌龙茶产量最大，有139082吨。绿茶为109187吨。其他茶类（白茶及花茶）为10845吨。至于当年的龙头——红茶，这时的产量仅为6545吨，居于六大茶类之末。

可是红茶的衰运，还远没有结束。

自2010年起，福建白茶再次异军突起，成为爱茶人的新宠。白茶的主要产区，为福建东部的福鼎和政和两县。福鼎，出白琳工夫。政和，产政和工夫。福建白茶产区与红茶产区高度重合在了一起。现如今，闽东的茶青都用来制作白茶，红茶更是无人问津。

其实又岂止是福建，全国上下都掀起了一股制作白茶的风潮。既不考虑茶树适制特性，也不顾及茶区气候特点，反正一股脑儿跟风就是了。

在这样的大背景下，闽红工夫又岂有存身之地呢？

三十年河东，三十年河西。

不光是人，茶也如此。

白琳工夫

十年前提起白茶，爱茶人一般会想到浙江的安吉。

现如今提起白茶，爱茶人大多会想到福建的福鼎。

安吉白茶，本质上是一种绿茶。因叶片颜色较一般绿茶更为浅淡，因此才得名白茶。福鼎白茶，才是六大茶类中所讲的白茶。现如今，福鼎成了白茶的代表。白茶，也变成了福鼎的名片。但鲜有人知，福鼎其实还出产一种名优红茶——白琳工夫。

这款工夫红茶，自首创到如今经历了三起三落的传奇命运。及至当下，几乎到了绝迹于茶叶市场的境地。这款红茶创制于何时？是什么原因，让她一度走红国际市场？又是什么原因，使得她在发展路途上大起大落？问题很多，疑点不少，我们慢慢聊。

○ 白琳初兴

福鼎所在的闽东茶区，在明代以前茶叶产量并不大，主要是供给当地百姓自用。17世纪初，茶叶的饮用在欧洲流传开来，茶叶就成为我国重要的出口商品。清康熙二十二年（1683），福鼎的沙埕军用港改为民用进出口贸易口岸，开始出口茶叶、明矾等农副土特产品。康熙二十三年（1684）海禁开放后，茶叶输出逐渐增多，促进了各地开荒种茶，茶叶生产得到发展。

乾隆二十二年（1757），清政府“遍谕番船，嗣后口岸决定于广州”，同时还规定茶叶出口只能由茶商行代办，严令禁止民间交易。到了嘉庆二十二年（1817），政府又规定茶叶运往广州必须走江西一路，不准从厦门、福州等地转口。因此闽东茶叶出口的运销，在五口通商前，多靠人力肩挑。工夫红茶和白茶先运往崇安，再转运江西铅山县河口镇，入赣江水路运往广州口岸，一般只运至崇安星村，销售给崇安的茶行，由他们再转运出口。另一条路线是靠人力肩挑到浙江温州，转运至上海出口。

道光二十二年（1842）五口通商后，福州、厦门成为华茶的重要出口口岸。闽东的工夫红茶，开始弃广州港而改走福州港、厦门港出口欧美。交通运输的便捷，更加刺激了闽东茶产业的发展。以广泰号为主的广东茶行和以金泰号为主的闽南茶行，纷纷来到福鼎的白琳镇开设茶馆，收购、转运和销售工夫红茶。

○ 橘红问世

截止到20世纪初，福鼎的白琳工夫在国际茶叶市场上已经崭露头角。其英文名称Paklum Congou，也已被西方的爱茶人士所熟知。但白琳工夫作为高档红茶而享誉世界，还要从20世纪30年代的一次意外说起。

1986年出版的《福建文史资料·第十二辑》中，刊登有李得光所撰写的《福鼎名茶——太姥白毫银针》一文。作者李得光生于清光绪二十八年（1902），为福鼎点头镇龙田村人。民国二十八年（1939），他成立福鼎白茶合作社，任联社主任。从此数千福鼎茶农可直接向联社所辖的村社交茶、领款，不但打开了销路，还减少了中间茶商买办的盘剥。李得光可谓是闽东茶界的宿老，对于福鼎早期的茶事活动了如指掌。

这篇文章写于1966年，其中主要梳理了白毫银针的来龙去脉。与此同时，也提及了白琳工夫的转型之路。现根据李得光老先生的回忆文章内容，结合其他文献史料，对于白琳工夫在20世纪30年代的产品升级往事简要加以说明。

当时的白琳工夫，多是用当地的小叶种制作而成，虽然产量已经不低，但发展也存在着问题。1946年出版的《闽茶》第一卷第三期中，收录有黄执中《改良福建工夫红茶的几点意见》一文。其中剖析白琳工夫品质优劣时认为，这样的小叶种茶树制成的红茶条索紧细规整，滋味却较淡薄且无特色。拿到国际市场上，多是作为归堆之用。

除去小叶种的菜茶，福鼎其实也有“福鼎大白”这样的优良茶树品种。当时人们认为福鼎大白与其他地方的茶树在适制性上颇为不同。由于叶张厚，有茸毛，无法揉软顺利发酵，因此福鼎大白多是用来制作白毫银针一类的高级白茶，当时没有人考虑用这种茶树品种制作红茶。

1930年至1931年，由于销路阻塞无利可图，茶商遂停止采购福鼎白茶。当时福州高丰茶行经理吴少卿，选购了一些安徽祁门红茶。正在开箱检验之时，刚好茶商袁子卿也在场，品其茶，气味醇郁芬芳，色泽鲜艳似橘红，比起福鼎“白琳工夫”尚胜一筹。袁子卿认为这和品种、土壤、气候有关系，闽茶无论如何也比不上。

可是事有凑巧，袁子卿回到福鼎时，正好碰到翠郊乡茶贩吴德康。因为白茶行情不好，吴姓茶贩收购的白毫毛茶卖不掉，积压在手中。因未加细心管理，结果堆在一起发热变红。他想冒充红茶也许可能脱售，就挑到袁子卿的茶号请求收购。袁子卿发现这些所谓“变质白茶”和“祁红”颇相似，就与吴德康协商，按红毛茶价格悉数收购。这件事给了袁子卿很大启发，福鼎大白茶的树种是不是也可以制作红茶呢？

为追求利润，袁子卿开始细心试制。他先将白毫青茶放在日光下，晒到八九成干时，再用手揉软，搓成一团团，置在茶箩内，上盖以布袋，约经三小时发酵后，再将茶团抖散，置日光下晒干，复经过和焙制一般红茶同样的操作过程。经过一段时间的探索，试验成效很好。他自认为这样制出的红茶质量和祁门红茶相等。

于是袁子卿精制了52箱，运到高丰茶行。经洋商鉴别，立时成交，得价比一般的白琳工夫高出一倍。白茶改制红茶的高利润，刺激与吸引了各地的茶商。上海华茶公司于1934年派人到福鼎监制白琳工夫，这便是白茶改制红茶的开端。

选用福鼎大白为原料制成的工夫红茶，条形紧结秀美，含有大量橙黄白毫。口感鲜爽甜润，并带有独特的毫香。又因汤色与叶底都呈现悦目的明亮橘色，因此取名为“橘红”。白琳工夫中的精品“橘红”，品质甚至不输给“祁红”，成为优质红茶的代表。只是后来工夫红茶更习惯以产地命名，世人便多知“白琳工夫”而少知“橘红”了。

虽然民国后期的白琳工夫火了，但是茶农并没有因此受益而致富。他们被当时的政府与茶商层层盘剥，生活困苦，无力继续从事茶叶生产。于是茶园大片荒废，茶叶生产一蹶不振，产量急剧下降。再加之国民党乱抓茶农充当壮丁，更是闹得茶区人心惶惶。到了新中国成立前夕，国内很多茶区的生产都濒临废止。在这样的历史背景下，白琳工夫自然也不能幸免于难了。

○ 出口创汇

中华人民共和国成立之后，闽东的茶叶由中茶公司福建分公司统一组织收购、统一加工、统一调拨、统一出口。原先的闽东茶区，主要生产红茶、绿茶与白茶。白茶的生产虽有恢复发展，但其销路也不见好。综合考虑到国际市场的需求，20世纪50年代，整个闽东茶区开始专注于红茶的生产。

根据《宁德茶业志》记载：

> 1950—1969年20年合计出口茶叶40573.75吨，金额1682.68万美元，占茶叶生产量76868.8吨的52.8%。主要是红茶出口，20年计出口40166.15吨，占出口总量的99%。20年中1958年出口量最大，出口工夫红茶3274.95吨，占当年出口总量3277.25吨的99.93%，占当年生产量6130吨的53.42%。工夫红茶，按省茶叶进出口公司的出口计划，1955年前全部由人工肩挑至温州上船，运至上海茶叶进出口公司转口输出国外。

福鼎的白琳工夫，也迎来了发展的黄金时期。而其中的精品“橘红”，更是畅销于欧洲市场的名优产品。

20世纪50年代的闽东红茶，主销苏联和东欧。随着中苏关系的恶化，两国贸易中断，茶叶出口也大幅度减少。从1969年开始，闽东茶区被迫对生产的茶类进行大调整。原红茶产区全部改制绿茶，轰轰烈烈的“红改绿”宣告开始。根据《宁德市茶叶出口情况统计表》记录，1950年该地区红茶出口量为2066.25吨，而到了1971年则锐减为148.95吨，下降比例超过了90%。

白琳工夫，也迎来了寒冬。

1980年出版的《福建名茶》中《白琳工夫》一文中写道：

> 近年来，福鼎茶区转产绿茶之后，白琳工夫产量锐减，年产量仅维持在四五千担左右。

区区五千担，已没法和白琳工夫全盛时期的产量相比。但即使是这样的数字，到了上世纪80年代中期也守不住了。

1984年，因出口换汇率低，外贸部门对白琳工夫、坦洋工夫、政和工夫和正山小种采取“一刀切”的办法，计划全部砍掉停止生产。为此，著名茶学家张天福在该年的福建省政协会议上，提交了《建议保留生产闽红三大工夫和正山小种红茶》的提案。

有了社会各界人士的呼吁，福建三大工夫红茶躲过了灭顶之灾。但当时国内爱茶人，大都没有品饮红茶的习惯。外销市场萎缩，内销市场尚未打开，白琳工夫陷入了发展的低谷时期。

○ 白茶之殇

2010年前后，以金骏眉为代表的高档红茶开始走红茶叶市场。由于采摘标准与制作工艺的改进，其口感从“浓强鲜”转变为“鲜香甜”。国内的爱茶人，也开始喜欢上了品饮红茶。

由于金骏眉产自福建，所以一定程度上带动了整个闽红的市场。一时间，品饮福建的工夫红茶成为一种流行。干茶红艳似橘，茶汤橙中透亮，香气如花似蜜，白琳工夫以其细腻的口感和优异的品质征服了国内爱茶人的味蕾。畅销海外数百年的白琳工夫，又开始在国人的茶杯里焕发出新的生机。

但白琳工夫的产地福鼎，又同时为白茶的产区。而制作白琳工夫所用的福鼎大白、福鼎大毫茶树品种，也同时为制作优质白茶的首选原料。随着福鼎白茶的火热，白琳工夫又一次陷入困境。

一方面，制作工夫红茶绝非易事。从采摘到萎凋，从揉捻到发酵，环环相扣，丝毫马虎不得。若不是传承有序的制茶师傅，很难做好一份白琳工夫。对于技术的高标准严要求，使得很多人对于制售白琳工夫望而却步。

另一方面，制作白琳工夫与福鼎白茶所用茶青相同。随着白茶的火热，大量的茶青都被收购用来加工白毫银针、白牡丹或寿眉。虽然白琳工夫亦是有上百年历史的名优红茶，也曾享誉国际市场，但那毕竟已经是明日黄花了。现如今的福鼎政府，全力投入白茶的宣传与推广当中。对于白琳工夫，却提及甚少。以至于全国的爱茶人，对于白琳工夫十分陌生。从投入产出比的角度来核算，制作市场认知度高的福鼎白茶自然更为划算。而制作白琳工夫，成了件费力不讨好的事情。市场认知度低，也是近几年白琳工夫几乎绝迹于市场的原因之一。

王镇恒、王广智主编的《中国名茶志》中，收录名茶1017种，品种涉及绿、白、黄、青、红、黑六大茶类，以及若干再加工茶。种类的丰富性与多样性，才是中国名茶的特色。百花齐放与百家争鸣，才是中国名茶的希望。

现如今，福鼎大力发展白茶产业。将原本少有人知的侨销

20 世纪 80 年代红茶广告海报

茶，变成了全国爱茶人的口粮茶，自然是不得了的成绩。但在发展白茶的同时，也应注意保护和宣传当地特有的历史名茶——白琳工夫，才是正理。

2019年，“白琳工夫红茶制作技艺”已被列为第五批福鼎市非物质文化遗产。白琳工夫的非遗传承人张纯伟、陈小春夫妇，手艺传承自民国年间在福鼎白琳设庄制茶的广泰茶馆，算是正门正派传承有序。他们潜心学艺，恢复生产了沉寂多年的精品白琳工夫——“橘红”。值得一提的是，二人都是“80后”的制茶师傅。他们加入传承队伍当中，为古老的白琳工夫红茶技艺注入了新鲜血液。

愿命运多舛的白琳工夫，能够再次走红市场。

愿爱茶人的杯中，都能散发着橘红特有的毫香。

祁门红茶

中国红茶，分为若干花色品种。早在上世纪50年代，我国红茶生产区域就已经扩大到安徽、湖南、湖北、福建、江西、云南、四川、广东、贵州、浙江、江苏以及台湾共十二个省。若按品种细分，则还可分为小种红茶、工夫红茶与红碎茶三类。

小种红茶，最有代表性的自然是桐木正山小种。工夫红茶，最扬名的则要算安徽祁门红茶。正山小种，为世界红茶鼻祖，其地位与影响自然无人能比。可工夫红茶众多，又如何断言祁红的名望最大呢？邓小平同志称赞的“你们祁红世界有名”八个字，恐怕算是一条有力的佐证吧？

祁门红茶享有大名，爱茶人对于她也都不陌生。我这人不爱老调重弹，倒不如就讲一些祁红的秘闻逸事吧。

○ 余说

祁红名气虽大，但很多基本问题却存在着争议。

例如起源之事，就一直有两种说法。

按照王镇恒、王广智《中国名茶志》的记载，公元1875年是故事的开端。那一年，既是大清光绪元年，同时也是安徽祁红元年。黟县人余干臣，由福建罢官回籍。他在闽为官多年，深知绿茶不受洋人欢迎，反倒是红茶畅销而多利，蕴含着巨大的商机。于是他在至德县（今东至县）尧渡街设立红茶庄，仿效闽红制法，开始在安徽兴制红茶。《中国名茶志》并未讲明这条材料的来源出处，姑且作一家之言备存。

笔者查阅资料时，找到了一份题为《豫鄂皖赣四省农村经济调查报告》第十号《祁门红茶之生产制造及运销》的报告书。这份报告完成于民国二十五年（1936），是中国农民银行委托金陵大学农学院农业经济系调查编纂的，为研究祁红历史的重要资料。

其中对于祁红的起源记载如下：

> 迨光绪二年（西历一八七六年）有黟县茶商余某者，以祁门地广人稀，茶价便宜，乃由秋浦（今名至德）来祁，传授红茶之制造方法，劝诱茶户效法制造。

由此可见，《祁门红茶之生产制造及运销》与《中国名茶志》的说法大致吻合。余某人或官或商，并不重要。总之，他是祁红的发起人。

○ 胡说

另一个说法，则认为祁红的创始人不是余干臣而是胡元龙。据1916年《农商公报》记载：

> 安徽改制红茶，权舆于祁（门）、建（德）。而祁、建有红茶，实肇始于胡元龙（又名胡仰儒）。胡元龙为祁门南乡之贵溪人，于前清咸丰年间，即在贵溪开辟荒山五千余亩，兴植茶树。光绪元、二年间，因绿茶销场不旺，特考察制造红茶之法，首先筹集资本六万元，建设日顺茶厂，改制红茶，亲往各乡教导园户，至今四十余年，孜孜不倦。

文中的胡元龙，是一个产销一体的老茶商。自从咸丰年间就开始经营茶业，到了光绪年间顺应形势改弦更张，这才有了祁红的诞生。

一种茶，怎么会有不同的起源之说呢？这不算怪事。铁观音，便有“王说”与“魏说”。祁门红，也有“余说”与“胡说”。没有绯闻的名人，便算不上名人；没有争议的名茶，也算不上名茶。

其实，祁门红茶的两种起源说并不矛盾。作为习茶者，透过现象看本质，还是会有不少收获。第一点，二者记载的时间相近，都是在光绪元年（1875）前后。因此，我们可以论定祁红创始于19世纪70年代左右，晚于福建的小种与工夫红茶。第二点，二者记载的工艺相似，都非祁门原创，而是由福建传入。由此也可以推断，祁门红茶直接受到了闽红工夫的影响。至于到底是余干臣还是胡元龙，倒是次要的问题了。亦或者说，随着福建红茶的热销，不少安徽籍的有识之士，在光绪年间都意识到了红茶蕴含的商机，从而发起了轰轰烈烈的“绿改红”活动。

○ 赤山乌龙

梳理清楚了起源问题，我们不妨再来研讨下祁红的名称。

这又是一个看似平常却又模糊不清的问题。

前一段时间，助教莉莉拿给我一份民国时期的茶叶老包装。纸样呈现淡红色，雕版刷印着墨字广告语。中间最醒目的位置，竖写“白毫乌龙”四个大字。乍一看，这是台湾老茶的包装纸。可再细读旁边的小字，又让她一头雾水了。其中写道：

本庄开设祁西新安洲正街码头，坐南朝北门西便是。

专办各地仙峰龙潭上上高山雨前云露红茶，气香味美色

活汤和……

安徽祁门，怎么也能产“白毫乌龙”？白毫乌龙，怎么又成了“雨前云露红茶”？这一切，都得从祁门红茶的旧称聊起。

别看如今祁红名声在外，但实际上自创制之日起很长一段时间，这款茶却并未被称为“祁红”，而一直以“乌龙”之名投放市场。据《祁门县工商行政管理志》记载：

> 至光绪初，祁门红茶试制成功，商标名赤山乌龙。

据当地老人介绍，祁门城东北有座祁山，又名赤山。因此赤山乌龙，便可以翻译为祁门乌龙。

笔者收藏有一件民国时期山西太原“宝泰祥茶庄”的铁皮茶叶罐。其侧面列有“各山贡茗”四种，分别是：

> 西湖龙井、祁门乌龙、洞庭碧螺、福建武夷。

其中的祁门乌龙，便是祁门红茶之旧称。这件铁皮茶叶罐虽然破旧，却承载着祁红的一段旧事。我一直珍藏在书柜里，上课时偶尔拿出展示一番。

好好的红茶，为何要叫乌龙呢？清末民国的制茶人，并没有今天饮茶人的素养与见识。祁门茶人眼中，祁红制成后干茶黑亮油润似乌金，造型蜷曲紧细如游龙，因此便得了“乌龙”的雅号。祁门乌龙，是祁红的一种美称，与现如今的乌龙茶工艺没有关联。

○ 祁梁红茶

如果祁门乌龙算是祁红民国时的旧称，那么祁梁红茶则是祁红在解放初的名字。

20 世纪 80 年代祁门红茶广告卡片

20 世纪 80 年代祁门红茶广告资料

虽说叫祁门红茶，但产区远远不止祁门一地。应该说，祁门是祁红的核心产区，却不是祁红的唯一产区。按《祁门红茶之生产制造及运销》报告记载：

> 按光绪末年至民国初年间，为祁门红茶贸易最盛时期；祁浮至三县每年出产红茶总额，常在六万担以上。

世界市场巨大的需求量，不是区区祁门一个县可以满足的。这就如同闽红工夫中，坦洋工夫不光是坦洋村制作，白琳工夫也不仅仅白琳镇生产。

新中国成立之后，祁门红茶的产地又有所扩大。王镇恒、王广智《中国名茶志》记载：

> 祁红主产安徽省祁门县及毗邻的石台县、东至县、贵池市、黟县、黄山区（原太平县）等地域，江西省的景德镇市亦属祁红产区。

由此可知，不光整个黄山茶区都产祁红，就连邻省的景德镇也一直都有祁红的生产。景德镇旧称浮梁，因此祁红才有了"祁梁红茶"的称谓。

应该说，自祁门红茶创制之日起，一直是大茶区的概念。作为大宗贸易的商品，追求稳定而统一的口感，才是制茶人追求的目标。现如今祁红很大一部分转为内销，市场的要求就又有不同了。

○ 畅销海外

按照《祁门红茶之生产制造及运销》报告中记载，祁门红茶曾远销英、美、法、俄、德、加、印乃至于非洲、澳洲等地。而其中最喜爱祁红的国家，当数最爱饮茶的英国。

民国二十一年（1932），祁红共出口41130.7担，英国的购买量则为25625.31担，占当年祁红出口总量的六成。民国二十三年（1934），祁红出口总量减为26578.56担，英国的购买量仍有21529.96担，占当年祁红出口总量的八成。

英国人以酷爱饮茶而著称于世。当下午钟敲四下，世界一切瞬间为茶停下。这句话正是对英国人茶瘾的最好诠释。爱茶又懂茶的英国人，为何对祁红如此着迷呢?

首先是香高。茶香，是外国人对于茶的第一需求。比起口感，香气更为先声夺人，是直白的刺激与享受。在外国朋友心中，只要香高，茶汤口感差一点也能接受。但若香气不足，茶汤再顺滑，还是觉得若有所失。至于茶韵就太虚无缥缈了，一般难以打动外国消费者。

祁门红茶，就以香气高锐而著称。又因这种香气，似花不是花，似蜜不是蜜，似糖不是糖，说不清道不明，复杂综合且馥郁美妙。因此，便得了“祁门香”的专称。

说完了香气，再来说外形。上等的祁红，由一芽二叶初展的茶青为原料制作。成品茶白毫多，芽头高达40%左右，条索紧细，色泽油润，无梗及杂物。由于过于细嫩短小，很多人误以为祁红是碎切红茶。殊不知，她可是中国工夫红茶的上乘之作。这样的条索，非常适合欧洲人惯用的一次萃取式红茶冲泡法。茶中内含物质快速而充分地析出，从而得到红艳而可口的茶汤。

笔者收藏有一张上世纪70年代中国土产畜产进出口公司上海市茶叶分公司印刷的“祁门红茶”宣传单。正面是图片，背面是说明。其中文字说明部分写道：

> 祁门红茶，以它独特的香气和滋味驰名世界……单独品饮，最能领略独特风味。

正如宣传单上所言，嗜糖如命的西方人，品饮祁红时却是糖、奶一律不加，生怕破坏了这细腻甜润的祁门滋味。祁门红茶，在欧洲茶桌上受到的礼遇之高可见一斑。

2018年9月，黄山市政府在钓鱼台国宾馆举办了“祁门红茶国际推介会”。其中学术论坛环节，请中国茶业流通协会秘书长梅宇先生担任主持人，邀祁红产业发展局局长范典苍、老舍茶馆常务副总经理唐波与我等五位嘉宾一起对谈祁红发展前景。

其实坦白讲，我对祁门红茶的前景深感担忧。毋庸置疑，祁红是中国最为成功的外销红茶。可优质的外销红茶，却不一定适合内销。外国人喝茶讲究香甜，国人饮茶讲究韵味。外国人喝茶一次萃取，国人饮茶要求耐冲。现如今，祁红大踏步涉足内销市场，面对的已经不是西方人，而是国内六大茶类都喝遍的中国爱茶者。祁红，作为外销茶中的俊杰，是否还可以成为内销茶里的翘楚？

我不敢说。

祁红的命运，还是交给爱茶人去评判吧。

安化红茶

○ 安化不只有黑茶

自湖南回来，一口气写了《千两茶》《茯砖茶》《天尖茶》三篇文章。同行们戏称，这算是“安化黑茶三部曲”了。这时候也有人与我私下交流，建议我不要多写安化黑茶。理由是目前安化某些茶企，经营手段近似传销，在坊间名声不好。正所谓是非之地，不可久留呀。

古人说：内举不避亲，外举不避仇。如今我加上一条：聊茶不避乱。越是纷繁复杂，乱象丛生，不正应该正本清源，让习茶人了解安化黑茶的真实情况吗？毕竟，茶无错，错在于人。我不是安化人，不带有思乡情结，但我是爱茶人，自愿尽绵薄之力。这便是我书写安化黑茶的动力所在吧。

闲言少叙，书归正传。

其实安化县作为传统产茶区，出产绿、红、黑三大茶类。不光是可以简单生产，且每类都有名茶。只是如今安化黑茶火爆，反倒把另两位同乡给埋没了。绿茶类中倒还有一款“安化松针”，入选湖南省十大名茶，可以讲还有些名气。唯独安化红茶，知道的人最少。

在很多人印象中，莫说是安化县，就是湖南省，似乎都与红茶搭不上关系。如今一提起红茶，首先想到的自然是福建。正山小种、金骏眉、白琳工夫、坦洋工夫……一口气能说出好多种名优红茶。再往下就是云南，毕竟出产大名鼎鼎的滇红。至于安徽，也有世界三大高香红茶之一的祁红。至于湖南红茶，知之者甚少。要说起安化红茶，现如今更是没什么名气了。

诸位不知，早在150年前，湖南红茶的出口量就占到全国红茶出口总量的27.6%。湖南红茶，曾经在中国红茶界是“三分天下有其一”的霸主地位。安化红茶，则是湖南红茶中最为重要的一支。

鸦片战争以后，外商纷纷拥入，红茶出口量不断扩大。仅仅福建红茶，已经不能满足日益增长的贸易需求。外省茶商纷纷派员，到湖南茶区倡导生产红茶。1854年（即清咸丰四年），广东茶商自湘潭到安化试制红茶。随后，晋商、鄂商纷纷来到安化定制红茶。制作红茶的技术，慢慢自安化又传入邻近产茶县。从此，湖南省于黑茶、绿茶后，又增加了一项大宗出口茶类——工夫红茶，对外统称“湖红”。

湖红，始于安化。

安化红茶，也可说是湖南红茶之代表。

○ 湖红的四起四落

因此，安化红茶的命运，也与湖红总体发展态势紧密结合在了一起。梳理文献档案，我惊奇地发现，近代湖红竟然曾经历“四起四落”。身世离奇坎坷，中国名优红茶无出其右。

其中第一次兴起，是在1861—1890年。这30年间，湖南红茶的产地已由安化县发展到20个县（相当于如今29个县市）。随着产区扩大，湖红产量也迅猛提升。尤其是1880—

1886年间，是湖红出口的最佳时期。每年其供应出口量达90万箱（每箱平均30.24公斤），折合27216吨。这还不包括副产品红茶末、红茶片和粗红茶。

1887年之后，印度、锡兰红茶兴起，物美价廉，风靡全球。英国为扶植殖民地经济的发展，大量减少“湖红”的进口，转销印度、锡兰红茶。可在“湖红”出口的第一次高峰中，英商的购买占了70%。最大买家的消失，使得“湖红”出口量一落千丈，从而遭遇了第一次发展低谷。

正所谓，天无绝人之路。走了英国人，又来了俄国人。1894年之后，俄商大幅度增加了进口量，成了“湖红”最大的客户。到了第一次世界大战初期，西欧各国为了储备物资，又在汉口与俄商竞购红茶。1915年，湖南红茶的出口量增至21168吨，出现了第二次兴盛局面。

俄国十月革命爆发后，情况又有了变化，因为其经济尚处于未恢复时期，外汇短缺，压缩了茶叶进口。原经营“湖红”的俄国洋行，资本被没收而撤销。1918年至1921年，“湖红”全部积压汉口，出口几乎停顿。湖南红茶出口，出现第二次大低谷。

1922年，中苏恢复通商，欧美澳也有少数茶商来汉口采购。1923年，经汉口出口的“湖红”上升至12121吨，出现了第三次回升。

1927年，国民政府反共反苏，接着又爆发“中东铁路事件”，苏、中两国邦交断绝，“湖红”出口再次受到重创，出现第三次大低谷。

1933年，中苏复交，苏联组织协助会来华采购，汉口历年积压的“湖红”销售一空。1933年出口4449吨，比1932年的1876吨增加了一倍多。1934年“湖红”出口达到7762吨，出现了第四次回升。

1937年，抗日战争全面爆发，次年10月汉口沦陷，湖南红茶再也无法经由汉口出口。自此一直到新中国成立，湖南红茶一蹶不振，出现了第四次大萧条。

在这期间，湖南省只有安化、桃源、平江等县少量生产红茶。弃汉口转广州，售与侨商外运。但湖红的出口量，已绝不可与高峰期相提并论。

○ 深厚的茶学传统

“湖红”，肇始于安化。全盛时，全省各县蜂拥而起制作红茶。时局艰难时，仍在坚持的却还是安化。原因何在？我想，应该是安化深厚的茶学传统在起作用了。

清末民初，“湖红”出现了第一次发展高峰。特别是在1915年，安化红茶作为“湖红”的代表，在巴拿马国际博览会上荣获金质奖章。湖南茶产业创造了不可小觑的经济效益，从而受到了政府的关注。

当时主持湖南军政的谭延闿，倡导筹建一处茶学科研教学机构。由此便有了中国第一所茶业专门学校——湖南茶业讲习所。起初，讲习所办学地点设在长沙。1920年，湖南茶业讲习所迁往安化小淹镇。1927年，再改迁安化县黄沙坪。自此，安化这样一个传统产茶县，开始与现代茶学相结合。

20 世纪 80 年代湖南茶叶广告资料

1928年，湖南茶业讲习所因经费紧缺而停办。原讲习所改为湖南茶事试验场，冯绍裘任第一任场长。这位冯绍裘先生，一生致力于红茶的制作与研究。后来到云南试制成功了红茶，被誉为“滇红之父”。冯先生后来能试制成功“滇红”，与在安化的茶学工作经历密不可分。从某种意义上讲，安化红茶还可算是如今滇红的前辈呢。

1936年，湖南茶事试验场改名为湖南省第三农事试验场。1938年，又更名为湖南省农业改进所安化茶场。同时，聘请黄本鸿主持安化红茶精制示范工作。1953年，黄先生编著出新中国第一部红茶精制专著——《红茶精制》。此书在红茶精制加工、制茶机械制造方面，有巨大贡献。《红茶精制》一书的编写，也可看作黄本鸿先生在安化茶学工作的一种总结。小小的安化县，却曾是中国红茶研究领域的中心之一。

安化红茶质优，除了优越的自然条件之外，还与精良的制作工艺关系极大。而这样高超的制茶技艺，正来源于深厚的茶学传统。茶叶生长在山林间，先天相貌，相差无几。而名茶之所以得名，无一不是探索出一套发其内质、扬其独秀的加工方法。茶要好喝，半由天定半由人。

○ 品饮红茶的秘诀

我最初接触安化红茶，还是在北京。有一年湖南农业大学肖力争教授来京开会，给茶学前辈穆祥桐先生带了两盒安化红茶。恰巧我去看穆先生，老爷子分了我一盒“开开眼”。自此，我便知道了安化不光产黑茶，原来还有优质红茶。

但是阴差阳错，这盒红茶没来得及喝就被束之高阁了。等到了安化，县电视台的王厅老师安排我去拜访的第一家是褒家冲茶场。进门喝的不是黑茶，而又是红茶。

原来1950年10月，在中国茶叶公司统一领导下，原安化茶场从酉州迁往安化县城南岸的褒家冲。第一任场长，便是杨开慧烈士的长兄杨开智。因此，褒家冲茶场可以说继承了民国安化茶学之衣钵。在褒家冲喝红茶，那是理所应当。

到达褒家冲茶场前，我们已吃过晚饭，是正宗的湘中味道。在“辣无赦”的湖南晚餐中，我的口腔多少有了点“烈火中永生”的信念。呷一口红润的茶汤，火烧火燎的舌头突然给味觉甜了一下，整个人陡然振奋起来。仿佛往昔一切与甘甜有关的记忆，都一下子被激活了。红薯的蜜甜？花生的清甜？还是蛋糕的腻甜？一杯一杯地捕捉寻找，一不留神已经喝了一壶水。这才知道，安化红茶不光甜润，而且耐泡。

回了北京，我又赶紧翻出当时穆老先生给的安化红茶。没有了辣味打底，再想泡得好喝，那就得纯靠技术了。以我个人的经验，一般的工夫红茶都可用1∶50的茶水比例进行一次性冲泡。若使用的是鸿渐壶，那投茶量在3g上下就足矣。

注水出汤，自不用说。但若想喝到茶汤中的甜，还需摸索出最佳品饮温度才行。我曾看过日本电视台对于“天妇罗之神”早乙女哲哉先生的访谈。其中谈到了若想吃到虾肉中的甜味，那么温度一定要控制在45℃~47℃之间。后来我在一次日本清酒品鉴会上，偶然听到侍酒师介绍说：清酒可以加热，但温度也应控制在45℃上下。

为何都是45℃左右呢？原来，这个温度是我们在吃东西时，最能够感受到甘甜味的度数。既然特定的温度可以激发我们的味蕾去发掘食物的甘甜，那么，我们在品茶时就应该好好地善用这一点。刚泡出的茶汤温度过高，并不能够最大程度地体现甜润之感。稍后，等待茶汤入口温热但不烫口时（大致45℃上下），便是品味红茶的最佳温度了。

从厨房里学来的“茶学知识”还有很多，在此恕不一一赘述，我另找地方去说。

玫瑰红茶

○ 玫瑰是土产

各个城市都有市花和市树，却好像就是没有市茶。用一款茶代表一个城市的性格，想想就是一个有趣的话题。若真要评选市茶，北京城一定是茉莉花茶，上海滩一定是玫瑰红茶。

上世纪40年代，由陈歌辛创作、“银嗓子”姚莉演唱的《玫瑰玫瑰我爱你》唱红了上海滩，成为歌厅舞场每夜上演的曲目。整个夜上海，都沉浸在玫瑰色的乐曲中翩翩起舞。的确，玫瑰红茶这个组合太符合上海滩摩登洋气的调性了。红茶，本就是新派生活的元素。玫瑰，又是西式浪漫的符号。惬意的午后，品饮一杯玫瑰红茶，便成了浪漫加时尚的洋范儿享受。

可说出来有人可能都不相信，不仅红茶起源于闽北武夷山，就连玫瑰也是地道的中国原生植物。

玫瑰，原产于我国的中部和北部，很早就被人驯化与种植。据晋代葛洪《西京杂记》记载，汉朝的宫廷里已经大量栽种玫瑰。唐宋以降，玫瑰的栽培更为普遍，并出现了不少歌咏的诗文。

例如唐末五代的诗人徐夤，不仅写过武夷茶诗《尚书惠蜡面茶》，也曾写过《司直巡官无诸移到玫瑰花》。诗中“秾艳尽怜胜彩绘，嘉名谁赠作玫瑰”两句，更是发出了对于玫瑰的千古疑问：玫瑰的花名，到底是谁起的？

20 世纪 80 年代玫瑰红茶广告卡片

一般的花名，用字或从木或从草。例如梅、栀、荷、茉莉等。可“玫瑰”二字，却都是斜玉旁，在花名中卓尔不群。其实玫与瑰的本义，都是美玉。在中国的文化价值观中，良玉可比君子。中国古人实在太爱玫瑰，才选了这么优美高洁的两个字。莫说玫瑰妖娆阴柔，实则是谦谦君子。

到了明代，人们对于玫瑰的认识已十分完备。《广群芳谱》中便记载道：

> 玫瑰，一名徘徊花，灌生，细叶多刺类蔷薇，茎短，花亦类蔷薇，色淡紫，青橐，黄蕊，瓣末白，娇艳芬馥，有香有色……

这段文字描述详尽，可直接拿来当作植物学教材阅读了。但多少有些拗口，反正我读了数遍也没记住。倒是宋代诗人杨万里《红玫瑰》中“接叶连枝千万绿，一花两色浅深红”两句，是对于玫瑰直白而贴切的描述。

诗歌的魅力，即在于此，美好而有劲道。

玫瑰，大致在明代传入欧洲。说来也巧，明代也正是外来作物大量涌入的阶段。其中玉米、番薯和辣椒等外来农作物，对中国历史产生了深远的影响。西方介绍来农作物，让我们填饱了肚子。我们传播出玫瑰花，让西方人填饱肚子后有了浪漫的情调。历史的幽默，总是让人始料不及。

玫瑰花迄今已遍布全球，亚洲、欧洲、北美洲、大洋洲几乎都有栽培。除去我国，玫瑰花在保加利亚、土耳其、法国等国家也有大面积种植。其中保加利亚因种植玫瑰众多，甚至得了“玫瑰之国”的美誉。

○ 玫瑰有茶缘

玫瑰与红茶，都是中国的土特产品。那么将玫瑰与茶组合在一起，总该是西方人的点子了吧？

答：也不是。

说起玫瑰与茶的结合，最早便可追溯到明代。钱椿年辑、顾元庆删校的《茶谱》一书中记载道：

> 木樨、茉莉、玫瑰、蔷薇、兰蕙、桔花、栀子、木香、梅花皆可作茶。诸花开时，摘其半含半放、蕊之香气全者，量其茶叶多少，摘花为茶。花多则太香而脱茶韵，花少则不香而不尽美……

这里面讲得明白，玫瑰茶与茉莉花茶其实辈分相同。

当然，《茶谱》的年代，红茶还没有问世。这里的方子，便都是用玫瑰来窨制绿茶。一直到新中国成立以后，福建还有玫瑰绿茶的生产。只是绿茶清雅而玫瑰甜腻，两者的味道，总是不能完美地融合在一起。所以玫瑰绿茶一直没有推开，知道的人很少就是了。

相较于绿茶，玫瑰与红茶可算是极佳的搭档。玫瑰花的甜腻香气加上红茶的润泽甘饴，便是最润喉舌且帖服肠胃的一帖良物。茶借花甜，花助茶香。柔纤连绵之感，在口感与鼻腔间来回游窜，久久不能散尽。

旧时的玫瑰红茶，由广东茶叶进出口公司生产。我收藏有一批广东茶叶出口的广告宣传资料，几乎每一张上都有玫瑰红茶的介绍，由此亦可见其拳头产品的地位。

玫瑰，一般在4月初长出花蕾。4月下旬至6月初，连续不断地开花，尤其以5月上中旬开花最盛。花期大约在50至60天之间。《玫瑰玫瑰我爱你》的歌词里，“长夏开在枝头上”的句子所言不虚。

玫瑰鲜花进厂后，经过适当的摊放，并折瓣摘去花蒂、花蕊，只留取净花瓣备用。红茶坯体复火后，待其稍冷至40℃~45℃时，便于玫瑰花瓣拼合、打堆或打囤窨制。经5~10小时后开堆拌匀，再转入箱窨18~20小时，即可起花复火，干燥后便大功告成。玫瑰红茶，只窨一次即可。

所谓“起花”，即是让花瓣与红茶分离。最后出品时，再选一些洁净的花瓣进行提花拼合即可。当然，若产品要求不高，也可不再加入花瓣。其实加进去的花瓣，更多是图个赏心悦目，并不起实际的调味作用。

俗话说，包子有肉不在褶上。

实话讲，花茶有香不在花中。

据原广东茶叶进出口公司副总经理桂埔芳女士回忆，20世纪70年代出口的玫瑰红茶多为中下等级。有时为了节省成本，便用食品香精来调出玫瑰的味道。当然，这些都是在符合出口标准的前提之下进行的加工。但香精调味，总是没有鲜花窨制来得自然。但西方人不介意，有个大概的香气味道就可以了。所以出口的产品，总不会是真正的高端茶。

自21世纪初起，玫瑰红茶由出口转内销。除广东以外，祁红与川红也都曾生产过高质量的玫瑰红茶。选材精良制工考究，绝非当年出口创汇的那批产品可比。

没办法，中国人爱茶、懂茶更爱钻研茶，可不是那么好糊弄的呢。

西方人馈赠玫瑰，是浪漫。

中国人钟情茶事，也是浪漫。

玫瑰紅茶
ROSE CONGOU
(SCENTED BLACK TEA)
B120 150克×80聽
150 gm. × 80 tins
B121 1/2磅×100盒
1/2-lb. × 100 packets
G002 150克×96聽
150 gm. × 96 tins
玫瑰紅茶

20世纪80年代玫瑰红茶广告资料

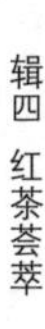

浙江红茶

浙江，是茶叶大省。

说得再准确些，是绿茶大省。

论内销，有杭州的西湖龙井。

论外销，有绍兴的平水珠茶。

反倒是提起浙江红茶，几乎没有人知道。

可其实，浙江也是产红茶的省份。

而且不是近几年追时髦，而是有着悠久的传统。

民国二十五年（1936）出版的《浙江之茶》“产量与产值”一章中明确写道：

> 浙江全省各种茶叶之产量，年达四十余万担，价值约一千八百余万元。其中绿茶占百分之八十六强，约三十七万担，值一千六百余万元。红茶占百分之十四弱，约六万担，值二百余万元。

由此可知，民国时期浙江省亦产红茶，但产量远远赶不上绿茶。

当然，数万担也不算是小数字，只是在绿茶大省里，浙江红茶总有些不被重视就是了。

若把视野扩大到全国范围之内来看，浙江红茶其实也具有相当之地位。

俞康寿编著的《红茶工艺》（科学技术出版社，1958）一书中，有一份1953年各省红茶产量占全国红茶总产量的百分比，具体数字如下：

> 湖南32.04%、福建19.79%、安徽16.96%、江西9.25%、湖北8.20%、浙江5.31%、云南4.38%、四川2.06%、江苏1.07%、广东0.61%、贵州0.38%。

浙江的红茶产量，位居全国第六位。

应该讲，在上世纪50年代初浙江红茶具有一定地位，其产量高于如今闻名天下的滇红与川红。

至于广东的英德红茶，则要到上世纪50年代末才崭露头角，那便又是后话了。

讲到这里，很多人不免满腹狐疑：浙江省，到底哪里产红茶呢？

《浙江之茶》一书中写道：

> 红茶产量在二十一县中，以绍兴为最多，年产约三万担，值一百二十余万元；余杭次之，年产约一万两千担，值四十七万七千余元；平阳又次之，约产六千四百担，值七万余元；开化约两千担，值二万余元。其余各县则年产数百或数十担，价数万元或数千元不等。

浙江产红茶的县份不少，只是有名气的红茶不多。

王镇恒、王广智《中国名茶谱·浙江卷》共收录浙江名茶20只，无一例外都是绿茶。

但其实，浙江也并非没有优质的红茶。

杭州的赵大川先生，收藏有一本1928年国民政府工商部举办的中华国货展览会所辑录的《工商部中华国货展览会实录》。

该书第三编刊登了首席茶叶审评专家吴觉农《关于茶叶之审查意见》，文中对参展红茶有详尽评语。现转录如下：

> 就此次各省出品言，红茶当推安徽之祁门为首，江西之宁州次之，两湖之红茶最下。但祁门价高，而两湖之红茶价格甚低，香气虽嫌不足，水色茶味均有可取。如能积极改良，不难驾宁州、祁红而上之。且可进而与印度、锡兰茶争衡。杭州之红茶，色、香、味亦极优，惜价格太高耳。

吴觉农先生的这段文字，可谓对于民国时期中国红茶的全盘点评。

湖红、宁红、祁红之后，特别提到了浙江红茶的代表——“杭州之红茶”。

更引人注目的是，还得到“色、香、味亦极优”的评语。至于“价格太高耳”的所谓“批评”，现如今听起来似乎也是另一个角度的夸赞了。

看起来，浙江红茶中以杭州红茶为代表。

杭州红茶，又以谁为最优呢？

自然是九曲红梅。

这款红茶，产于杭州市西湖区双浦镇。全镇区域面积约80平方公里，其中林地2.6万亩，茶园1500余亩。目前产茶村有8个，茶农约1200余户。

今天的双浦镇，实际上是在2007年由袁浦镇和周浦镇合并而成的新镇。别看是新镇，却是实实在在的老茶区。自清末民国以来，这里便是杭州唯一一处红茶区，因此也有“万顷碧波一点红”的美誉。

西湖龙井的地盘，怎么凭空出来了一块红茶的飞地呢？

庄晚芳、唐庆忠等编著的《中国名茶》（浙江人民出版社，

1979）“九曲红梅”条中写道：

> **比较科学地推究，九曲乌龙当导源于武夷山的九曲，为工夫红茶的一种。**

江湖上，是天下武功出少林。

茶叶界，是天下红茶出福建。

九曲红梅唯一的省级非遗传承人冯赞玉老师，与我是忘年好友。每次我到杭州办讲座，冯老师都是要亲临捧场。

2019年4月，我在浙江图书馆举行《茶经新读》的讲座活动，赞玉老师不畏暑热，从双浦镇赶到市中心为我站脚助威，并且为那天到场的嘉宾都准备了一份亲手制作的九曲红梅茶。

结果现场忙忙乱乱，一个不留神，冯老师给我的那份九曲红梅竟然不知被哪位拿走了。反倒是另一位友人送的一罐龙井，放在桌子上没人动。

事后一琢磨，赶来听我讲座的八成都是精通茶事之人了。

要是这两款茶放在我面前，我也一定会选红梅而弃龙井了。

西湖龙井，比九曲红梅有名。

九曲红梅，比西湖龙井有趣。

毕竟，她是浙江红茶中的翘楚。

浙江红茶的辉煌一去不复返，世间只留下九曲红梅淡淡的甜香。

英德红茶

○ 英州以茶闻名

中国绿茶，多是以小地名而命名。例如，西湖龙井、洞庭碧螺春、太平猴魁等。太平，起码还是一个县。西湖和洞庭，仅仅是一处名胜罢了。

中国红茶，多是以大地名而命名。例如滇红、湖红、闽红等。滇，是云南；湖，是湖南；闽，是福建。都是以一省之力，成就一种红茶。

真正以红茶而闻名天下的县，中国只有两个。一个是祁门，另一个是英德。祁红，已经享有大名。英红，却仍少有人知。不妨我就聊聊这款冷门的红茶吧。

有一次上课，我拿出一包英红。

一个男生马上就说：老师，这是外销茶吧？

我一听很高兴，看来这是课前预习了。

于是反问：你怎么知道呢？

学生答：英德红茶嘛，不就是畅销英国的红茶吗？

我哭笑不得，随口问另一个女生：你觉得他说得对吗？

女生答：肯定不对。

哪里不对？我追问。

女生答：我认为是英国产的红茶，所以叫英红嘛！

下课我一想，这还真不能怪学生们，只能怪英红还真是没名气呀！

英德，古称英州，因当地盛产石英而得名。南宋年间，英州升级为英德府。“英德”这个地名，至今已沿用了800余年。英德建府时，可还没有英国和德国呢。没想到后来，英德红茶成为外销主力军，真的畅销英、德。冥冥之中，似有巧合。

○ 英红闻名天下

新中国成立之后，大力发展红茶产业，出口创汇迫在眉睫。当时福建的闽红、安徽的祁红、湖南的湖红、云南的滇红，已经都是红茶界的明星茶品，广东省却还没有真正的红茶产区。于是在上世纪50年代中期，广东将“云南大叶种”引种至英德。经过几年的努力，发展新式茶园200余公顷。

1959年，可称为“英红元年”。这一年，首批英红问世，结果一炮而红。中国农业科学院茶叶研究所在正式函文中写道：

> 茶叶品质具有外形色泽乌润细嫩，汤色红艳明亮，滋味醇厚甜润，具有祁红鲜甜回味，香气浓郁醇正，叶底鲜艳，较之滇红别具风格。

祁红，是英红的前辈。

滇红，是英红的长辈。

既具有祁红鲜甜回味，又较之滇红别具风味。英红，红茶界的晚辈，青出于蓝而胜于蓝。怪不得庄晚芳等编著《中国名茶》时，称英红为“我国红茶中一朵新花”。

1963年，英国女王喝到了英红，也是大加赞誉。自己的茶科所，夸奖还有鼓励的成分，外国的消费者，赞赏才有含金的价值。上世纪60年代的西方社会中，认为英红的品质堪比锡兰红茶。正因如此，英德红茶逐步畅销世界五大洲70多个国家和地区。这朵红茶新花，最终香飘万里。

○ 广东第一茶城

在英德茶区鼎盛时，茶厂林立，茶园遍地。在英东茶区，就有英德华侨茶厂、黄陂华侨茶厂，茶园面积达两万亩。在英中茶区，则有英红华侨茶厂、红星茶厂，茶园面积也达到了万亩。至于英西、英南、英北，茶园面积合计则有三万余亩之多。

这些茶厂看似繁杂，实际可分为三大系统。其一是农垦系统，其二是劳改系统。除此之外，另一部分是华侨系统。原来在1978年，东南亚、南亚地区发生了排华事件。自缅甸、印度尼西亚等十数个国家被迫出走的华侨，被国家接回后都安置在英德。所以，英德才会有那么多的华侨茶厂。

我在英德见过一位老制茶师傅，便是当年从缅甸撤回的华侨。自上世纪70年代撤侨回国后，一直在英德的黄陂华侨茶厂工作。他说，是祖国在关键时刻帮他们渡过难关。因此，他们当年在茶厂工作总是格外卖力。英红茶厂设立的目的很简单，就是出口创汇。因此，在那一代英德制茶人的心中，总有一种朴素而坚实的概念：努力制茶，就是报国。

1966年，在时任中共中央中南局第一书记陶铸同志的指示下，英德成立了“中南茶叶研究所”，这便是如今广东省农业科学院茶叶研究所的前身。为了迎合国际市场的要求，英德还大力推广机械化制茶。于是乎，小小的县城还成立了大型茶叶机械制造厂。生产的各式揉捻机，不仅服务英德，还畅销全国。至此，茶场、茶园、茶叶机械厂、茶叶研究所、茶叶中学一应俱全。小小的英德，成了名副其实的茶城。

○ 外销转为内销

1989年之后，国际形势突变。与其他红茶一样，英红的出口也受到了极大的阻碍。亦或者说，几乎到了完全滞销的程度。英德茶区，面临着自外销而转向内销的挑战。

万般无奈，英德曾尝试过“红改绿”。但由于是云南大叶种的底子，所以制出的“英绿”味道苦涩，销售差强人意。由于自创立之初起，就是完全为了服务外销，以至于“英红”在国外的名气远远大于国内。比起“祁红”“滇红”，知道“英红”的人实在太少了。直到今日，提起“英红”，还真有人以为是“英国红茶”呢。

昔日，英红是外销的明星茶。

如今，英红是内销的冷门茶。

时也！命也！运也！

想当年，英红享誉全球。

现而今，英红滞销市场。

原因何在？

这一切，还要从国人与红茶的缘分讲起。

○ 国人不饮红茶

民国北京老茶叶罐上，总写着一句“本店出售红绿花茶”。其实，这只是一句客气话。各位爱茶人，您可别当真。您要是真的以为，店里真的既有茉莉花茶又有绿茶还有红茶，那可就大错特错了。花茶，是绝对的大宗产品。绿茶，只算是花茶的陪衬。红茶，则根本是虚张声势。一般的店里，根本不会备货。原因也十分简单，旧时国人还没有喝红茶的习惯。

物流系统，愈加发达，信息传播，愈加便捷。现在哪位爱茶人家里，都是六大茶类俱全。可在老年间，各地区大致都只喝特定品种的茶，以至于人们会形成一种刻板印象。一种茶，对应着一种生活方式：

喝花茶，便是地道的京味生活。

喝绿茶，那是雅致的苏杭生活。

喝红茶，则是洋气的西式生活。

中国红茶，肇始于正山小种。时至今日，“世界红茶鼻祖”的石刻还立于武夷山中。但自红茶创立之日起，就完全是迎合外销的需求。自清中期一直到新中国成立，闽红、祁红、湖红、滇红、英红一次次创下了出口奇迹。直到上世纪80年代末，红茶外销受阻后，才开始大规模转为内销。

中国人制红茶的历史，大致300余年。

中国人饮红茶的历史，只有30余年。

○ 冲泡红茶的技巧

在中国人尝试饮红茶的30年间，最为畅销的是什么红茶？既不是滇红，也不是祁红，更不是英红，而是金骏眉。为何畅销？因为金骏眉是真正为中国人量身打造的创新型红茶。紫砂盖碗，工夫泡法。汤色金黄，口感清爽。花香香浓，甜润顺滑。金骏眉，其实是最迎合国人品饮习惯的红茶。不得不说，金骏眉的“红茶中国化”尝试颇为成功，以至于金骏眉已经悄悄改变了教科书上对于红茶“浓、强、鲜”的定义。

其实“浓、强、鲜”，也都是口感中的褒义词。可为什么我们经常泡不出一杯具备“浓、强、鲜”特征而且好喝的茶汤呢？其实，是冲泡手法出了偏差。要注意，“浓、强、鲜”是西方人所定的红茶标准。可西方的茶文化，与我们的冲泡方式完全不同。他们讲究一次萃取，不再续杯。

因此，如果您还是茶水比例1:30，采用工夫泡茶，一冲一冲喝下去的话，非常容易泡砸。届时，茶汤风味大为变化。浓，会变为酽；强，会变为苦；鲜，会变为涩。那这杯茶，怎么还会好喝呢？

英德红茶，是完完全全的外销茶基因。从茶树品种的选择，到制茶风格的确立，都是以走俏西方市场为目的。只是由外销时的红碎茶，变为了如今的直条型工夫红茶而已。所以想泡出英红真正的风味，还是要在冲泡手法上溯本求源。

以我的经验，按照2g对应150ml的茶水比例，100℃沸水，一次浸泡。汤色红艳，香气彰显。滋味醇厚，鲜爽甘甜。英红的风格，才能显露无遗。要真是150ml水，投上个6g英红干茶，可就麻烦了。“秒进秒出”，茶汤不够饱满。可是稍一浸泡，又马上会苦涩不堪了。

六大茶类，可以说丰富多彩。

冲泡手法，切不能一成不变。

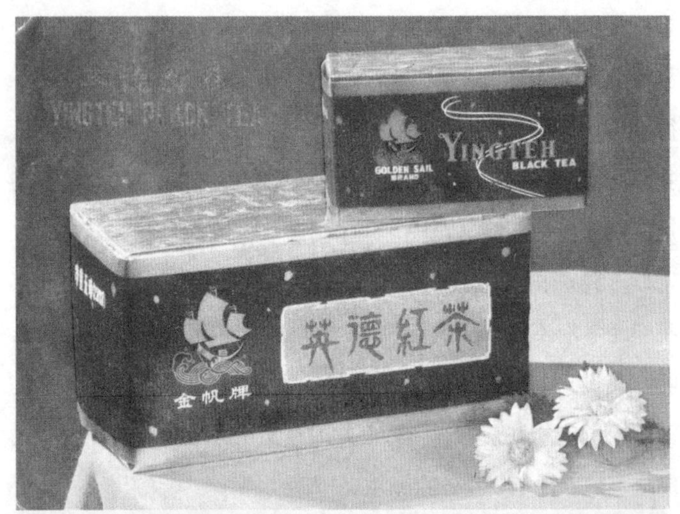

20 世纪 80 年代英德红茶广告卡片

育人，讲究因材施教。

泡茶，也要量身定制。

因材施教，是优秀的教育者。

量身定制，是合格的泡茶人。

台湾红茶

学生张莉去台湾走亲访友，我默默祈祷她不要买乌龙送我。

一方面，现在台湾的乌龙茶太贵。一款获奖的“东方美人”，随随便便也要数千块台币一桶。要是高山乌龙茶，价格更是不菲。让她破费，我于心不忍。另一方面，台湾乌龙改走“小清新”的路线。发酵度极轻，而且还不焙火，我这个重口味有些喝不惯了。

我倒是嘱咐她，买几份台湾红茶回来。现在台湾的乌龙名扬天下，反把台湾红茶的风头压下去了。名茶的命运，总是三十年河东，三十年河西。

○ 初兴红茶

早期台湾茶业，的确是以乌龙与包种为主。我想，这与台湾早期民众多是漳州、泉州、厦门过去的闽南人有关。但在国际茶叶市场上，红茶却是绝对的大宗产品。没有红茶产品，就赚不到外国人的钱。清末台湾巡抚刘铭传，曾经在台湾生产红茶，但还仅仅停留在试验阶段。由于产量极低，也未真正参与市场交易，所以未造成较大的影响。

甲午战争之后，宝岛台湾被日本窃据。日本虽能产茶，但碍于气候所限，清一色全是不发酵的绿茶。品种单调，无法满足西方市场的需求。为获得贸易上的丰厚利润，当时日本政府便计划在刚刚掠夺来的台湾发展红茶产业。

1903年，台湾“总督府”设立安平镇制茶试验场，并开始试制红茶。起初的几年，“总督府”将新研制出的台湾红茶投放俄国和土耳其市场，结果反响颇佳。1910年，日本台湾茶株式会社在东京成立，接受台湾“总督府”的辅助，专门以机械大量制造红茶以及茶砖，开拓台湾红茶市场。自此，台湾红茶产业渐渐步入正轨。

○ 三井公司

1895年之前，台湾尚没有红茶产业。可到了“二战”结束时，台红却已经在国际茶叶市场中具有了举足轻重的地位。毋庸讳言，台湾红茶的兴起与日本对台的殖民计划有着千丝万缕的联系。

日本企业在台经营红茶，规模之最大者，首推三井农林株式会社。但时隔日久，现如今知道这家公司的人已经寥寥无几。笔者曾多次到台湾翻查历史档案，走访茶厂遗迹，这才逐渐揭开了这家“台湾红茶大本营”的神秘面纱。

这个三井农林株式会社，原属于三井合名公司的一部分。早在1909年，三井便开始参与台湾北部茶园开垦事业。两年后，又设立茶工厂，自行生产台湾茶外销，但当时仍以乌龙茶为主。到了1927年，开始大力发展红茶生产。

台湾红茶发展较晚，虽然丧失了一些产业初期的红利，但也可以充分学习和借鉴各个红茶产区的经验与教训。三井合名公司先后派出大量技术人员，赴中国闽北、闽东、祁门以及印度、锡兰、爪哇等地取经学习。应该说，台湾红茶是以世界红茶为师，站在巨人肩膀上发展起来的名茶。台湾红茶，起步甚晚，起点颇高。最终制好的台湾红茶以“Formosa Black Tea”的茶品名称送往伦敦、纽约销售，获得一致好评，订单纷至沓来。

三井红茶的成功，对会社内外都产生了强烈的刺激。对外来讲，台湾本岛内大量制茶者开始自觉转向红茶制作，以谋取更高的经济效益。对内来讲，红茶产业已经成为三井合名公司最重要的经济来源。

1936年，三井农林株式会社成立，并陆续接办三井合名公司之农林、制茶、畜牧及其他相关事业，办事机构遍布日本、朝鲜以及台湾各地。其规模之宏大、设备之精良、组织之妥善，台湾茶界可说无出其右者。由三井农林株式会社生产的“日东牌”红茶，也几乎成了台湾红茶的代名词。

○ 大起大落

根据民国三十五年（1946）《闽茶》月刊第一卷第三期登载许裕圻《三井农林株式会社之制茶全貌》一文记载，三井农林株式会社在台湾共有粗制工厂（场）七座。分别是大溪事务所的角坂山工场，海山事务所的铜锣圈工场、大豹工场、大寮工场，文山事务所的矿窟工场、龟山工场以及三叉事务所的三叉工场。每间工厂不仅有制茶设备若干，更是都配备有专属的自营茶园。且茶园栽种整齐，工厂设备更是先进完备。

三井农林株式会社除去设立以大溪茶厂为首的七间初制茶场外，还在台北建立一间规模较大的精致工场。其内一律推行机械化生产，七间初制工场的毛茶，都集中于此进行精制加工。每年精制之数量，在五百万磅以上。

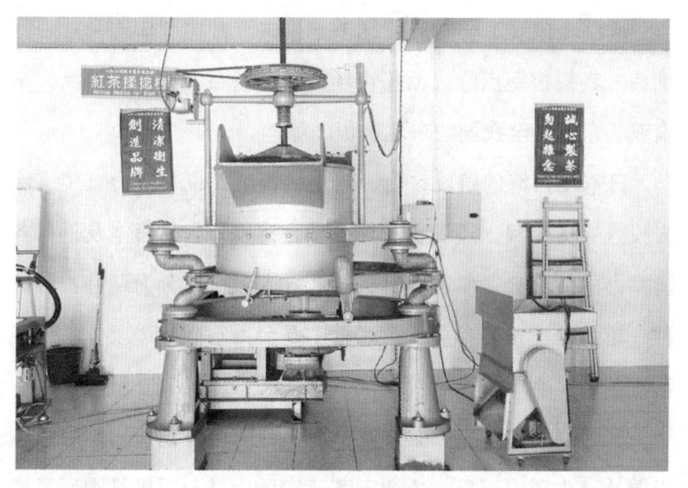

台湾茶厂大型揉捻机

台湾大溪茶厂

凡台北精致工场制成的红茶，再由三井物产株式会社进行推销。其销售网点除去欧美市场外，还遍布非洲、大洋洲，东南亚、东亚甚至我国的东北、华北等地。

日本在台湾的殖民政府，对于台湾红茶也是极力宣传。除去投入宣传经费，还积极参加各种台湾以外包括日本及世界各国举办的博览会。参加博览会的方式大致可以分为两种：第一种是单纯台湾茶品参展；第二种则是台湾茶品参展之外，还经营喫茶店。

笔者收藏有一张《东京博览会·台湾馆及喫茶店》彩色风光图片。由图中可见，所谓喫茶店实际上是一组极具闽南风格的建筑。让他国民众在其中直接品饮台湾茶的风味，会有一种身临其境的美好享受，推广效果非常显著。此后台湾茶参展便多以第二种方式进行，台湾喫茶店也成了那个时代各大博览会的一道风景。

由于质量优异，推广得当，上世纪40年代台湾红茶进入了极盛时期。1940年，仅三井农林旗下的台湾日东红茶销售量就达到1345200磅。至于散装红茶的销量，更是达到了3500300磅。

自太平洋战争爆发之后，日本的海外市场次第丢失。订单断绝，航路阻塞，台湾红茶的销量急转直下。仅仅在日元势力范围之内，尚可销售台湾红茶。但又因日本军国主义的压榨，不管是日本本土还是海外殖民地，经济都处于崩溃的边缘。街头饿殍遍地，谁还会有闲钱去喝茶呢？

台湾红茶，兴起于日本殖民者的开发，但也险些丧命于穷兵黩武的日本军国主义之手。

萎凋室
WITHERING
ROOM

紅茶倉庫
BLACK TEA STORAGE
日月潭名產
日月紅茶
Black Tea

台湾大溪茶厂

成也萧何，败也萧何，此言不虚。

○ 大叶红茶

上世纪五六十年代，台湾红茶仍是岛内的重要出口商品。虽已不复当年荣光，总还是可以维持局面。等到了70年代，台币升值，劳动力价格上涨，台湾红茶在国际市场上的价格优势几乎丧失殆尽。加上岛内居民饮茶习惯的养成，乌龙茶的生产与销售蔚然成风。随后的冻顶乌龙、高山乌龙以及奶香乌龙等茶，便陆续登上了茶叶内销舞台的中央。茶农生产红茶的热情骤减，台湾红茶也因此再度陷入困局。

到后来台湾泡沫红茶兴起时，所用的也都是斯里兰卡、越南、印度尼西亚等国的廉价细碎红茶，而非台湾自产的红茶。台湾红茶的衰落，并非因为质量不好。恰恰相反，台湾红茶就是因为制工考究，成本总是要比东南亚以及南亚红茶高很多。

若比品质，台湾红茶当然绝不示弱。若比价格，台湾红茶只能甘拜下风。1991年，台湾红茶进口量首次超过出口量。曾经的外销红茶大户，那时喝红茶反倒是进口了，也算是茶界一桩趣事。

自上世纪90年代末，台湾红茶才再次有了抬头的趋势。台红中兴，很大程度上要归功于新品种“红玉”的问世。红玉，属改良大叶种。台湾茶改场经过多年刻苦研究，于1999年正式将这款茶树命名上市。

她是由台湾山茶与缅甸大叶种杂交后选育出来的新品种，正式的序列为台茶18号。大名鼎鼎的金萱、翠玉，都是红玉的前辈。只是前两者适合制作乌龙，而红玉则是制作红茶的好坯子。由她制出的红茶，汤水中具有特有的薄荷与肉桂的口感。霸道强悍的口感，彰显着其基因中缅甸大叶种与山茶的双重野性。

除此之外，日月潭一带的“阿萨姆”红茶也受到好评。阿萨姆，属于外来大叶种。自1925年台湾“总督府殖产局”开始引种，经过多年培育遴选而得，正式的序列为台茶8号。如今不少人到日月潭观光，还能买到这种茶的伴手礼。除了印度阿萨姆茶特有的醇厚扎实口感外，她还散发出一种特殊的水果香气，可谓是别有一番风味。

○ 小叶红茶

在新兴的大叶种红茶带动下，台湾爱茶人也开始试着品饮红茶。红玉的霸气、阿萨姆的浓烈，都很容易给人以过口不忘的味觉体验。但过于浓强且带有明显收敛性的口感，其实又不完全适合中国人的口味。猎奇尚可，久饮生厌。

幸好，小叶种红茶紧随其后步入市场。所谓小叶种红茶，树种多是选用软枝乌龙等品种。这些茶树之前多是用来做各种乌龙茶，口感清新，香气高扬。

乌龙改红茶的做法，最早发轫于花莲、台东等地。花东地区光照强烈，气候温暖，茶叶中的茶多酚较高氨基酸较低。做出的乌龙茶，容易苦涩且甜润度不够。看着红茶市场火热，当地茶农便想尝试一下“乌改红”，结果没想到一举成功。至此人们才发现，原来小叶种的茶树不光可以做乌龙，制出的红茶更是别有一番风味。

臺湾
ウーロン茶
紅茶
-OOLONG TEA
BLACK TEA
臺湾ウーロン茶
OOLONG TEA
OOLONG TEA

台湾日据时期红茶海报

与大叶种不同，台湾小叶种红茶茶汤更为甜润圆滑，同时滋味蕴鲜丰盈，可谓是兼具了红茶与乌龙茶的风格特征。有时候吃得油腻，难免腹胀胃塞。这时候我感觉喝乌龙已经不够给力，便习惯性泡上一壶台湾小叶种红茶。

红艳的汤色，浓郁的滋味，再加之细腻焙火带来的扎实口感，喝起来颇为过瘾。清去口中杂味，泻下腹中油水，再细细咂摸时仍有丝丝蜜甜缠绕在舌尖。这才是给中国人喝的红茶呀！

外国人是饮茶，中国人是品茶。一种是解渴，一种是闲情。诉求不同，口感自然各异。外国饮茶人眼中的优质红茶，要占“浓、强、鲜”三个字。中国爱茶人心中的优质红茶，实际上不要太浓、不要太强，一定仍要鲜。

台湾红茶，走过了百年起落的外销史。现如今，又摸索出了能饮更耐品的小叶种红茶，势必会赢得懂茶人的欣赏。我祝愿她，再红百年。

九曲红梅

茶为国饮，杭为茶都。

据2017年统计数据来看，全国茶叶消费总量中绿茶占比61%，仍属于绝对大宗。某种意义上讲，中国是绿茶的国度。杭州出产的龙井，则可说是绿茶中的魁首。杭州能成为茶都，龙井茶可谓功不可没。但龙井的名头太大，以至于很少有人知道，杭州也出产一种名优红茶——九曲红梅。

○ 缘起一本书

我与九曲红梅的缘分，并非来自杭州茶室，而是开始于北京旧书摊。

大致是2008年夏天，我在北京报国寺古旧书市场闲逛。偶然遇到一本庄晚芳等编著的《中国名茶》，为浙江人民出版社1979年9月第1版。当时我已经开始有意识地收集茶学文献，因此对这本书颇感兴趣。

幸好当时还没什么人重视茶学，老板也就当一般闲书出售。具体价格我记不得了，反正是个位数的价钱就是了。现在想起来，这也算是传说中的“捡漏”吧？现在报国寺旧书市场早已歇业，这种淘书的乐趣也再难找寻。

我在报国寺的旧书市场，陆续收到不少以“名茶”为主题的文献。这本《中国名茶》，算是出版时间最早的一本。2019年，我在浙江图书馆举办了一场茶文化讲座。其间，我与茶学名家阮浩耕老师、于良子先生一起对谈《茶经》。讲座之后茶聚闲谈，阮浩耕老先生与我讲起了这册图书的缘起。

20世纪70年代后期，茶叶在国内还是稀缺商品。为了保证出口创汇的需要，茶叶采制品种比较单调，质量也趋于平常。历史上曾有过的名茶，大多已名存实亡。1977年，当茶叶供求矛盾稍有缓和时，有关部门提出要有计划地恢复和发展名茶生产。庄晚芳先生就与新华社浙江分社记者唐庆忠、浙江省特产公司唐力新、中国农科院茶叶研究所陈文怀、浙江省农业厅王家斌合作，编写了这本《中国名茶》。

全书共收录中国48种名茶，“九曲红梅”就是其中一种。我也就是在这本书里知道了杭州竟还有如此优质的红茶。书中写道：

> 九曲红梅，简称九曲红，产于美丽富饶的钱塘江畔，杭州西南郊区的湖埠。九曲红梅又称九曲乌龙……比较科学地推究，九曲乌龙当导源于武夷山的九曲，为工夫红茶的一种。九曲乌龙外形弯曲精细如鱼钩，成茶披满金色的茸毛，色泽乌润，冲泡时汤色鲜亮红艳，有如红梅，香高味爽不亚于祁门工夫红茶。

读到这篇文字时，北京还找不到正宗的九曲红梅茶。于是乎，我只能够“望梅止渴”。再度遇到九曲红梅，便是在杭州了。

○ 寻茶赴双浦

有一次赴杭城参加由浙江古籍出版社、西湖花港管理处等主办的“无茶不文人”活动之余，顺便与茶都的老朋友们聚会。在少儿茶艺教育专家高婉蓉女士的引荐下，去拜访了省级

“九曲红梅茶”制作技艺传承人冯赞玉老师。

冯老师所住的西湖区双浦镇，就是九曲红梅茶的主产区。

冯老师自谦，是地地道道的茶农出身。可说起九曲红梅的历史却滔滔不绝，又绝对够得上史地学者的风范。据冯老师向我介绍，九曲红梅到底有多少年的历史，谁也说不清楚。但起码在民国初年，就已经崭露头角。

根据冯老师提供的线索，我回到北京后又开始在文献中搜寻。现将有关“九曲红梅茶”的文献资料，加以汇总分析。1915年，在美国旧金山举办的巴拿马万国博览会上，中国有众多农产品参展。其中浙江省红、绿茶，都在获奖名单之列。1929年，首届杭州西湖博览会获奖名茶中，杭州茶号的寿眉茶、极品乌龙茶、红茶都名列其中。

值得注意的是，文献中只写出了“浙江省红茶”“杭州红茶”，而未具体指出“九曲红梅”。虽然如此，但作为浙江全省首屈一指的名优红茶，我们有理由推测，获奖的很可能就是“九曲红梅”。我们不妨逆向思考，若不是“九曲红梅”，还有哪款浙江省红茶能获此殊荣呢？

当时的《工商部中华国货展览会实录》第三编刊登有首席茶叶审评专家吴觉农《关于茶叶之审查意见》一文，对参展红茶有详尽评语。

那么，吴老笔下的“杭州之红茶”，到底是不是九曲红梅呢？

徐珂《可言》卷十三中有如下记载：

> 杭茶之大别，以色分之，曰“红”，曰“绿”。析言之，则红者九：龙井九曲也、龙井红也、红寿也、寿眉

也、红袍也、红梅也、建旗也、红茶蕊也、君眉也……

徐珂，世居杭州。清光绪年间举人，卒于1928年，终年60岁。其人生活的范围，自晚清直到民国。与吴觉农先生品评红茶的年代，亦相距不远。因此，我们可以说徐氏与吴氏笔下的杭州红茶，应为同一种茶或同一类茶。

据徐氏《可言》记载可知，当时杭州不仅有红茶，而且花色品种繁多。有“龙井九曲”，也有“红梅”。如今的“九曲红梅”，可能就是其中的一种。亦有可能，是“龙井九曲”与“红梅”的结合。总之，说“九曲红梅茶”在民国时屡受赞誉，并不为过。

○ 专心制红茶

九曲红梅茶，因日本侵华而遭受厄运。1937年，杭州沦陷。兵荒马乱，九曲红梅茶价暴跌。据冯赞玉老师回忆，九曲红梅的茶区也遭日军劫掠焚毁。冯家与村里人一起，远逃至金华、义乌一带。

三年后返回时，茶田荒芜，房舍坍塌。如今在冯老师家客厅，还有几张老式的茶几。据说，这几张茶几是冯家在日军烧毁的房屋中意外发现的“幸存者”。这也成了全家唯一保存下来的老物件。

九曲红梅的产区双浦镇，隶属于西湖区。周边种植的茶树，也都是地地道道的龙井群体种。但自冯老师祖辈开始，这里却是只做红茶不做绿茶。换句话说，只产九曲红梅，不产西湖龙井。在绿茶的名产区杭州，却包含着一个红茶产区，这又是怎么回事呢？

如前文所述，庄晚芳先生等在《中国名茶》中指出：

> 比较科学地推究，九曲乌龙当导源于武夷山的九曲，为工夫红茶的一种。

也就是说，九曲红梅可能与红茶的重要产地福建有关。

笔者收藏有一本茶学前辈傅宏镇所著的《茶名汇考》。此书写于民国三十年（1941），但直到傅先生1966年去世为止，此书一直未能出版。因此，只有书稿存世，知之者甚少。

傅先生在书中，记载有“九曲茶”“九曲乌龙茶”“九曲红袍茶”等条目，皆是出产于福建武夷之茶。其中“九曲茶”条目下记载：

> 为红茶之一种。产于福建崇安武夷山之九溪各曲。

由此文献，仍不可断言九曲红梅就与福建红茶有直接继承关系。但若说此二者毫无瓜葛，似乎也不合情理吧？

茶事钩沉，暂告一段落。回过头来，还是要说说九曲红梅的茶汤了。

○ 夏日饮红茶

在冯老师家拜访时，自然都是上等九曲红梅招待。但怎奈一来天气酷热，再加上一直忙着聊天，心不在焉，难免辜负了冯府的一杯好茶。

自杭州回京，就忙着去电台赶录节目。录音房空调太凉，穿着两件衣服，愣还是冻得我头疼。再赶上几天的连阴雨，身体里总觉得存了寒气。

于是乎，我又想起了九曲红梅。忙从罐子里掏出一把，丢进已经温热的茶铫中。九曲红梅的干香，不似其他红茶那样冲鼻，而是蜜韵中裹着些许花的味道。就像邓丽君的歌声，甜美而不见妩媚。

沸水浇打在干茶上，水一下子就红了起来。呷一口，鲜甜浓厚的滚汤入口，通身积攒下来的湿凉顿去。汤热入腹，暖力渐生。茶，是与酒不同的暖身之物。力道来得缓慢而持久。两杯下肚，已逼出了一身轻汗。光顾了驱寒，第三杯才想起来品品味道。九曲红梅茶汤深红，入口却是甜而不酽。仔细咂摸几口，仍找不到明显的苦涩。茶味，弥散于甜中了。

咕咚一声，将温热的九曲红梅咽下去，会感觉到有一截肠子都热了起来。手上也有了热力，热力直冲脚底。一道茶饮完，酣畅淋漓地出了一身透汗，全身都是暖融融的。

以上的感觉，是城市夏日里多么奢侈的享受。城市人，“幸福”地过着反季节的生活。三伏酷暑，还有不少人在空调房里冻得瑟瑟发抖。夏饮绿茶、冬饮红茶的说法，也早应改弦更张了。

现如今，红茶倒也成了我夏日的驱寒茶之一了。

饮茶，既要考虑宏观气候，也要关照微观环境。

应天，顺人，方是饮茶之道。

金骏眉

○ 最晚的名茶

2018年，我在北京人民广播电台开了一档新栏目，名字叫《中国名茶谱》。每周日用两个小时，聊一款中国名茶。制作人问我：这个栏目可以讲多久呢？我说：大概可以一直讲下去。诸位，真不是我能聊，而是中国名茶实在太多了。

按王镇恒、王广智主编的《中国名茶志》一书的说法，全国名茶有1017种。以我这些年的见闻，这个数字还是保守着说呢。在如此众多的名称当中，想占一个“最”字可是不容易。哪款茶最好喝？哪款茶最昂贵？哪款茶最讲究？莎士比亚说，一千个人眼中，就有一千个哈姆雷特。以上这些问题，一千个爱茶人心里，也得有一千个答案。

金骏眉，却能在中国名茶当中，稳占一个“最”字。

她，是中国出现最晚的名茶。

中国名茶，可以按出现时间先后分为三大类。

第一类，为历史名茶。

陈椽主编的《中国名茶研究选集》中，记载的传统名茶共22种：

绿茶类：西湖龙井、庐山云雾、洞庭碧螺春、黄山毛峰、太平猴魁、信阳毛尖、六安瓜片、老竹大方、恩施玉露、桂平西山茶、屯溪珍眉。

黄茶类：君山银针。

黑茶类：云南普洱茶、苍梧六堡茶、湖南天尖。

白茶类：白毫银针、白牡丹。

青茶类：武夷岩茶、安溪铁观音、闽北水仙、凤凰水仙。

红茶类：祁门工夫红茶。

当然，这个统计今天看起来还十分不全面，但也大致可以窥见历史名茶的基本框架。

第二类，是恢复历史名茶。

也就是说，这种茶历史上曾经出现过，甚至辉煌过。时间流转，物是人非。那么在当下，利用历史文献记载以及老手艺人的钻研，再把她重新“复活”。例如休宁松萝、顾渚紫笋、日铸雪芽、湖北仙人掌等茶，都属于恢复历史名茶。

第三类，是创新名茶。

顾名思义，历史上没有这种茶，今人利用巧思创新而成。这个创新的时间点，就以1949年为限。因此很多创新名茶虽算茶界“青年”，但实际“年龄”也得有50年以上了。金骏眉，算是创新名茶中最年轻的一位。

有多年轻？

年轻到让人难以相信。

徐庆生、祖帅著《名门双姝——金针梅、金骏眉》一书中，对于金骏眉的发展有着十分详尽的记载。2005年7月，武夷山的制茶人江元勋在一位北京朋友张孟江的建议下，准备试制一些高档的红茶。

怎么才算高档呢？电视剧《雍正王朝》里，年羹尧大将军吃白菜只吃最里面的嫩心。像白菜帮子乃至白菜叶子，则是一律都丢掉。当然，这是编剧为了凸显年羹尧腐败奢靡而设计的桥段。但是制茶，其实跟做饭是一个道理。

要想显得高档，选料一定要精细。于是，江先生决定用细嫩芽头作为制作红茶的原料。恰好当时武夷山市茶场，有一款用武夷名丛芽尖生产的莲心绿茶。江元勋便与当时武夷山市茶场场长祖耕荣联系，咨询相关的技术问题。有了思路启发，又有了技术借鉴，这款芽头红茶便做出来了。

大家开汤冲泡，顿时香气满室。茶汤一扫浓红之色，改为了闪亮的金黄。滋味不酽不重，而是甘甜爽口。当然，这还只是初步的尝试。一款茶的制作，远远没有那么简单。这就如同一个饭店，创新菜已经做得小有成绩，但如果想真正成为名菜，还必须经过高明厨师以及食客的点拨。这个环节，饮食界称为调菜。制茶，也是如此。

从萎凋、揉捻、发酵到焙火，金骏眉与正山小种都完全不同。虽然同出桐木关，实际上已是天差地别。一切都需要从头做起，难度自然也就不小。幸好，这款桐木关细嫩芽头红茶制成后，先后有张天福、骆少君、叶兴渭、叶启桐、穆祥桐等茶界前辈给予指导。金骏眉的工艺基础，也因此日趋成熟。

2006年，产品基本定型，并少量寄往北京、福州等地。2007年，又根据反馈的意见，做进一步的完善。并且开始批量生产上市，当时主要以订购为主。2008年，金骏眉正式投放市场，并一跃成为茶界新宠。时至今日，金骏眉走红茶叶市场也才刚满十年而已。但不得不承认，她已经跻身名茶之列。最年轻的名茶，金骏眉实至名归。

但也有人说，这些年的小青柑不是也挺火的吗？

不好意思，我们讨论的是名茶。

小青柑的水准，充其量算一个茶名。

○ 最美的名字

很多人误以为金骏眉是传统茶，大半是因为她的名字。不得不承认，这个茶名起得有技术含量。既有文化感，也有老味儿。我也曾与金骏眉研发的几位当事人聊起过起名字的事情。归纳总结，其含义大致如下：

所谓“金”，大致有两层含义。第一层，寓意为金黄，指的是汤色。红茶，向来以“红汤红叶”而著称。金骏眉一反常态，茶汤金黄闪亮，在红茶中卓尔不群。第二层，寓意为金贵，指的是价格。自打问世以来，金骏眉的定位就是高档红茶。茶名里面带个“金”字，显得雍容华贵，气度不凡。

所谓“骏”，也有两层含义。第一层，寓意为骏马，指的是条索。金骏眉干茶外形略弯曲，酷似中药店里卖的海马状。第二层，寓意为骏驰，指的是势头。中国文化中，马是积极而奋进的象征。龙马精神、马到成功、一马当先，都是企业喜欢的词。因此，茶名用“骏”，而不用“俊”或“峻”，就是这个原因了。

所谓“眉”，同样有两层含义。第一层，遵循的是传统。白茶里有贡眉、寿眉，绿茶里也有珍眉。“眉”字，为茶名当中的常用字。第二层，描述的是外形。细如弯眉的条索，也凸显了金骏眉嫩采的特点。

一款茶的名字，或是有历史典故，或是要用心推敲。要不然，怎么明星都在自己的艺名上下功夫呢？房仕龙，改名成龙，火了。刘福荣，改名刘德华，也火了。好的名字，既要朗朗上口，又需落落大方。金骏眉的走红，名字也起了很大的作用。茶名，如人名。人情，即茶情。

○ 最贵的红茶

金骏眉不仅是最年轻的名茶，也算是目前价格最高的红茶。

金骏眉的价格，大致可以分为硬性成本与软性成本两部分。

先说硬性成本。

说白了，也就是茶青的成本。金骏眉的制作，要使用清明前后的细嫩芽头为原料。这样的茶青，在桐木关如今大致700~800元一斤。怎么这么贵呢？主要是采摘十分困难。一个熟练的采茶工人，一天能采到的芽头茶青不过是500克左右。真应了清代陈章在茶诗中所讲：度涧穿云采茶去，日午归来不满筐。

按人头算，一个采茶工一天的工资在200元左右。按斤数算，一斤细嫩芽头茶青的采摘费也在180元上下。随着我国劳动力价格的升高，这部分的成本只会越来越高。由于芽头含水量较大，一般要5斤茶青才可以做出1斤干茶。也就是说，桐木关内的金骏眉茶青成本就不会低于4000元。

当然，这还是很粗的算法。楼上楼下，电灯电话，人员开支，推广费用，一律没算。所以现在市面上，低于这个价格的所谓“金骏眉”，自然是不靠谱的茶了。

价格奇高的金骏眉，不一定好。

价格奇低的金骏眉，一定不好。

下面再说软性成本。

金骏眉的红火，一定程度上缘于她高端礼品的定位。现如今要是到某大型茶企的展厅中，还可以看到不少与知名人士的合影。别小瞧这些照片，这可是重要的背书。洽谈业务，大家一度都以送金骏眉为荣。在这样的追捧下，金骏眉的软性价格，自然也跟着上去了。

○ 最险的处境

这样发展起来的金骏眉，其实早已身处险境。

金骏眉，危机来自两个“过分”。

首先的问题，是选料过分精细。

利用细嫩芽头来做红茶，这是金骏眉的特色。传统红茶，一般选用的是芽叶相间或是纯叶来制作。除去成本考虑，其实也有口味上的权衡。当然，我们可以夸赞金骏眉外形紧结纤细，口感清爽纯正。但不得不承认，相对于传统红茶，金骏眉存在着滋味过于清淡、汤感稀薄、不耐冲泡等问题。

初尝，尚觉美好。久饮，不耐品味。选茶，如同交友。路遥知马力，日久见人心。见几次就腻了的人，不值得深交。喝几次就腻了的茶，不值得推崇。

金骏眉这种甜甜润润、不苦不涩的口感，非常适合刚刚学茶的人。真正嗜茶如命的人，喝金骏眉的却不多。群众基础薄弱，成了金骏眉一大隐患。

其次的问题，是价格过分昂贵。

金骏眉的高价，由她与生俱来的高档礼品茶的定位所决定。曾几何时，在中国送茶讲究：只送贵的，不送对的。当年金骏眉的热销，大半都是源自这种送礼需求。自八项规定以来，这种不务实的茶风得到了有效遏制。金骏眉的势头，也因此不如从前了。

其实，这也在情理之中。纵观中国历史，唐代顾渚紫笋、宋代北苑贡茶，如今不也早就消散于云烟之中了吗？历代与权贵紧密结合的贡茶，都会随着朝代的更迭而没落。只有爱茶人杯中的茶，才有真正的生命力。

植物，要扎根于土壤。

名茶，要扎根于百姓。

金骏眉的下一个十年，又将何去何从呢？

辑五　普洱风云

天价普洱

2020年底，P君约我到家中小聚。我大致是下午6点到达，人家已经在厨房忙活半天了。那天的家宴，共有三荤一素四道菜。其中的虾蟹一锅鲜，颇有三湘风味，最是好吃。怪味蛏子也不错，只是P君照顾我这个北方人，炒时辣椒减半了，反而有点不过瘾。豆豉排骨蒸得够久，软糯咸鲜，最后一点儿都没剩。另炒了一盘青菜，就不多提了。

饭菜虽好，但大家二十分钟就结束战斗了。碗筷来不及洗，直奔二楼茶室而去。因为在座的人，心里都惦记着那款茶。甚至说，今天的这场家宴，一多半也因那款茶而起。什么茶？就是大名鼎鼎的六星孔雀。

大致在一周前，P君生意上的朋友寄来了20克六星孔雀。他有君子之美，不肯独自享用，这才约我们几位朋友到家中小聚。六星孔雀，是这几年普洱里的翘楚，我也是久闻大名。要说我对于这款茶的印象，那就只有一个字——贵。2019年7月，六星孔雀大致是3000万元一件。一件84饼，一饼400克，那核算下来这款普洱就约是35万元一饼，近900元一克。可到了2020年底，六星孔雀已涨到了60万元一饼，折合1500元一克。这么贵的茶，我自然是喝不起，也没喝过。这一次，托P君的福，我也算电灯泡上抹胶水——沾沾光。

温杯闻香，并没有特别不同之处。出汤到玻璃公杯中，茶汤呈现出稍重一点的金黄色。啜茶入口，最明显的感觉是一股烟味儿。这倒是与我之前对于六星孔雀的认知相吻合。这种特殊口感的形成，与这款茶的身世有着密切关联。

多雨年份的茶，原料得不到及时的日光干燥。再加上茶农家柴火炊烟的沾染，导致了2003年勐海茶厂很多定制茶色泽偏黑，口感皆有浓烈的烟味。我喝到的这款六星孔雀中的烟味，也就是这么来的了。

这批六星孔雀，是2003年由何氏兄弟向勐海茶厂定制生产的。早在2000年，何氏兄弟已向勐海茶厂定制过多款带有有机食品标识的普洱。其中最知名的是“班章珍藏茶饼”（笔者按，即俗称的大白菜），曾在2017年广州茶博会标价1800万元一件。咱们按下“班章珍藏茶饼”不表，接着聊六星孔雀。

2003年，有机食品认证的年度审核更加复杂。何氏兄弟为了产品能够按时出厂，不得已重新设计了棕色版面。他们以简易的孔雀图标，加上“群星伴月”的小标识，再用四、五、六星加以区分，这就是后来闻名江湖的三款星级孔雀。

2019年，六星孔雀售价35万元一饼时，五星孔雀售价为20万元一饼，四星孔雀售价为10万元一饼。好家伙，敢情一颗星就值10万元人民币，真是难以想象。

说来惭愧，我还曾在拙作《中国名茶谱》一书中，针对“班章珍藏茶饼”写过一篇《天价普洱》的批评文章。可现在回头看，若是和六星孔雀比起来，班章珍藏茶饼可就还算便宜的了。看起来，我这种没有想象力的人，真的不适合混迹茶界。

其实2003年出厂时，六星孔雀的售价仅为200元一饼。到了2005年，六星孔雀的售价涨到了300多元一饼。又过了十年，随着班章山头名气越来越响，六星孔雀的成交价陡然涨到了5万元一饼。又过了五年，2020年的六星孔雀价格已经涨到了60万元一饼。

不过还是那句话，这样的价格只要物价局不管，咱们也都无权过问。有人卖，有人买，无可厚非。但是也要说一句，这款茶绝称不上货真价实。与此相反，这样的价格肯定是很虚的。我这也不是危言耸听，而是已有前车之鉴。

2018年的“千羽孔雀”，只是因为带有孔雀图案，而且有七个小星星，比六星多一星，就在出厂一个星期内，价格从2.8万元涨到了10多万元。可到了2020年3月底，大益“千羽孔雀”炒作爆雷，东莞60余位参与炒作的“下家”被卷走资金高达上亿元。千羽孔雀的炒茶大案，充分暴露出普洱茶类金融化操作所潜藏的巨大危机。资金链断裂，庄家跑路，一心想做发财梦的“下家”，极易跌入财货两空的陷阱。

闲话少说，回到茶桌。

我们这一批财迷，为了不糟践这么贵的茶，一直从8点喝到了10点。不得不说，这款茶的耐泡程度还是很好的。喝下去，口腔也有相当明显的回甘。但是我这个喝惯了熟普洱的破胃，实在欣赏不了生普洱的美。大致三五冲之后，我基本上就是喝一半倒一半了。

后来我一直在想，P君这到底是不是真的六星孔雀呢？真不知道。现在网上教授鉴别六星孔雀的办法，无外乎还是那两种：

第一，摸摸纸张。据说真品是粗棉纸，而伪造的纸张多数很薄。

第二，看看印刷。据说真品的六星是二次手工盖章，而伪造的是一次机器印刷。

反正这些鉴别妙招，都和茶没什么关系。怪不得现在一张六星孔雀的包装纸，都能炒到数万元。毕竟，只要包装是真的，谁敢说里面的茶是假的呢？茶叶又不能验DNA，根本没法鉴定。连真伪都难以判断，又何谈变现呢？

因P君朋友，是直接寄来撬好的20克茶叶，所以自然也无从鉴定了。我默默祈祷，那款六星孔雀是假的最好。要是真的，这份人情可真是还不起了。毕竟，这样的高档茶，不属于我这样的老百姓。

从2003年到2020年，六星孔雀的价格涨了3000倍。

这又是一桩茶界奇谈。

其实茶还是那批茶，只是茶界中的人变了。

至于茶人是变聪明了，还是变傻了？

我说不好。

您觉得呢？

纯料普洱

○ 名山名寨

近些年来，普洱茶界兴起了一股新兴势力。

有些是山头，例如布朗、南糯、景迈……

有些是村寨，又如冰岛、班章、曼松……

上述这些地方，主打的又都是百年以上的老茶树。因此，业界便统称这批普洱茶界的新贵为名山名寨古树茶。别看山头村寨各异，这批普洱新贵却有一个共同之处，那便是包装上必有“纯料”二字。

您别小瞧这两个字，细究起来还有三层含义。

纯料普洱的第一层含义，便是茶青地域的纯粹。例如冰岛茶，里面势必不能掺和周遭村寨的茶青。又如南糯山茶，则不可加入景迈的原料。

纯料普洱的第二层含义，则是茶青树龄的纯粹。例如百年古树茶，就严禁掺兑几十年树龄的茶青。这种讲究发展到最后，两棵不同的茶树，即使都够百年，放在一起也不算纯料了。

纯料普洱的第三层含义，就是茶青季节的纯粹。例如春茶金贵，绝不可与夏秋茶混搭。

当然，纯料的定义还可以继续细化。例如，纯粹是一棵树上的茶青。亦或，纯粹是一棵树上向南树杈上的茶青。再或，纯粹是一棵树上向南树杈上椭圆形叶片的茶青。对不起，我的想象力还是太有限了，不知道这个茶青还能如何更纯粹。咱们还是拭目以待，欣赏茶商们接下来的表演吧。

虽然我不知道，“纯料”二字还能玩出什么花样，但是我知道，“纯料”二字已成为彻底的褒义词。

纯料茶，似乎成了普洱品质的最高标准。

纯料茶，俨然变为普洱茶人的匠心体现。

与纯料茶相对应的，便是拼配茶。既然“纯料”成了褒义词，那么“拼配”便成了贬义词。似乎只有做纯料普洱的人，才算是匠人精神。而那些做拼配普洱的人，则成了偷奸耍滑的小人了。

拼配茶，真的如此不堪吗？

恐怕不是。

○ 拼配之妙

我们先来看一看陈宗懋主编的《中国茶叶大辞典》中关于茶叶拼配的定义：

> 拼配，依各类筛号茶的品质特征，按比例组合成商品茶的作业，使商品茶的外形、内质符合花色等级的要求。

这段文字立场中立，显然既不是褒也并非贬。其实“拼配”本就是一种工艺而已。本来只是中性的名词，现如今有些人却要拿来当贬义的形容词来用了。我曾多次在茶城里听到茶店老板对客人窃窃私语：“咱们家的普洱您放心喝，都是百分百纯料。某某家的普洱可是买不得，全是拼配茶！”实话实说，看一眼那种市侩的表情，真是比喝一杯生普洱还难受呢。

喝那一杯生普，最多只是胃疼。

听这两句闲话，那可真是扎心。

其实在普洱的发展史上，纯料茶还只是近几年的新玩法。长期以来，普洱茶一律都是拼配茶。而且普洱茶的拼配，不是偷偷摸摸，而是大张旗鼓。不但如此，历代普洱匠人还潜心研究拼配之法，从而形成一套普洱拼配的理论基础。

邹炳良、卢国龄《浅论普洱茶拼配》一文中，就将普洱拼配的技术要求归纳为十二个字，即“扬长避短、显优隐次、高低平衡”。

所谓“扬长避短”，主要是发挥云南大叶种粗壮肥实、苗锋完整的产品风格，使原料经济价值最大限度地发挥。且各茶区之间、同一茶区范围内不同时间地点的茶，它的香气、滋味和外形的塑造都有各自的优缺点、长处和短处，拼配前要把各茶区的在制品分开，春、夏、秋茶分开，根据自己产品的特点，尽量发挥长处，克服短处，以长盖短，突出自己的产品的风格。

所谓“显优隐次”，主要是指半成品品质的“优”“次”调剂。如用某一茶区原料生产的7级3号普洱茶，条索松扁，多梗含片，但汤色红浓，滋味醇厚，拼配时可选用另一茶区条索紧实的大号茶或该地区上一级的大号茶做面张，拼入下一级的中下段茶，这样外形的缺陷就被“隐去”，内质的优势就显现出来。

所谓“高低平衡”，就是以标准样或贸易样、成交样为依据，把品质高的调低，低的调高，使之平衡。

1984年，邹炳良先生出任勐海茶厂第五任厂长、总工程师。因此邹、卢二位前辈的文章，反映出了普洱出口时代拼配的价值与意义。20世纪80年代，香港头盘商南天贸易公司每年从云南购入熟普洱数千吨。只有稳定的拼配技术，才能够保障出口普洱品质的稳定和风格的统一。

有人会说，现如今的普洱茶已经转为内销。没有了动辄三五千吨的订单，取而代之的是千千万万的资深爱茶人。因此现如今的普洱，需要的不再是共性而是个性。我也同意这样的观点。名山名寨普洱茶的红火，就是茶叶市场追求个性的体现。

那么，问题就来了。

彰显个性，拼配普洱还能满足吗？

当然可以。

民国时期，云南经营普洱的茶庄比比皆是。那时制作普洱茶，茶庄主人是最大的决策者。他们作为掌门人，要一丝不苟地精选来自各地的茶青。但光有好的原材料，还远远不够。茶庄主人加上自己茶庄特配特拼的制茶工序，才能成就各自茶庄的底蕴或韵味。

例如在民国留下的号级茶中，“福元昌号茶”有“福元昌号茶”的品位，“宋聘号茶”自有“宋聘号茶”的底蕴。但请注意，福元昌和宋聘，用的可都是易武的茶青。但就因为季节拼配的茶料分量不同，以及制作工序的“秘方”工艺有别，最终二者的茶性、茶韵及风格路线各具风华。

很多人在山头主义纯料大行其道的情况下，不敢直面拼配工艺，甚至不愿讨论拼配。但真正的好茶，还是靠拼配的。例如现如今百年宋聘号一片卖到200多万元，受到很多人的追捧。但要知道，宋聘号其实就是一个拼配茶。春茶滋味底子厚，夏茶滋味宽，秋茶香气好。不同季节的普洱毛茶，按照秘而不宣的比例拼配，最终体现出独一无二的味道。

○ 和而不同

拼配，可以寻求最大的共性。

拼配，也可以创造无穷的个性。

拼配，怎么有这么大的魔力呢？

恐怕，是因为拼配普洱暗合了一条古老的中式哲学——和。

和，是中国文化的重要概念。《论语·子路》记载孔子的话说：

君子和而不同，小人同而不和。

这段话，大家都很熟悉，也很重要，因为讲了两个重要的概念——和与同。这两个概念，表面上看意思很相近，其实大不相同。怎么不一样？打个通俗的比喻，男人和女人在一起，就叫“和”。男人和男人、女人和女人在一起，就叫“同”。

和，又怎么样？能生孩子。

同，又怎么样？不能生孩子。

所以，西周时期的思想家史伯就说：“和实生物，同则不继。”史伯这话，记载在《国语·郑语》里。这两句话哲学意味深厚，当然不能直白地解释成生孩子的事情。古代哲人是要告诉我们，和，就有生命力；同，就难以为继。因此，和，就有无限希望；同，就没有任何前途。

想当年的拼配普洱，就是和而不同。

现如今的纯料普洱，就是同而不和。

哪个有希望，哪个没前途，不言而喻。

○ 纯料之思

那是不是说，纯料普洱就一无是处呢？

20世纪80年代普洱茶广告纸

当然不是。

关于纯料普洱，我大致有如下三条观点。

其一，纯料普洱绝不是洪水猛兽。

传统的中国菜系，分为川、鲁、粤、淮扬。后来人们觉得光有这四种还是单调，于是又延展为八大菜系。直到如今，又有许多融合菜、创新菜问世。很难说孰优孰劣。多种多样的菜系，满足了众口难调的食客们。

反观名山名寨普洱茶，也是这个道理。有些茶商宣传，即使过一道坎，翻一座梁，走一个寨，普洱的味道就完全不一样了。他们就是要保持自己村寨山头的风格，他人无权干涉。纯料茶，作为一种口味，也满足了一部分个性化需求。

其二，纯料普洱绝不是质量标准。

纯料也好，拼配也罢，都是一种工艺而已。既不是褒义词，也不是贬义词，而就是中性的名词。可现如今有些经营纯料普洱的茶商，惯用一种“踩一捧一”的营销手法。为了彰显自己纯料普洱的高贵，而动辄贬低诋毁拼配普洱。在他们口中，纯料不再是工艺的一种，而是质量的标准。仿佛只有达到纯料，普洱茶才是普洱茶。他们试图“教育”消费者，选购普洱一定要认准“纯料”二字。这样的论调，在茶界比比皆是，诸位爱茶人一定要警惕。

拼配，是食品商品化的一个重要过程。拼配，既可以保持名茶质量的一致性，也可以最大限度彰显名茶风格的差异性。这样的道理，不只适用于普洱，也适用于中国各类名茶。这样的道理，大肆吹捧纯料普洱的茶商怕是不懂的。当然，也有些茶商懂得拼配的妙处，却继续贬低拼配普洱而抬高纯料普洱。

那么，这些人就并不是无知，而是不够善良了。

其三，纯料普洱绝不是终极目标。

现如今的名山名寨古树茶，每斤的售价动辄便是五位数。这些茶商，打造的就是高端普洱。这是一种商业运作，没有好坏之别。正所谓，物以稀为贵。为了让商品的价格居高不下，所以就一定要严格控制商品的数量。例如大品牌的箱包，经常要搞限量款，动不动就是全球限量发行999只。其实箱包是工业化产品，想生产多少都没问题。但是那可不行，发行量大了就不值钱了。

名山名寨古树茶，其实就是故意把产区缩小，从而限制住商品的产量。单纯一个山头、单纯一个村寨，能生产多少普洱茶呢？自然是非常有限的。要是真供给全国人民喝，显然是不够的。所以纯料普洱，目的就是提高商品的稀缺性，从而达到奇货可居的效果。

所以说到底，纯料普洱彰显的是一种原料的个性，不是一种茶汤的完美。饮茶的幸福感，是因为喝到了既有名气又很少见的普洱茶。这一杯茶汤，可能很好喝，也很可能不好喝。因为原料的稀缺性，与茶汤的口感无关。

慕名而来的人，享受的是茶名。

慕茗而来的人，品味的是茶汤。

纯料普洱的红火，反映了爱茶人对名茶的热情。

拼配普洱的流行，才体现爱茶人对茶汤的态度。

我祝愿纯料普洱，越走越好。

更希望拼配普洱，长盛不衰。

冰岛普洱

○ 详说冰岛

想知道你的朋友是不是爱茶之人吗？

我有个办法，百试不爽。

你只需要问：老兄，冰岛在哪里？

如果对方答：北欧。那么不好意思，这位估计平时不太喝茶。

要是对方答：云南。那么恭喜你了，这位想必也是茶圈中人。

在普通人的常识里，冰岛是一个国家。

在爱茶人的茶桌上，冰岛是一款普洱。

且慢。不是说冰岛是一个地名吗？怎么又成了一款普洱呢？其实这样的现象，在中国茶文化中并不稀奇。您看，龙井也好，六堡也罢，不都既是地名也是茶名嘛。冰岛，是云南的一个寨子。这里的普洱名气大了，因此便直接以地名为茶名了。

对于冰岛寨子，我真不算陌生。前后去过几次，还小住过一段时间。与冰岛结缘，却又不是因为普洱茶。大致在2017年，当时我在CCTV-10为饮食纪录片做顾问。云南省双江县要拍一部反映当地饮食文化的片子。因是茶乡，所以怕一般的主持人难以胜任，于是我这个幕后的顾问，才迫不得已走到台前，勉强充当那一集片子的美食侦探。

又因为那时的冰岛已经是双江县最火热的产茶村寨，所以当地宣传部门强烈建议到冰岛取景拍摄。这个要求，可让摄制组吃尽了苦头。原因何在？去冰岛的路，实在是太难走了。

要搞清楚冰岛，需先了解大冰岛和冰岛老寨。大冰岛也称冰岛五寨，是指冰岛行政村下辖的5个自然村，也就是冰岛、糯伍、坝歪、南迫、地界，5个自然村都有品质上好的古茶树。但只有那仅有50多户人家的冰岛自然村所出产的茶，才被认为是正宗血统的冰岛。于是为区别大冰岛和冰岛自然村，人们称后者为冰岛老寨。而我们所讨论的冰岛也仅指冰岛老寨。

冰岛老寨很偏僻，距离镇政府还有30.5公里，海拔在1700米左右。作为双江县的高山寨子，从城镇到冰岛只有一条山路便道。其中某些路段极窄，车辆几乎是有半个轮胎悬在路外。除此之外，路况更是差劲。大坑套着小坑，一路走一路颠。随行的摄影师戏称，大家这趟来冰岛都很有礼貌嘛，总是冲着窗外的人点头。我们倒是想不点头呢！可这路不平呀。等到了寨子，大家感觉都要散架了。去一趟双江的冰岛，可真不比去一趟北欧的冰岛省劲呢。

其实这个寨子，以前叫作“丙岛”，是傣语的发音。翻译成汉语，意为“长苔藓的水塘”或“用竹篾做寨门的地方”。不知道从何时起，有高人将乡土气息浓郁的“丙岛”改为国际范儿十足的“冰岛”。据当地干部介绍，开始“冰岛”二字还只是俗称。到后来名气越来越大，连官方也顺应民意改“丙”为“冰”了。现如今，连脚下的水库也改名叫冰岛湖了呢。

其实这样的地名雅化现象，倒也是屡见不鲜。清末北京有一处狗窝胡同，名字听着实在不雅。进入民国后，有文人取其谐音而改为高卧胡同，一下子意境大不相同。还有一条苦水井胡同，也谐音雅化为福绥境胡同，也是沿用至今。所以将“丙岛”改为“冰岛”，真可视作这一茶区成功的关键一步了。

○ 天价普洱

冰岛自古就有茶树，可就因为交通不便，所以一直也没有什么人来收茶。当时双江县周边的低山茶树才更受欢迎，而冰岛这里的茶则卖不出去。农民们的生活来源，主要还是靠种玉米。至于卖茶的钱，当年在村民整体收入中，只是微乎其微而已。

冰岛普洱火起来，是非常晚近的事情了。2006年，台湾《茶艺·普洱壶艺》杂志策划了临沧茶区专辑。可是其中，对于“冰岛”只字未提。也就是说，十几年前绝大部分的爱茶人士，还都不知道冰岛茶为何物呢。

因为拿着县委宣传部的红头文件，所以那一次的拍摄倒是十分顺利。在拍摄期间，我也顺便向当地的茶农了解到不少冰岛茶兴起的情况。2005年，某茶企出品的母树茶系列，就曾以冰岛五寨出产的茶为原料。而那时，这家茶企收购冰岛茶鲜叶的价格仅为每市斤4元。2009年到2010年，冰岛茶开始声名鹊起，价格也一路飙升。

2014年，普洱茶再次陷入疯狂。冰岛毛茶每市斤过万元，每一饼过万元。2017年，我到冰岛拍摄节目时，冰岛茶已经是天价了。中树、小树鲜叶的价格分别在4000元/公斤和2000元/公斤，而古树鲜叶的价格则高达2.8万元/公斤。

请注意，这里说的都是鲜叶价格。按照4斤多鲜叶出1斤干茶的比例来换算，2017年1斤古树冰岛毛茶的价格已经逼近了6万元。冰岛茶的卖价，和北京市中心的房价已经有一拼了。

时至今日，冰岛古树普洱的价格力压群雄，已经稳居云南普洱之冠。

虽然冰岛价高，但毕竟资源太过有限。有些茶商茶农，早早地就打起了拓展资源的主意。一方面，他们扩大了冰岛茶的概念。冰岛村委会下设的5个村小组，所产的普洱茶都叫冰岛茶。这样一来，冰岛茶的产区，就从一寨而变成了五寨。这一类，我们姑且称之为概念冰岛茶。另一方面，不少茶农都在冰岛四周的山坡上开辟了新茶园，开始从茶苗起种植冰岛茶。既是冰岛的土地，也是冰岛的树种，似乎也可算作冰岛茶吧。这一类，我们不妨称之为小树冰岛茶。

有人做过估算，冰岛茶古树茶的产量每年在5吨左右。就是算上概念冰岛茶和小树冰岛茶，产量翻了十倍，也不过50吨。可是如今市面上到处都是冰岛茶，总数在3000吨上下。以我个人为例，为了教学实验，曾经花138元在网上买到了冰岛茶。卖家不仅包邮，还送了一把茶刀。那么这样的冰岛茶，又是从何而来呢？我就不得而知了。

总之，现如今的冰岛普洱，可以用四句话形容：

名气极大，产量极小，传说很多，真货很少。

情况大致就是这样。

○ 名山普洱

其实普洱茶中，类似冰岛这样的耀眼新星比比皆是。

不信的话，我给大家数数看。

勐海，有个班章。

易武，有个薄荷塘。

普洱，有困鹿山。

临沧，有个冰岛……

对于冰岛这样的新星，茶界总体上称呼它们为名山名寨普洱。

归根到底，名山名寨普洱茶的出现，是普洱茶从大产区到小产区的转变。同时，也是对于普洱茶产区的重新整理与细分。

如果从茶文献的角度去研究，我们就会有新的发现。其实这样的做法，在中国名茶文化当中并非首创。纵观龙井茶的发展史，便有类似的操作出现。20世纪50年代以前，西湖龙井茶按产地分为“狮”“龙”“云”“虎”四个字号。以后，又从“云”字号西湖龙井茶中划分出“梅”字号，即梅家坞一带所产的，这样西湖龙井茶就有了“狮”“龙”“云”“虎”“梅”五个字号。

普洱茶长期以来，并没有细化产品线。笔者收藏有一份民国时期北京吴德泰茶庄的价目表，其中单列有“普洱贡茶”一类。而在这一大类下，又细化出七个产品，分别为：

> 普洱贡蕊、普洱春蕊、普洱蛮松、普洱贡砖、普洱七星、普洱贡团、普洱茶膏。

这里面只有“普洱蛮松”有些如今名山普洱的影子。其余的六种产品，都没有再提产区的问题。具体是哪里的贡蕊，哪里的贡砖，哪里的贡团，似乎不是旧时人们关心的问题。由此可见，当时的普洱主要是以茶叶形态区分产品类别，还远没有像西湖龙井那样，以小产区来区别产品。

再从价格的角度来看，问题就更加明朗。这张价目表上最贵的龙井茶为“最优龙茶”，价格是每斤大洋十二块八毛。而最贵的普洱茶为“普洱春蕊”，价格是每斤大洋三块二毛。也就是说，同为顶级茶的情况下，龙井比普洱的价格高了四倍。

作为历史名茶，普洱一直在中国茶界占有一席之地。但是旧时普洱的定位，基本上就是好喝不贵。若不是这样，精打细算的香港人，也不会将普洱茶定为口粮茶了。反过来说，普洱茶在粤港澳茶楼里长盛不衰，靠的也就是性价比。

老年间的制茶人，以普洱质优价平为荣。

现如今的制茶人，以普洱名而不贵为耻。

他们希望普洱既是名茶，同时也是贵茶，进而立志打造精品普洱。至于小产区的玩法，实际上也是像龙井这样的名茶前辈玩过的了。普洱茶照方抓药，打造了众多名山名寨茶。

冰岛茶，就是普洱茶“由名变贵”的成功案例。

以何为凭？

我们来看一个案件。

2017年11月2日，云南省个旧市人民法院宣判了这样一个案件。被告人许某某伙同他人于2017年4月5日凌晨，采用撬破车窗的方法，将被害人刘某停放在个旧市人民路奥龙世博门口的宁A×××××号宝马X5汽车内的红河香烟2条、国窖1573白酒3瓶、冰岛茶盗走。最终，被告人许某某犯盗窃罪，被判处有期徒刑8个月，并处罚金人民币2000元。

通过这个案件我们可以看出，冰岛已经与名烟、名酒一起，跻身高档消费品的行列了。

○ **今昔变化**

以冰岛茶为代表的名山名寨茶，之所以能够大行其道，也因其暗合了普洱的流行风尚。普洱茶的今昔变化，主要集中在两个方面，我们逐一说明。

首先，是生产厂家由大到小。

在计划经济时代，云南省普洱茶的主要生产厂家只有四个，即昆明茶厂、勐海茶厂、下关茶厂和普洱茶厂。大厂出货的数量，都是以吨来计算。以香港普洱的头盘商南天贸易公司为例，每年都要向云南购买三五千吨普洱茶。像如今的名山名寨茶的年产量，多则十余吨，少则三两吨，根本不能够单独出现在出口环节贸易当中。所以冰岛也好，班章也罢，对于大厂都是没有吸引力的。即使当年的茶叶公司收购了这些山寨的茶，也都一股脑儿打在大堆里面拼配去了。

普洱只有拼配，才能保证稳定的品质。

普洱只有拼配，才能保持亲民的价格。

当然，这些都不是如今普洱茶人关心的问题。

当年的普洱要求的是共性，如今的普洱追求的是个性。名山名寨的普洱，卖点恰恰就是个性鲜明。班章至刚，易武至柔，景迈至甜，冰岛至活。每一处山寨的茶，不仅被细分了口感，甚至还被赋予了性格。这又是二十年前的普洱茶概念中所完全没有的概念了。

其次，是生产工艺由熟变生。

曾几何时，普洱茶没有生茶与熟茶之分。自人工后发酵工艺出现之后，凡是提起“普洱茶”三个字，那么说的就一定是指经渥堆发酵的熟茶。上个世纪七八十年代，从出口香港的散茶、茶饼，到远销法国的沱茶，一律都是以熟茶为主。

时至今日，情况则大有不同。原本只是晒青毛茶的滇青，堂而皇之走进了普洱茶的行列，并美其名曰“生普洱”。从此，普洱的茶汤不再一定是红润透亮。那些颜色青黄的茶汤，也成为普洱茶了。

普洱生茶的流行，是名山名寨茶成功的关键。

为何？

因为普洱熟茶的渥堆发酵，实际上是一个缩小差异的过程。不同季节、不同产区的毛茶，经拼配后开始人工后发酵，最终得到一碗醇厚柔和的茶汤便好了。柔也好刚也罢，甜也好活也罢，经过渥堆之后，恐怕都荡然无存了。

而现如今流行的生普洱，本质上是晒青绿茶。这一点，笔者已在本书《普洱生茶》一文中详细论述，这里便不多言了。总之，绿茶的工艺，能适当保留甚至彰显茶青的个性。这样一来，名山名寨茶才有了卖点。诸位到市场上转转，价格昂贵的冰岛班章，一律都是生普而非熟茶，原因就在这里了。

○ 闲言碎语

这些名山名寨的普洱茶，价格基本上是一般普洱茶的数倍、数十倍甚至数百倍。可是它们与其他普洱茶，真的有那么大的差别吗？

恐怕没有。

普洱当年份的茶在内含成分上，并没有本质上的差异。只是内含成分含量比例上，有些细微的不同而已。体现在价格上，却又有如此大的差异，这不是科学可以解释的问题，而是一种消费偏好及商业运作的表现。

至于冰岛这样的高价，其实也无可厚非。正所谓，周瑜打黄盖，一个愿打一个愿挨。我们不妨把天价的冰岛看作正常的市场现象。我们也相信，冰岛的天价最终也会由市场检验与调节。

我可以接受，市场对于冰岛茶的天价定位。

我也可以接受，茶商对于冰岛茶的无限赞美。

我只是不能接受，把清汤绿叶的冰岛视作普洱茶。

对不起，请原谅我的肤浅与固执。

爱茶人，确实应该有包容的心态。

爱茶人，却也应该有自己的底线。

在我眼中，红汤的才是普洱，黄汤的只是绿茶。

从这个角度来说，若是把冰岛作为一款特色绿茶来看待，我看倒是未尝不可。

想当年，价格最高的绿茶肯定是龙井。

现如今，价格最高的绿茶恐怕是冰岛。

广东普洱

○ 远销粤港

现如今，爱普洱必要到云南。

想当年，聊普洱离不开粤港。

广州、香港、澳门等地，皆有品饮普洱茶的习惯，历史已超过百年。珠三角地区的茶商，更是早在新中国成立前就开始经营普洱茶。根据《中国各通商口岸对各国进出口贸易统计》，1919年至1929年是普洱茶出口香港的黄金时期，每年出口在3000担以上。1929年，出口香港的普洱茶为3968担，达到了最高峰。同时出口其他国家、地区的普洱茶仅为73担，刚刚够上销港普洱的一个零头。20世纪七八十年代，台湾茶商从港澳的老茶庄老茶楼里“挖出”大量普洱老茶，当然也就绝非偶然了。

1949年之后，普洱与粤港澳的关系仍然十分密切。1952年，广东茶叶进出口公司成立。其前身为中南区茶叶进出口公司广州办事处。当时属计划经济年代，茶叶属统购包销的二类商品，外贸属垄断性进出口经营。全国仅广东、福建、上海两省一市有出口经营权。

广东由于其历史、地理条件的特殊，除出口本省的茶叶外，还负责出口由中央调拨的中南、西南各省区的茶叶。连浙江杭州的西湖龙井和福建福鼎的大白茶也由广东公司出口。基于这种情况，新中国成立之后的普洱茶外销全由广东负责。正如《云南省茶叶进出口公司志（1938—1990年）》中所记载，1973年以前，云南每年都调拨给广东口岸茶叶公司晒青毛茶数千担，用以配置普洱散茶出口。

长久以来，粤港澳地区既是普洱茶的传统销区，也是普洱茶的出口阵地。从粤港澳茶商到广东茶叶进出口公司，都不是简单贩售普洱茶。在长期的生产实践与市场反馈下，粤地茶人们逐步形成了自己对于普洱茶的独特理解与加工秘诀，从而奠定了广东普洱的基础。从晚清民国一直到20世纪70年代，普洱茶的发展一直与粤港澳地区密不可分。所以想弄清楚如今的云南普洱，就必须先了解当年的广东普洱。

○ 无心插柳

我曾在文章中论述，现如今所谓“生普洱”，实际上就是绿茶。一石激起千层浪，引来的是批评甚至谩骂。有人质问我：如果生普洱是绿茶的话，为何生普洱还可以越存越香，而其他绿茶的保质期只有十二个月呢?

答：原因在于，生普洱制法原始。

虽然知道这样回答，可能让更多的人不开心，但我还是要说，历史上的云南普洱就是以大叶种晒青毛茶为原料加以精制与熟成而得。之所以可以越存越香，很大程度上就是因为晒青毛茶制工原始。

云南茶叶的制作与加工，一直落后于中原地区。直到1937年抗日战争全面爆发，中原茶叶工作者南下，云南茶叶生产水平才大为进步，尤其是在冯绍裘先生到达云南，帮助当地发展了滇红后。以后又陆续有了烘青、炒青等绿茶种类。在此之前，云南就是以晒青绿茶为主，这是不可否认的事实。

云南普洱地区所生产的大叶晒青毛茶，其初制加工极为粗放；杀青不及时、温度不够，不匀不透；揉捻条索不紧、松泡；干燥用日晒、回潮。凡此种种，都给其留下了易于后发酵陈化变质的因子。

由云南到粤港，当时交通极为不便。

茶文化学者杨凯先生等在《从大清到中茶——最真实的普洱茶》一书中写道，当时普洱茶运往香港的路线主要有以下三条：

> （普洱茶）分三条路线运输香港：一路由马帮驮到昆明装滇越火车到（越南）海防再海运到香港；第二路从江城雇牛驮到老挝坝溜江下小木船进越南转口运香港；第三路从江城雇黄牛帮或马帮驮到老挝或景栋（在缅甸）转运泰国曼谷，再转运香港。

云南的普洱茶运抵粤港，少则两三个月，多则半年以上。长途跋涉，日晒雨淋，温湿交加，抵达后往往都已有不同程度的陈化变质。但也正因如此，茶反而在后发酵的作用下变得红醇柔和。推上市场后，反而颇受粤港消费者的欢迎。

云南晒青毛茶粗放的制作方式，倒是歪打正着地为后期转化留有了余地。不得不说，这也算是无心插柳柳成荫的美谈。当时香港、澳门以及东南亚地区的茶客，习惯饮用的就是陈化过的红汤普洱。若谁敢像今天一样，把生普洱直接拿出来卖，那估计也就要关门大吉了。

○ 工艺进步

我曾做过一个不恰当的比喻：普洱口感的变化，就如同臭豆腐或臭鳜鱼一样。起初只是意外的食品轻微变质，没想到后来却成了美味的加工方式。

当然，任由其变质长毛，可做不出美味的臭豆腐。

同样，任由其腐败变质，也得不到馥香的臭鳜鱼。

以此类推，只是日晒雨淋，也绝不会有后来的优质的红汤普洱。

偶然的变质，只是提供一个思路。只有将思路变为工艺，将偶然变为必然，变质的食物才可变为优质的美味。普洱茶再了不起，也是中华饮食文化的一部分。从这个角度讲，普洱茶的发展史与臭豆腐、臭鳜鱼甚至北京的豆汁儿都是一码事。

红汤普洱的问世，首功还是要归于粤港澳茶商。他们由受潮变质的普洱茶中，得到了灵感和启发，从而潜心研究其必演的变化规律，最终以适当加温加湿的方法，加速云南青毛茶苦涩感向醇和滋味转化的进程。

民国时期，普洱茶润水陈化还只是流传于粤港澳茶商行间的土办法。真正系统地加以总结研究，还要从20世纪50年代初期广东茶叶进出口公司遇到的一桩棘手事件说起。

新中国成立后，广州与香港虽然咫尺之遥，但施行的已是完全不同的两种政治制度。两地的茶商交流不便，导致广州大量的青毛茶积压，而香港茶庄里却无普洱茶可卖。面对这种棘手的情况，原先私营经济时代小批量手工作坊式的润水陈化方法，已无法满足港澳市场对普洱茶强烈的市场需求。这就促使广东茶叶进出口公司从1955年开始组织研制普洱茶人工加速后发酵的生产工艺，从而进行大批量正规化生产。

20 世纪 80 年代普洱茶广告纸

为此，广东茶叶进出口公司专门成立了“三人攻关技术小组”，由袁励成任组长，曾广誉、张成二位任组员。他们广泛地将粤港澳民间茶商中以润水加速后发酵的加工技术和茶样品质进行收集、整理、分析，进而在芳村大冲口加工场进行加湿加温发酵实验。经过两年的反复实验研究，该工艺于1957年获得成功。

广东对于普洱茶加工方式的独特改进，不仅缩短了传统普洱茶自然陈化的后发酵时间，更是开启了普洱（熟茶）后发酵生产工艺之先河，从而为普洱茶销量的迅速增长，乃至中国普洱茶产业的加速发展起到了推动作用。

我们今天能喝到熟普洱，一方面是承继云南茶人的天恩祖德，另一方面要感谢粤港茶人的勤劳智慧。

○ 原料多变

1983年，广东普洱茶生产为8000多吨，出口近4000吨，内销4000多吨。1984年10月，广东茶叶进出口公司编写了《广东普洱茶加工技术资料汇编》，完成了广东普洱生产加工技术的理论化构建。我曾在广东茶界前辈桂埔芳老师手中翻阅过这册内部文件，资料翔实，内容丰富，是普洱茶发展史上不可或缺的研究文献，可惜现如今学界对于广东普洱的历史重视不够，甚至还存在刻意忽视甚至抹杀的现象。

广东加工普洱的特点，就是灵活多变不拘一格，以至于广东普洱的茶青，也不一定要全部用云南大叶种。上世纪50年代“三人攻关技术小组”成员之一的张成老先生，曾经回忆过一桩广东普洱交易趣闻，颇能说明广东普洱对于茶青的原则。现简述如下，爱茶人可作为口述史料看待。

此事发生在上世纪60年代初，中国刚度过三年的自然灾害，尚未恢复元气。当时国际共产主义的风头已开始转向，我国为了发挥国际共产主义精神，以大米等物资援助当时称为同志加兄弟的越南，换回来的却是茶叶等农副产品。其中有一种名为“河江二号”的大叶晒青毛青，外形极差，梗多于茶，梗占四分之三以上。且梗长2~3厘米，粗1~2毫米。但内质却奇佳，陈香浓酽扑鼻，汤色赭红挂杯、滋味醇厚顺喉。经办者对此难于定价，便拿去出口商品交易会上试盘。港商反应强烈，出价之高令人咋舌，几近于当时销香港的王牌普洱“1059”。且最后购得此茶的茶楼，名声大噪，一群普洱茶的爱好者呼朋唤友，前去鉴赏，因而生意大旺。

曾几何时，不要说越南茶青了，就是广东大叶种、海南大叶种乃至于四川、贵州的茶青也都是广东普洱的原料。这样的事情，在今天的普洱茶发烧友眼中，绝对是离经叛道的事情，但在当年的普洱茶爱好者心里，则是再正常不过的事情了。

是当年的人太不懂茶吗?

别急，我们再来听一个故事。

2004年11月25日，由云南省方面主办的第一届省级普洱茶国际研讨会在昆明红塔基地召开。会议期间，来自香港的林镇浩先生表达了大致如下的意见：普洱茶在香港一直饮用，没有那么多的理论。近几年云南茶急功近利，发酵的时候下了太多水，到了香港只有汤色没有味道。在商言商，他们暂时放弃云南，转而大量订购越南的茶青了。

这两个掌故，相隔四十年，背后的茶学思想却异曲同工。

当年爱普洱的人，爱的不是云南某个茶山，更不是云南某棵茶树。他们心心念念的，只是好喝的普洱茶汤。不拘一格的广东普洱，唯一的原则就是让爱茶人满意。这样的制茶精神，难道不值得今人借鉴吗？

○ 量身定制

销售的地区不同，饮茶人的口味也就有所不同。广东普洱的风格，也会顺势而变。例如早年出口到香港地区的王牌“1059普洱茶”、热销港澳茶楼的“河江二号普洱茶”，采用云南大叶种与广东大叶种混拼，且外形条索相当粗大。究其原因，是因为珠三角地区的茶楼都是大壶泡普洱，用以佐餐解腻。因此单用云南大叶种，口感难免霸烈粗涩。加以适量的广东大叶种原料，汤色深红艳丽，陈香明显悠长，滋味醇和浑厚，且不会过于酽口。至于干茶枝条粗大，才可以使得茶中内含物质呈现缓慢释放的状态。久闷不苦，久泡不涩。哪怕是老茶客读完一份报纸再出汤，也是照样顺滑可口。

也是机缘巧合，我曾收到过一批上世纪末广东茶叶进出口公司加工的外销普洱。二十余年的自然陈化，汤色已转为赭红，陈香明显不带仓气。又因是云南大叶种与广东大叶种的双拼普洱，口感格外清甜温润。虽然经常被普洱“专家”讥笑，但我仍然把这款陈年普洱作为日常茶饮了。不得不说，现如今喝茶，要有良好的心理素质才行。

再例如日本人饮茶偏向西式风格，喜欢一次萃取茶包闷泡，所以出口到日本的广东普洱就不能像供给香港的一样粗大了，而是必须进行碎切后装成茶袋。与此同时，日本人饮食清淡，肚子里油水不多，因此广东普洱74201，也调和拼配得柔和温顺，绝不带有丝毫刺激。由于量身打造，因此广东普洱在日本销量可观。

百客饮百茶，就是日常饮茶的实际情况。

百茶中百客，才是广东普洱的经营智慧。

云南茶山上的普洱，只是待价而沽的土产。

广东茶市中的普洱，才是量身定制的商品。

普洱茶进入粤港澳地区，才完成了从土产到商品的转化。

○ 以人为本

喝茶，是日常饮食中的一部分。饮茶习惯，也绝不可脱离饮食结构、气候冷暖乃至风土人情而独立存在。不同地方的人，不同体质的人，喜爱不同口味风格的普洱，这是再合理不过的事情。

可当下的个别茶商，打造出山头茶、古树茶乃至于单株茶等一系列新概念，再灌输给刚接触普洱的人。他们口中的普洱已经不是茶了，而是集天地日月之精华的圣物。神圣而不可侵犯，高贵而不容亵渎。

他们是普洱茶的传道者，他们是普洱茶的卫道士。

他们心中的普洱，不允许有任何质疑。

和这种人对话，经常会出现如下场景。

你说：我不爱喝生普。

他们说：你不懂茶。

你说：我喝生普胃疼。

他们说：那是你喝得少。

你要是说：我觉得当年广东大叶种做的老普洱也挺好喝的呀。

他们倒是不会说什么了。

因为，他们已经把你拉黑了。

我并非否定这些普洱新贵，只是感觉这并不应该成为普洱的审美标准。古树不是标准，村寨不是标准，甚至云南大叶种也不是标准。

什么才是标准?

答：好喝，才是标准。

想当年，以人为本。

现如今，以茶为神。

这就是差别，更是差距。

广东，早就不再生产普洱了。

广东普洱，也早已淡出了如今爱茶人的视线。

我很怀念广东普洱，那一杯熨帖暖心的茶汤。

普洱生茶

○ 似是而非的问题

普洱，算是六大茶类的哪一种？

这是一个看似简单却又不容易回答的问题。

说简单，是因为普洱茶的定义讲得很明白。2003年1月26日由云南省质量技术监督局发布、2003年3月1日实施的云南省地方标准DB53/T 103—2003《普洱茶》对普洱茶这样定义：

> 普洱茶是以云南省一定区域内的云南大叶种晒青毛茶为原料，经过后期发酵加工成的散茶和紧压茶。其外形色泽褐红，内质汤色红浓明亮，香气独特陈香，滋味醇厚回甘，叶底褐红的茶叶。

请注意，这里面强调了“后期发酵”一词。与此同时，该定义明确普洱干茶“色泽褐红”、汤色“红浓明亮”，而且一定具有“独特陈香”。符合这三条感官标准，才是合格的普洱茶。我收藏有多份上世纪七八十年代的外贸出口广告，上面的普洱茶汤色也一律是沉稳厚重、绛紫透红。

很显然，普洱就是一种黑茶。

说不容易回答，是因为普洱生茶的存在。其实对于普洱熟茶以及年份普洱，爱茶人也都认可它们就是黑茶。这些年，凡是问我普洱算是哪一类茶的人，暗含着想问的就是普洱生茶。这也不怪大家，普洱生茶确实太不像黑茶了。

○ **普洱生茶的出现**

现如今，爱茶人都知道普洱分为生、熟两种。可其实生茶与熟茶的概念，最早还是来源自乌龙茶的贸易。这一点在拙作《中国名茶谱》一书中有详细论述，这里便不再多言。到底何时将“生、熟茶”的概念引入普洱茶界，具体时间已不可考。但早在1995年12月台湾壶中天地杂志社出版的邓时海《普洱茶》一书中，已经写道：“目前台湾地区的普洱茶文化，是品老树生茶，而饮新树熟茶。”这说明上世纪90年代的普洱消费市场上，已经有了生茶与熟茶的明确概念。

至于官方承认普洱生茶与普洱熟茶的分法，却是很晚近的事情了。2004年4月16日由中华人民共和国农业部发布、2004年6月1日实施的中华人民共和国农业行业标准NY/T 779—2004《普洱茶》，其中对于普洱茶，分为普洱散茶、普洱紧压茶与普洱袋泡茶三类。也就是说，2004年的这份国家农业行业标准中，还没有提出普洱生茶与普洱熟茶的概念。

2008年6月17日由中华人民共和国国家质量监督检验检疫总局、中国国家标准化管理委员会发布，2008年12月1日实施的中华人民共和国国家标准GB/T 22111—2008《地理标志产品　普洱茶》对普洱茶的定义为：

> 以地理标志保护范围内的云南大叶种晒青茶为原料，并在地理标志保护范围内采用特定的加工工艺制成，具有独特品质特征的茶叶。按其加工工艺及品质特征，普洱茶分为普洱茶（生茶）和普洱茶（熟茶）两种类型。

请注意，这份国标中正式提出了普洱分为生茶与熟茶两个类型。虽然民间茶商早已有了普洱生茶的概念，并且大量生产与销售，但官方承认普洱生茶，要从这时开始算起。2008年，也成为普洱发展史上的分水岭。

○ 普洱生茶的定义

所谓普洱生茶，到底如何定义呢？

2008年国标6.5.2条目中，关于普洱茶（生茶）加工工艺流程这样写道：

晒青茶精制→蒸压成型→干燥→包装。

看起来要定义普洱生茶，就必须先搞清楚另一个概念——晒青茶。

该份国标6.5.1条目中，关于晒青茶加工工艺流程这样写道：

鲜叶摊放→杀青→揉捻→解块→日光干燥→包装。

熟悉茶叶加工流程的人一看便知，2008年国标中提到的“晒青茶”其实就是云南的晒青绿茶，也就是民间俗称的滇青。

那么接下来，我们来进行一下换算：

晒青茶，其实就是滇青。

普洱生茶，是以晒青茶为原料制作而成。

普洱生茶，难道也是滇青吗？

别急，我们再来仔细读读国标。

按照2008年国标中的表述，所谓普洱生茶是将晒青茶经精制、蒸压成型、干燥、包装四道工序制作而成。说得通俗一些，就是把晒青茶挑梗拼配后再蒸压成饼。这个过程，与如今大家都熟悉的白茶压饼一般无二。换言之，普洱生茶是滇青压饼的产物。

白茶饼，肯定还是白茶。滇青饼，难道就不是滇青了？当然还是。有人会反驳，普洱和寻常绿茶不同，还讲究常年存放呢。可是诸位再读2008年国标中普洱生茶制作流程，由滇青直接压饼后的茶马上就可以叫普洱生茶，丝毫没提存放与后发酵的事。那不是绿茶，又是什么呢？

自2008年之后，色泽不褐红、汤色不红浓、不具备陈香的茶也可以“堂堂正正”地叫普洱了。这种概念的更改，给很多爱茶人带来了困惑。大家对着刚制成的普洱生茶，真是百思不得其解。论干茶，湛青如碧；论汤色，黄中闪绿；论味道，爽口清新。普洱生茶，怎么也和黑茶联系不上呀。

肯定联系不上。

普洱生茶，根本就是绿茶。

再次声明，我指出刚刚制作完成的普洱生茶是绿茶，只是陈述了客观的事实，绝无诋毁贬低之意。可有些人认为，把“神圣”的普洱与“寻常”的绿茶等而论之，本身就是对于普洱的亵渎。那只能悉听尊便了。

我曾多次问正在饮普洱生茶的人：您喝的什么茶？

他一定斩钉截铁地说：普洱。

若我再追问：普洱是什么茶呢？

大概对方会回答：普洱，就是普洱嘛。

总之，这些发烧友们，既不愿意承认普洱是黑茶，也不甘心认可普洱是绿茶。甚至于大家更愿意把普洱生茶当作六大茶类外的第七大茶类。您说，奇怪不奇怪？

滇青，本就是晒青绿茶。为何打死也不承认是绿茶，反而偏偏要说自己是普洱呢？其实，茶商于无形中完成了一次概念偷换，进行了一次升级镀金。

我有一年在北京的富华斋饽饽铺，请几位日本朋友饮下午茶。席间点了三清茶，配的有宫廷玫瑰饼、玫瑰豆蓉酥、孙尼额芬白糕、芸豆卷、豌豆糕和马奶子糖沾等几样茶点小吃。作陪的那位学生巧舌如簧，愣给客人介绍说这些都是中国宫廷的怀石料理。听得日本朋友频频点头，掏出手机纷纷拍照。之后的好几年，每次见面还都得回忆一番那顿下午茶呢。

茶点小吃说成中国怀石，原地不动身价倍增。

晒青绿茶说成普洱生茶，脱颖而出与众不同。

○ 普洱生茶的尴尬

云南的名优绿茶很多，但基本上都是炒青绿茶或烘青绿茶。例如宝洪茶、十里香茶、翠化茶、太华茶、云海白毫、版纳银峰、墨江云针、南糯白毫等。作为晒青绿茶的滇青，并没有列入云南名优绿茶之中。

旧时的饮茶人，大多不会直接喝滇青。

那么问题来了，既然滇青也是绿茶，为何不和龙井抑或碧螺春一样，直接冲泡饮用呢？这是由于以云南大叶种为原料制成的滇青，内含水浸出物、茶多酚、氨基酸、可溶糖含量高。又因为是晒青绿茶工艺，茶汤中还带有一种特有的日晒气息。喝起来口感刺激汤水粗涩，远不如一般绿茶细甜滑顺。

但滇青茶内含物质丰富，有经久耐泡的特点，最宜作烤茶冲泡饮用。云南许多民族地区有好饮烤茶的习惯。烤茶，就是将茶叶放入特制的瓦罐里，然后把它放在火塘上焙烤，边摇动瓦罐边焙烤，使茶叶均匀受热而又不致烤焦，待茶叶烤到黄色后，将沸水冲入瓦罐，即可取茶汁饮用。烤茶又浓又香，有提神醒脑和消除疲劳等功效。

当然，除去供少数民族茶饮，滇青还有更重要的任务。

陈宗懋主编的《中国茶叶大辞典》中，“滇青”词条写道：

> 滇青，亦称“青茶”。产于云南思茅、西双版纳、临沧、保山、德宏、大理6个地州30余个县的条形晒青绿茶。采摘一芽二三叶或一芽三四叶云南大叶种鲜叶，芽叶全长约6~10厘米，经茶青、揉捻后采用太阳光晒干而成。毛茶分五级10等，是生产紧压茶和云南普洱茶的原料。精制后的成品茶，按品质次序分为春蕊、春芽、春尖、滇配、春玉5个花色。条索粗壮肥硕，白毫显露，深绿油润，香味浓醇，富有收敛性，耐冲泡，汤色黄绿明亮，叶底肥厚。主销甘肃、青海、内蒙古、新疆、宁夏、陕西及云南。

由此可见，滇青茶的主要用途就是生产紧压茶和云南普洱茶的原料。

关于原料与成品的区别，我给大家举个例子。老玉米豆，可以用来嘣爆米花。那么硬邦邦的老玉米豆，就是爆米花的原料。可是一般正常人，都是吃酥脆甜香的爆米花，而不直接嚼老玉米豆。为什么呢？第一，费牙；第二，不好消化。也就是说，正常人都选成品，也不吃原材料。

可是现如今，茶界对于普洱生茶异常追捧。刚刚下树制成的普洱生茶，就可以卖出高价。当年或是隔年普洱生茶就拿来饮用，其实根本没有经过“熟成”的作用。大家还争相品鉴啧啧称奇。甚至于一些人还炮制了“懂茶的喝生普，不懂茶的喝熟普”的谬论。一桌子人，聚在一块大口大口地嚼生老玉米豆。您问他吃的是什么，答曰生爆米花。这听起来像是个笑话。可一桌子人，坐在一起喝普洱茶原料，又有什么必要沾沾自喜呢？五十步笑百步而已。

其实，云南大叶种晒青毛茶经过精制与熟成，情况就完全不同了。由于外界湿热作用和长时间的自身氧化聚合，茶叶感官品质由浓烈刺激逐渐转化为持久陈香及醇厚甘滑的汤感特色。若是天时、地利、人和俱备，有时候还会有樟香及药香等特殊风味。所以真正的年份普洱或是熟普洱，吞汤入口，喉韵十足，齿颊留香，回味无穷。

怎奈现代人，连嘣爆米花的耐心都没有，那就只能直接嚼老玉米豆了。

普洱生茶是晒青绿茶，这本身不丢人。

普洱生茶作为晒青绿茶适宜熟成后再饮用，这也不丢人。

但是愣要指鹿为马偷换概念，这可就丢人了。

现如今网络上流行一句话，叫看破不说破。

对不起，我还做不到。

普洱散茶

市场上的普洱，按形制可分为散茶和紧压茶两大类。

所谓散茶，说白了就是抓起来就能喝的普洱茶。至于紧压普洱茶，又可细分为团茶、饼茶、砖茶、沱茶、柱形茶、特型茶等数种，造型各异大小不一。但它们有一个共同的特点，就是都必须撬开后才能饮用。

如今市场上，出现了不少明星普洱。细数一下，不管是印级茶、号级茶还是88青、8582紫天饼、92小方砖，无一例外都是普洱紧压茶。反观普洱散茶，却一直默默无闻。以至于坊间流传，只有普洱紧压茶，才算是普洱茶。也有人说，普洱散茶不入流，不过是没压饼的半成品罢了。

实际情况，并非如此。

○ 称霸粤港

在梳理普洱散茶的历史之前，先要明确一下本文讨论的范围。

曾几何时，普洱茶最主要的销区便是粤港澳。珠三角地区，既自饮普洱，也出口普洱，还制作普洱。这一问题，在本书《广东普洱》一篇中有详细说明，这里就不多叙述了。1973年，云南省茶叶进出口公司获得茶叶自主经营权以后，才开始绕过广东省自己经营茶叶的出口。但当时云南领到的出口许可证，只有特种茶项目下的“普洱茶”一项。

从人工后发酵普洱茶工艺创制算起，一直到2004年《中华人民共和国农业行业标准·普洱茶》颁布前，爱茶人心中的普洱茶就是熟普洱。至于如今的生普洱，一律称为晒青绿茶。由晒青绿茶直接压成的茶饼，则称为青饼，也就是现在市面上的生饼。换言之，自上世纪70年代以来，很长时间里云南出口港澳的普洱茶都只有熟普洱而绝没有青饼。至于粤港澳的饮茶人，没心思去弄清楚这些外贸上的专有名词。他们干脆把复杂问题简单化，只选购汤色红亮的普洱茶。

一位香港“普洱茶发烧友”，曾经跟我讲过自己的一段访茶趣事。上世纪90年代末，他因为工作原因到云南出差。那时旅游之风还未兴起，交通也远不如现在方便。香港人能到云南，还是不容易的事情。这位发烧友出于对普洱茶的热爱，工作结束后专门绕道去普洱地区购得饼茶、沱茶若干个。千里迢迢背回来，兴致勃勃地邀集茶友们共品“正宗”云南普洱茶。冲泡饮用之下，茶味苦涩，茶汤黄绿，毫无陈香，却带有日曬青气。赶紧找来行家请教，方知此普洱并非彼普洱。两者之间，有根本上的区别。

这里再次强调，如今市场上的所谓生普散茶，不过是云南晒青绿茶罢了，根本还算不得普洱。因此，本文讨论的普洱散茶，只是熟普洱的散茶。

弄清楚了这个前提，我们再回到主题上来。

早年间的粤港澳地区，到底是喜欢普洱散茶还是普洱饼茶呢？

当然是散茶。

上世纪八九十年代，由云南籍港商周琮先生创办的南天贸易公司是香港普洱茶市场的龙头老大。南天贸易公司作为头盘商，底下还有80余家二盘商，所销普洱茶遍布全香港，年销售额和销量都是全港第一。要了解那个年代的香港普洱茶历史，南天贸易公司绝对绕不过去。

据南天贸易公司创始人周琮之胞弟周勇先生回忆，在当时南天贸易公司经营的普洱茶中，散茶（7、8、9、10级和级外茶）占到了95%之多。剩余5%的普洱茶，才是饼茶。至于砖茶、沱茶与紧茶，则又各有各的独特销区，粤港澳地区的爱茶人一般不会染指。所以在当年的粤港澳地区，普洱散茶是绝对的销量之王。普洱散茶之所以如此畅销，与粤港澳地区独特的饮茶文化密不可分。

○ **茶楼风云**

香港的社会，具有极为浓郁的商业气氛。在上世纪50年代至70年代，通信技术还不十分发达。虽也有电话，却不是人人用得起。于是乎，不管是朋友聚会还是客户洽谈，地点便都约在茶楼。随着香港商业的蓬勃发展，茶楼生意自然也红火了起来。茶叶的消耗量，也因此与日俱增。

但在上世纪70年代以前，香港茶楼里常用的是武夷水仙和铁观音，而使用的茶器则是盖碗。乌龙茶香气细腻不宜久闷，因此用盖碗冲泡最为适宜。再加上盖碗是个人的品茗道具，每位人手一盅自斟自饮，既雅观文明又卫生方便。所谓“一盅两件”，便是一盅盖碗茶配两件点心了。我曾在上环的陆羽茶室里见过陈列展示的老盖碗。仔细观察，盖子上还写有“陆羽珍品”四个字，应是当年定制的茶器无疑。

雲南普洱茶
YUNNAN PU-ERH TEA

味甘性和

Sweetly Bitter Flavour
Mild And Gentle Strength

中國土產畜產進出口公司雲南省茶葉分公司
CHINA NATIONAL NATIVE PRODUCE AND ANIMAL BY-PRODUCTS IMPORT AND EXPORT CORPORATION
YUNNAN TEA BRANCH
地址：昆明華山南路113號　電掛：昆明TEAEXCORP
電話．25631　電傳：64023 YUNFT CN ATT· YUTEA
Address 113, Hua San Nan Road, Kunming
Telephone· 25631 Telex 64023 YUNFT CN ATT: YUTEA
Cable: TEAEXCORP KUNMING

20 世纪 80 年代普洱茶广告资料

到了上世纪70年代，香港经济腾飞，人人参加工作。由于劳动力价格升高，当时不少妇女走出家庭，到工厂去做工，贴补家用。夫妻都参加工作，家庭经济条件自然好了起来。所以一到周末，许多家庭都选择睡个懒觉，然后直接去茶楼吃点心。这样全家吃个早午餐，两顿饭都省得做了，也就算是对自己辛苦一周的犒劳了。

基于这样的社会转型，香港的茶楼也渐渐发生了变化。原本只是男人们洽谈商务，用文雅卫生的盖碗泡茶正合适。现如今，一家大小男女老少都进茶楼消费，再摆一桌子盖碗显然太麻烦了。而且盖碗又要不停加水，又要出汤倒茶，操作起来有一定的难度。小孩老人不会弄，打破了盖碗不要紧，要是烫伤了客人可不是小事。在这样的情况下，大茶壶的优势就体现出来了。

一只大茶壶，少说也有500毫升。一家五口同时饮用，也丝毫没有问题。而且加水次数减少，出汤造作简便，就是小孩子用起来也很安全。渐渐地，大茶壶替代了盖碗，成了港澳茶楼最重要的泡茶器。不信的话，您去香港的陆羽、澳门的龙华和大龙凤等老茶楼打探一番，保证每张桌子上都是一只白瓷大茶壶。据香港老人们跟我讲，只有莲香茶楼至今保留用盖碗待客的习惯，算是个稀罕景儿了，有机会一定要去感受一番。

○ 人气之王

茶器换成了茶壶，当年流行的水仙、铁观音就有点尴尬了。爱茶人都知道，这些乌龙茶需要仔细冲泡品饮，才能享受到细腻的香气韵味。用大茶壶闷泡当然也可以，但总是不能物尽其用了。香港茶楼，急需寻找一款适合大壶闷泡的名茶。选来选去，还是普洱最为适宜。

普洱之所以能够替代乌龙茶，成为香港茶楼最具人气的中国名茶，原因大致有以下四点。首先，普洱茶内含物质丰富，可以经得起大壶反复闷泡。其次，普洱茶汤色红亮口感浓郁，却又能久泡不苦。再次，普洱茶经过人工后发酵，茶性温驯滋养肠胃，最适合茶楼佐餐。最后，当时普洱茶价格非常低廉，性价比高，茶客欢迎。要是像现如今动辄成千上万元一斤，估计茶楼老板说什么也不敢选用普洱茶了。

所以时至今日，香港、澳门的老茶楼里都是以普洱茶为主。当然，茶楼普洱既非名山名寨，也不是号记印记，只要喝起来顺口顺心就好。很多茶楼里也一定备有武夷水仙、安溪铁观音等名茶，只是点的人较少就是了。顺便说一句，白茶之所以能够走红粤港，其实也是因为非常适合大茶壶闷泡，这与普洱茶是一个道理。

名茶与茶器，本就是相辅相成的关系。现如今很多人选择茶器具，都只关注到了美观，而忽视了饮茶的感受。有个别的茶艺师，用一只盖碗就想泡尽中国名茶，未免有些偷懒了吧。时至今日，我泡普洱茶一定要选择涟漪纹侧把壶或是家传大号紫砂壶，闷泡出的茶汤饱满浑厚甜润。餐前连喝三大杯，准能多吃一碗饭。这一份灵感，还是得益于粤港老茶楼呢。

酒楼也好，茶楼也罢，选用的一定是普洱散茶。原因很简单，散茶直接抓取，开水一冲下去，味道就可以快速析出。据周勇先生回忆，上世纪80年代，香港的茶楼酒楼每年消耗三四千吨普洱散茶。酒楼偶尔也会撬开一些普洱茶饼，掺在普洱散茶中提味，但是用量非常有限。普洱饼茶的消耗量，几乎不及普洱散茶的一个零头。

至于香港的老茶庄，也并非靠散客支撑。每一家老茶庄，都要与几个甚至十几个需长期供应茶的茶楼酒楼合作。真正的利润，也几乎都出在普洱散茶之上。如果指着卖普洱七子饼养家糊口，那估计老茶庄早就倒闭了。

○ 普洱传奇

普洱散茶，到底有多么热销抢手呢？

我们再来听一个真实的故事。

1988年，云南省茶叶进出口公司来了一位叫陈强的香港商人。他之前在周琮先生的南天贸易公司干过两年伙计，后来出来另起炉灶，成立了一家“联合国际贸易公司”。名气起得挺唬人，实际上也是做茶叶生意。他通过关系联系到云南省茶叶进出口公司，想做普洱茶的生意。

接待他的工作人员，第一时间就告诉他：“陈先生，普洱茶的生意可以商量，但普洱散茶就别考虑了，我们不可能提供给你。”原来当时勐海茶厂的普洱散茶实在太过抢手，7级以下全部由南天贸易公司包销，外人不得染指。没办法，陈强后来只得从仓库里买了一批积压的7542青饼，330件货物共10吨。

几经周折，这批滞销的普洱茶饼终于运到了香港，陈强从火车站直接把货提走后，才发现卖茶没有想象的那么容易。香港的茶行业非常讲规矩，每个茶商都有自己固定的客户，不能随意呛行和串货。陈强是“编外人员”，融不进茶圈，自然很难找到客户。因此他费尽周折弄来的这批库存普洱茶饼，到了香港仍然是滞销产品。

1988年，有位爱茶人士在香港开办了一处“茶艺花园”。这不是传统意义的茶庄，也兼做茶艺课程的培训。到了1990年，这位爱茶人士向陈强先生买了两件7542饼茶，后来陆陆续续又买了一些，最高的时候买价到了50元一片。1997年，陈强先生回忆，他前后花了足足9年时间才把这批茶饼全部出完。曾几何时，香港的普洱饼茶到底有多不受欢迎，通过这件事便可见一斑。

故事的结局是这样的。据说后来这批茶饼，在2003—2004年间大部分又被转卖给了另一位茶商。几经炒作，身价倍增。30余年前陈强先生拉回香港的这批滞销青饼，如今有了一个响亮的名号——“88青”。

当年的滞销青饼，现如今摇身一变，已是茶界的明星产品。当年论吨贱卖，现如今已经升值到数万元一片。至于当年香港商人陈强没资格购买的普洱散茶，却变得默默无闻了。普洱茶的市场，真是三十年河东，三十年河西。

○ 散茶缺点

普洱散茶，到底问题出在哪里呢?

其实原因很简单，普洱散茶没有办法投资收藏。

近些年的普洱茶市场，存在着一个庞大的存茶群体。这个群体当中有不少消费者，当然更多是经销商和茶企业。他们高举“普洱茶越陈越香”的大旗，成吨地购入普洱茶。这样大规模地存茶，自然不是为了自己喝。这个存茶群体把普洱茶当作了投资工具。

简而言之，也就是在仓库中存入大量普洱茶，然后等待升值后抛售套现。这种现象在2006年前后开始蔓延，直到2013年达到顶峰。当时的茶界，就流行着“存钱不如存普洱”这样的广告语。这样一来，“存普洱”不是为了品饮，而是成为理财的一种手段。

普洱茶不是真金白银，也不是股票基金，套现抛售时检验真伪是个大问题。动辄便说自己是数十年的老普洱，那么又有何为凭呢？这时，就涉及一个普洱茶年份的确定问题。真伪鉴定，是普洱茶套现的手段，也是普洱茶发展的死穴。

普洱老茶年份的确定，是一门相当复杂的工作，其难度甚至超过了文物鉴定。常看考古纪录片的人都知道，现如今科学家可以靠测量“碳14”的半衰期来确定古物年代。可是“碳14”的半衰期约为5730年，用在普洱茶的测定上简直是大炮打蚊子。因为这种方法主要是用于史前文物或化石之上，动辄就是成千上万年的历史，但普洱茶，撑死了百年已是极为罕见。虽然名字叫普洱老茶，实际上放在古物界还是太年轻了。当然，真要蹦出来个千年普洱茶，又有谁敢喝呢？反正我是不敢喝，各位请便。

科学家们当然也可以建立一些分析模型，再利用仪器进行检测。但是普洱茶的质量，与茶树品种、土壤条件、茶树树龄、产地气候、生产工艺、存放条件等多种因素相关。即使同样的一款普洱茶，一饼在粤港澳存放，一饼在京津冀存放，五年之后一起对冲品饮，茶汤风格也会完全不同。这里面的变化，实在太多了。因此，关于普洱茶的科学仪器检测，目前也没有突破。

既然精密仪器都不能做到准确检测，光靠感官审评普洱茶年份更是不可靠。现如今有些“大师”，只要喝一口茶汤，就能准确说出这款普洱茶的年份。而且可不是含糊其词，而是精准定位。例如，此茶存放了21年零8个月，或是23年零4个月。遇到这种人，您一定要指着灯泡请教一句：大师，您看这灯用的是火力发的电，还是水力发的电呢?

所以现如今断定一款普洱的年份，基本上还都是依照茶饼的包装纸、内票、内飞等印刷品上的信息。也就是说，断定普洱茶的年份，必须依靠普洱茶以外的东西。例如邓时海、耿建兴《普洱茶续》一书中，光是七子饼茶包装纸上“茶”字的最后一个笔画“点”，就总结出了水滴状茶点、圆棱形茶点、方棱形茶点、后期水滴状茶点、印刷明体茶点五种。我举这个“茶点”的例子，诸位已可以窥一斑见全豹。至于其他的细节鉴定方法，更是多得不胜枚举。

普洱茶的鉴定，俨然成了一门艰深的学问。换句话说，只有可以鉴定的普洱，才有收藏投资的可能性。普洱紧压茶的优势，由此便体现出来了。以普洱茶饼为例，出厂时都有外包装，里面配有内票，饼身压有内飞，这些都成为验明正身的有力物证。普洱散茶，则因无包装、无内票也无内飞，而成了难以鉴别的“三无产品”。这样一来，普洱散茶即使再好喝，也不可能受到重视，更不可能被吹捧炒作。

只是好喝的普洱，不算是好普洱。

能够升值的普洱，才算是好普洱。

且慢。

一款茶，难道好喝还不够吗?

当然不够。

因为现如今，普洱茶已经不是茶了。

普洱是理财的产品，可以用来投资。

普洱是珍贵的古董，可以用来拍卖。

普洱是财富的象征，可以用来炫耀。

这是普洱的幸运，还是普洱的悲哀？

不得而知。

普洱紧压茶

历史上的云南普洱，多以紧压茶的形式出现，这是基于长途贩运的销售模式。其实不管是云南普洱、四川康砖、湖南茯砖还是湖北青砖，之所以长期保持着紧压茶的造型，都是因为产区与销区相隔甚远。若是本地自产自销，当然就不用如此大费周章了。

像云南少数民族地区流行喝的罐罐茶，原材料就是云南大叶种青毛茶，而绝非紧压茶。别看现如今云南当地普洱茶风浓厚，其实云南当地人习惯喝普洱茶饼一类的紧压茶，都是非常晚近的事情了。茶商爱讲故事，动不动就说自己家祖居云南，几辈人都只饮普洱，从而彰显自己的专业与正宗。这样的大话，诸位姑且听之也就是了。看破不说破，据说是美德。

○ 种类繁多

言归正传，咱们接着聊普洱紧压茶。

全国数个黑茶区，都有生产紧压茶，但情况又各有不同。云南紧压茶不仅造型独特，而且花色品种繁多。这既是普洱茶的特色，也成为理解的难点。

根据2004年4月16日由中华人民共和国农业部发布、2004年6月1日实施的中华人民共和国农业行业标准NY/T 779—2004《普洱茶》“普洱压制茶”条目记载：

> 各种级别的普洱散茶半成品，根据市场需求而使用机械压制成型的沱茶、紧茶、饼茶、砖茶、圆茶及茶果等。

云南省下关茶厂
云南沱茶
YUNNAN TUOCHA
云南沱茶
云南沱茶选用云南大叶种茶做原料，经过高温蒸压精心制造而成，形状似碗，外形紧结，滋味醇厚，香气馥郁，解渴提神，帮助消化，降低血压，敌烟醒酒，有益健康。
Produced exclusively by Xiaguan Tea Factory of Yunnan Province from a broad-leaf variety, steamed in high temperature and made into a compact-tight bowl shape. It is refreshening and fragrant, gives a mellow taste and helps digestion, slakes thirst, brings down blood pressure and relieves toxin from tobacco and wine.
经销单位：中国土产畜产进出口公司云南省茶叶分公司
地址：昆明华山南路 113 号
China National Native Produce & Animal By-Products Import & Export Corporation, Yunnan Tea Branch
Address: 113 S. Huashan Rd., Kunming
Cable: TEAEXCORP kunming

20 世纪 80 年代云南沱茶广告纸

其实现如今普洱压制茶种类更多，大致有团茶、饼茶、沱茶、紧茶、柱形茶和普洱特型茶等数种。

普洱的团茶、饼茶、砖茶、沱茶与紧茶，绝非造型不同而已。它们的形成原因不同，供给的销区更是大相径庭。正因为销区的不同，最终又造就了茶汤口味上的差异。这就如同都是茉莉花茶，供给四川人饮要清新馥郁，而销往北京地区的则一定要浓酽杀口。普洱紧压茶，不仅视觉上让人眼花缭乱，味觉上也是千差万别。

下面，我们来逐一分析。

○ 团茶与饼茶

在众多普洱紧压茶中，历史最早的要数团茶。

所谓团茶，形如圆球。前文引用的明代《滇略》，是关于普洱茶的最早记载。其中的“蒸而成团”，讲的就是普洱团茶。据清代阮福《普洱茶记》，清代中期入贡的普洱共八个花色品种，其中仍以团茶为主。现如今的团茶，已非普洱紧压茶主流。倒是近年兴起了一种8克上下的普洱龙珠，权当是普洱团茶的微缩版本了。

但是团茶形若圆球，干燥起来十分不便。工艺稍不到位，就可能造成“茶心”含水量过高，导致发霉变质。所以在漫长的生产过程当中，制茶人就一直想着如何克服这个问题。团茶的形制，也因此发生了演变。

其实让茶脱水干燥，与日常的晾衣服是一个道理。总是把洗完的湿衣服团在一起，那何年何月才能晾干呢？衣服要摊平展开，才可以迅速晾干。依照这个思路，团茶也就摊开成了饼茶。

比起团茶，饼茶更轻薄更扁平，自然也就容易脱水干燥了。

普洱饼茶，起源时间已不可考。清雍正十三年（1735），清政府颁布了云南茶法。其中规定：

> 雍正十三年（公元1735年）提准，云南商贩茶，系每七圆为一筒，重四十九两（合今3.6市斤），征税银一份，每百斤给一引，应以茶三十二筒为一引，每引收税银三钱二分。于十三年为始，颁给茶引三千。

很多人将这一条史料看作普洱饼茶的开端。

可我认为，这其中还有可以推敲的地方。

这里的普洱茶单位是“圆”而非“饼”或“片”。到底清朝雍正年间的“圆茶”长什么样子呢？至今都是靠文献揣测，并没有实物的证据。所谓“圆茶”，可能是圆滚滚的球形，也可能是正圆状的饼形，这都犹未可知。

从晚清到民国，情况才真正发生了变化。从现如今留存下来的所谓“号级”普洱来看，虽然仍称为“圆茶”，但其实就已经是茶饼造型了。

时至今日，饼茶最终成为流传最广的普洱紧压茶。现如今坊间追捧的所谓“号级茶”“印级茶”，无一例外都是饼茶。

○ 沱茶与紧茶

弄清楚了团茶与饼茶，我们再来看沱茶与紧茶。

有一些茶商，会将这两种茶混为一谈。

实际上，二者的发展轨迹以及销区却完全不同。

从历史的角度讲，沱茶发明在先而紧茶发明在后。王镇恒、王广智主编的《中国名茶志》一书认为沱茶应创制于清光绪二十八年（1902）前后。虽也有学者提出质疑，但大致时间都是清朝光绪晚期。紧茶的出现较晚，1912年才在佛海首先生产上市。

而从视觉的角度讲，二者也有不同。沱茶中空，像是一个窝头。紧茶带柄，宛如一枚蘑菇。又因为紧茶的上半部分与沱茶类似，也是一个形如山包的造型。因此，紧茶也有蘑菇沱的别称。老一辈人，也把紧茶称作牛心茶。倒是贴切，只是稍微血腥了一点，所以现如今也很少有人用这个称呼了。

至于销区，沱茶与紧茶则就是天各一方了。在熟茶诞生之前，下关沱茶一直被定义为绿茶。口感清香，滋味浓郁，去油解腻，效果奇佳。饮茶的习惯，又往往与饮食习惯相配套。重庆人味喜辛辣、油盐重，而西北人主食牛羊肉，都需要一款杀口涤油的好茶。因此，数十年来的销区一直在川渝和西北地区，深得当地人的青睐。

自普洱茶人工后发酵工艺出现之后，沱茶也做一些熟茶的品类。下关茶厂出产的熟沱远销至香港、澳门、欧美地区。至于川渝、西北这些沱茶的传统销区习惯了老口味，还是坚持饮用绿茶版的沱茶。

紧茶自创制之日起，就与藏区结下了不解之缘。历史上的紧茶，主销西藏，少部分销往尼泊尔、不丹、锡金一带。1949年以后，紧茶的加工仍然全为纯手工完成。由于工时长、效率低，所以到了上世纪60年代全部停产。

直到1986年10月23日，时任全国人大常委会副委员长的班禅额尔德尼·确吉坚赞视察下关茶厂，提出了恢复生产心形紧茶的要求。为响应班禅活佛的提议，下关茶厂这才又恢复了心形紧茶的生产。

下关茶厂于20世纪80年代中期恢复生产紧茶以后，定名“云南紧茶”，商标仍使用“宝焰牌”，有青茶型和普洱熟茶型两类，但以青茶型为主。宝焰牌云南紧茶在藏地很有影响。据说藏族同胞在喝完茶后，喜欢将宝焰牌商标取下贴于佛龛之上，以敬奉佛祖。由于下关茶厂生产的紧茶与班禅之间的时代茶缘，因此很多饮茶人也尊称云南紧茶为“班禅紧茶”。

○ **普洱砖茶**

以上的团茶、饼茶、沱茶与紧茶，都是云南特有的紧压茶类型。至于砖茶，则非云南的专利产品了。湖南黑茶中的茯砖、湖北黑茶中的青砖、四川黑茶中的康砖，都可以算是砖茶中的名品。

从历史角度来看，普洱砖茶的出现明显晚于团茶与饼茶。目前可见的最早一块普洱砖型茶，为中国茶叶博物馆藏有的清光绪年间西双版纳同兴号茶庄所制“向质卿造”字样茶砖。1927年前后，同兴茶庄尝试将普洱砖茶销往藏区及香港，收到较好的反馈。我们可以推断，云南普洱砖茶的制作，很可能也是借鉴了其他黑茶产区的工艺。

普洱茶砖的大规模生产，则是新中国成立之后的事情了。砖茶利于机械化生产，先是1959年，勐海茶厂开发出“勐海方茶”“普洱方茶”“勐海砖茶”等新产品。随后在1966年，云南开始批量生产砖茶，商标为团结牌。

1967年12月，中茶土总公司批准云南茶叶分公司对边销茶叶采取革新措施，将原来带柄的心脏茶（心形紧茶）改为长方形的砖茶，加工操作走向机械化，也便于包装运输；勐海茶厂、下关茶厂将心脏形的紧茶改为250克的长方砖形，使用中茶牌商标。

现如今的砖茶，也算是普洱紧压茶中的大宗商品，主要规格有250g、500g、1000g等数种。我见过最大的茶砖，大致有6斤上下。虽然唬人，实用价值并不大。

除此之外，市场上有一批所谓“普洱文革砖”炒得价格很高。其实这批普洱砖茶，就是作为紧茶替代品的边销茶。这路茶的配方复杂，一块茶砖里有多种等级和分不了等级的片状茶，甚至还有少许碎茶。

为什么这批茶砖的等级，会如此粗率复杂呢？这里头，还有一段生产时的小故事。上世纪60年代，开始以砖茶代替紧茶。由于用料等级较低，茶叶中的果胶含量低，不容易压制成型，破损较为严重。甚至很多茶砖还没到藏区就全散了。后来经茶厂研究，加入一定比例的碎、片茶后，茶砖会变得较为紧结，便于压制以及长途运输。当时的昆明茶厂、勐海茶厂、下关茶厂几乎找不到碎茶，因为碎茶全部用到边销茶中了。

现如今凡是“老茶”，都被看得十分神圣。其实在特殊的历史阶段，碍于生产能力及消费能力的限制，很多茶的品质并不高。劣等茶，放了数十年也成不了精品。

尊老敬老，是中华民族的传统美德。但是对于老茶，我们则不必过度吹捧和迷信。老茶，绝不等于好茶。切记，切记。

○ 普洱特型茶

除此之外，近些年还出现了一种特型茶，算是普洱紧压茶中的新品。《云南名特优茶》一书中对“普洱特型茶”这样定义：

普洱茶 PU-ERH TEA

規　格 Specification

廣東或雲南產
Guangdong or Yunnan origin

包　裝 Packing

(1)雙草包或編織袋裝，每件净重40－50公斤。In double matting bales or polyester fibre bales of 40-50 kilos nett each.

(2)紙箱裝，外綑尼龍帶，每件净重18－25公斤。In cartons of 18-25kilos nett each, outside fibre belt strapped.

(3)木箱或夾板箱裝，每件20－30公斤。In wooden or plywood chests of 20-30 kilos nett each.

普洱餅茶(七子餅茶) PU-ERH BEENG CHA (CHI TSE BEENG CHA)

規　格 Specification

廣東或雲南產 Guangdong or Yunnan origin

包　裝 Packing

(1)竹簍裝外草包，每簍12筒，每筒七個，每筒裹以牛皮紙或筍葉包上，每簍净重30公斤。Every 7 pieces form a bundle enveloped with bamboo shoot husk or kraft paper, and every 12 bundles in a bamboo basket of 30 kilos nett.

(2)每箱84個，净重30公斤。Every 84 pieces in one chest of 30 kilos nett.

普洱沱茶 PU-ERH TOU CHA

規　格 Specification

廣東或雲南產 Guangdong or Yunnan origin

包　裝

每箱120個，净重30公斤。Every 120 pieces in one chest of 30 kilos nett.

20世纪80年代普洱茶广告资料

用普洱茶为原料，经蒸汽蒸软后，做成压印成各种字、画、生、肖、吉祥图等图像的各种形状产品，以及独具寓意的各种工艺品。此种茶具有较强的观赏性和收藏性。如金瓜茶、葫芦茶、生肖茶、茶匾、壶形茶、碗形茶、蝴蝶结茶等。

随着云南旅游业的红火，这种普洱特型茶也是大行其道。在导游的宣传语中，这属于既好看还好喝的普洱茶，是游客的最佳伴手礼。是否好看，审美因人而异。但是我可以负责任地讲，这种普洱肯定不好喝。

因为需要做出造型，所以必须用机器压制，紧实程度很高。撬茶的难度，也远非一般普洱紧压茶可比。茶针与茶刀，根本奈何不了它。我估计真得是锤子斧子齐上阵，才能破了普洱特型茶的金钟罩铁布衫。好容易撬开了你会发现，这种茶所用原料极差，甚至是不是云南大叶种也不得而知。当然，人家做的就是旅游商品。要是较真儿，倒显得是您的不对了。

行文至此，怕诸位还是分不清普洱紧压茶花色繁多的品种，于是编了一首顺口溜，以方便爱茶人记忆吧：

普洱有饼还有砖，历史悠久要数团。

沱茶紧茶别搞混，窝头蘑菇不一般。

特型普洱花样多，十二生肖能凑全。

不好喝来只能看，关键撬茶忒困难。

您瞧我，又说大实话了。

云南七子饼茶

在众多的普洱紧压茶中，又以七子饼茶最为著名。普洱七子饼的历史，说长也长说短也短，真可谓一言难尽。诸位别急，咱们慢慢聊吧。

○ 历史悠久

根据陆羽《茶经》中所提及的制茶法推演，唐代制出的就是紧压后的饼茶。与此同时，团饼茶也常出现在唐代茶诗之中。例如卢仝的《走笔谢孟谏议寄新茶》中，便有“开缄宛见谏议面，手阅月团三百片”的诗句。这里将茶雅称为“月团”，而计数的单位则是“片”。显然，卢仝收到的茶是紧压茶。从唐入宋，饮茶由煎茶法变为点茶法。紧压茶，却仍是茗茶的主流形态。

众所周知，明代开国皇帝朱元璋提出了“废团改散”的理念。他不仅开创了中国历史上的新王朝，也启动了中国茶史的新时代。自明代开始，流行了数百年的团饼茶开始衰落，本不入流的散茶逐步成为中国茶主力。

明代，确是中国茶史的重要转折。

明代，更是云南茶业的关键阶段。

20世纪80年代云南七子饼茶广告资料

明初的团饼茶，真可谓夕阳无限好，只是近黄昏。唐宋发展数百年的团饼茶技术，此时趋于稳定与成熟。但中原腹地，却几乎没有它们的落脚之处了。也恰在此时，中国内地人口开始向边疆流动。团饼茶的加工技术很可能就是随着人口迁徙而在明代初年传入云南的。以至于中原已经流行制作散茶的时候，云南地区反倒是流行团饼茶工艺了。

在明代谢肇淛《滇略》一书中，有“士庶所用，皆普茶也，蒸而成团”的记载。学界认为文中的“普茶”，即是普洱茶最早的称呼。至于“蒸而成团”的表述，显然就是紧压茶的工艺了。因此我们根据现有文献推断，云南普洱紧压茶的历史最早可以追溯至此。

这样发展不同步的情况，其实一点也不稀奇。我还是拿餐饮文化来举例子。1987年，北京的前门大街开设了中国第一家肯德基，场面异常火爆。我家就在前门附近，小时候经常看到肯德基门店前排着长队。那时候年轻人吃一个肯德基汉堡，远比吃一只全聚德烤鸭幸福得多。因为肯德基是洋快餐，代表了最时尚的生活方式。可是直到2001年，云南昆明的柏联广场才开设了云南省的第一家肯德基。两者之间，相差达14年之久。

中国幅员辽阔，各地情况不同，一件新鲜事物的传播需要一个相当漫长的过程。紧压茶与肯德基，也有异曲同工之妙。湖南、湖北、四川、广西各茶区都有做紧压茶的传统，但真正将紧压茶做成团饼状，只有云南茶区一处。正所谓“礼失而求诸野”，云南普洱茶饼算是唐宋团饼茶的余晖了。

○ **由团改饼**

七子饼茶，虽可以说是上承唐宋团饼茶的遗风，但其真正问世的时间，却是相当晚近的事情。甚至于说，普洱茶饼的历史都不太久。因为最早出现的普洱紧压茶，应该是团茶而非饼茶。前文引用的明代谢肇淛《滇略》，是关于普洱茶的最早记载。其中“蒸而成团”的工艺，显然就是普洱团茶而非普洱饼茶。

明清易鼎，普洱茶的制法似乎也没有发生变化。

由前文我们可以看到，清雍正时政府规定的销藏普洱茶的制式为“每七圆为一筒”。很多人就将这一条文献当作现如今普洱七子饼茶的最早记载，从而推断，普洱七子饼的历史起码应从清雍正年间算起。

我想其中恐怕有不妥之处。

首先，这里提到的是“七”而非“七子”，无法直接和如今的“七子饼茶”攀扯上关系。其次，这里的普洱茶单位是“圆”而非“饼”或“片”。

清代进贡朝廷的普洱茶中，一直很难找到饼茶的踪迹。清代阮福《普洱茶记》中写道：

> 每年备贡者，五斤重团茶、三斤重团茶、一斤重团茶、四两重团茶、一两五钱重团茶，又瓶盛芽茶、蕊茶，匣盛茶膏，共八色。

阮福，生于清嘉庆六年（1801）而卒于光绪元年（1875）。也就是说，在清代中晚期的普洱贡茶是以团茶为主，蕊茶、芽茶和茶膏为辅，并没有饼茶的出现。故宫博物院藏有一件清代光绪年间制作的“普洱金瓜贡茶”，就是非常典型的普洱团茶。

现如今的团茶，已非普洱紧压茶主流。倒是近年兴起了一种8克上下的普洱龙珠，权当是普洱团茶的微缩版本了。

从晚清到民国，情况发生了变化。从现如今留存下来的所谓“号级”普洱来看，虽然仍称为“圆茶”，但其实就已经是茶饼造型了。新中国成立后制作的“印级”普洱茶饼，包装纸上也都还写着“中茶牌圆茶”的字样。

由此可见，“圆茶”的称谓从清代雍正年间一口气使用到了上个世纪60年代。只是词语的内涵，可能已经发生了“由团到饼”的变化而已。到底什么时候，普洱从球形变为了饼状？文献中没有明确的记载。我大胆推测，时间节点应该是在晚清到民国初年。

○ 七子饼茶

至于七子饼茶，又是普洱茶饼中的小字辈。

我曾在民国时期云南中茶公司经理郑鹤春的文章中，看到过“七子饼”的字样。但奇怪的是，在云南中茶的正规统计报表以及文书、电报等文献中，则都仍称“圆茶”或“七子圆茶”，而从未称“七子饼茶”。与此同时，我们至今也没有找到印有“普洱七子饼”字样的民国茶叶包装。我们可以结合文献与实物推断，民国时期“七子饼”的称谓可能就是代指名为“七子圆茶”的普洱饼形茶了，只是并未作为正式的商品名称使用。

邓时海、耿建兴合著的《普洱茶续》一书《昆明简体字七子铁饼》篇中，展示了昆明茶厂普洱茶车间老师傅收藏的茶样，上面写着“七子饼、昆明茶厂、1961”等字。这片茶，是目前可以看到最早的普洱七子饼实物了。作为结束“印级茶”而开启“七子饼”的见证，这片普洱茶有着特殊的意义。

但是这件珍贵的普洱七子饼，只是样品而非商品。此后昆明茶厂是否照此样品大规模生产了普洱七子饼，我们至今不得而知。时至今日，起码普洱收藏市场中仍未见到相关的实物证据。

20世纪70年代初，中茶云南进出口公司希望找到更有号召力、更利于宣传和推广的名称。他们改“圆”为“饼”，从而形成了如今大名鼎鼎的“云南七子饼茶”。 也就是说，我们现在所能看到的包装纸上印有“云南七子饼茶”字样的都是1972年以后的茶品。

我收藏有一份上世纪80年代初中国土产畜产进出口公司云南省分公司驻广州办事处印发的“云南七子饼茶”宣传单。上面明确写着“云南‘七子饼茶’亦称圆茶”的字样。由此也可知，七子饼茶就是圆茶改名后的名称。这一次改名，对于普洱茶饼的影响巨大。从此在称谓上，“普洱圆茶”的称谓逐步退出历史舞台，“七子饼茶”最终确立了霸主地位。现如今，七子饼几乎成了普洱茶饼的代名词。

○ 何为七子

为什么“七子饼茶”的名称能够一炮而红？

为什么“七子饼茶”的名称，至今仍受爱茶人士的欢迎？

我想，还是应该从茶文化的角度思考这一问题。提起“七子”一词，自然会想到《旧唐书·郭子仪传》中“七子八婿”

的典故。话说唐代名臣郭子仪，不仅自己是保国忠臣，家中七个儿子八个女婿也都在朝为官。郭家人丁兴旺，位极人臣，可谓是荣耀无比。后来民间艺人将郭家的故事改编成了吉庆戏，每逢年节必要上演。郭子仪多子多福的形象，就愈加深入人心了。有的地方，甚至还将其封为福神。昆曲中的《满床笏》，讲的就是郭子仪七子八婿的故事。只是演全了要三十六出戏，如今已经很少有剧团拿得动了。

起初普洱七子饼中“七”字的灵感，很可能来自清代雍正年间“每七圆为一筒”的规定。现如今的普洱茶，也多采取七饼一提的包装方式。久而久之，热爱生活的爱茶人开始由“七”改为“七子”，并赋予其文化内涵。

这样的现象，在我们的饮食文化中比比皆是。吃鱼，图的是年年有余。吃年糕，为的是年年高。吃汤圆，寓意为团团圆圆。中国人爱吃、懂吃，但又从未将“吃”局限于简单的口腹之欲。在保证美味的同时，讨个好口彩，得个好心情，这便是中国饮食文化之道。

据老一辈茶人跟我讲，旧时粤港澳地区的茶楼与家庭多选用普洱散茶。毕竟散茶既便于取用，又物美价廉。而包装精致的普洱茶饼，则一般是逢年节喜事时赠送的礼品。记得小时候，大人带我去家门口的正明斋饽饽铺。自己家吃，一般都是买散装糕点。但每逢年节馈赠亲友，则一定要去装一个点心匣子才觉得拿得出手。普洱茶饼，就相当于老北京城的点心匣子。普洱七子饼的背后，是吉庆团圆的寓意，也蕴含着老一辈人“七子八婿”的美好期望。

○ **多聊几句**

可惜现如今的普洱茶，起名字时却丝毫不考虑美感与艺术性。2020年3月21日，云南某茶叶公司与杭州微拍堂共同组织了一场“倚邦太上皇古茶树春茶采摘权拍卖”的活动。通过网络拍卖的方式，最终所谓“倚邦太上皇”古茶树的春茶采摘权，以202万元的价格，由一位上海网友拍得。3月28日，太上皇古茶树开采仪式如期举行。

据说，“倚邦太上皇”的树龄有1700年左右。是真还是假，我不得而知。是真还是假，公道自在人心。我只是想问一句，将一种茶命名为“太上皇”真的合适吗？当然，现在不是封建社会，您在云南给茶树封王、封后甚至封为太上皇，也都不算违法乱纪。但是，茶名可不是胡起乱叫的。

您给普洱茶起的名字叫太上皇，那么以此类推：

制作时，就是炒太上皇。

运输时，就是拉太上皇。

拆茶时，就是捅太上皇。

品饮时，就是泡太上皇。

最后茶喝完了，还得把太上皇扔到垃圾桶里去。

在玩命折腾太上皇的过程中，又能获得什么快感呢？我不得而知。我只知道，中国茶事的清雅传统，可谓荡然无存。纵观历代茶诗，优雅的茶名比比皆是。我在茶课程中，讲过一首日本平安时期惟良氏写的《和出云巨太守茶歌》。诗中夸头采茶为早春枝，称嫩采茶为银枪子，真可谓信、达、雅三者兼具。说完古，我们再来论今。普洱茶的先辈茶人，也做出了很好的示范。普洱圆茶，象征团圆吉庆。普洱七子饼，也是蕴含着中国人多子多福的美好寓意。

怎么现如今某些普洱商人，一不读书，二不敬祖，就知道拿这些伦理梗开玩笑呢？

中国茶，天不怕，地不怕，就怕没文化。

没有了文化，这杯茶汤还会让我们身心愉悦吗？

普洱熟茶

○ 熟茶历史

时至今日，凡是喝茶的人都知道普洱分为生、熟两种。

可是坊间的茶商，对于生普洱与熟普洱却褒贬不一。

其中，又以吹捧生普而贬低熟普者居多。更有甚者，说熟普洱不仅原料极差而且制作工艺卫生不达标。仿佛喝生普是正道，喝熟普就是不懂行。事实真的如此吗？我们还是绕开纷繁复杂的普洱市场，从普洱发展史中去寻找答案吧。

以前的普洱茶，并不分生茶与熟茶两种。

以前的普洱茶，只分为能喝与不能喝两类。

且慢，且慢，怎么还有不能喝的普洱茶呢？

原来云南大叶种茶苦涩味重、太霸气，生产的滇青茶对味觉的刺激太强，不适合已适应小叶种绿茶口味的许多销区。邹家驹在《普洱熟茶的历史》一文中回忆，自20世纪六七十年代以来，云南曾邮寄大量云南绿茶样品到非洲绿茶销区，甚至组团到摩洛哥等国推销，但一点回应都没有。您瞧，连非洲同志都觉得滇青重口味。这便是我所说的不能喝的普洱茶。

其实所谓“不能喝”，实际上是不适合直接喝。上天总是很公平。刚刚做出的茶苦涩难喝，经过时间陈化之后却是独具醇和的风味。普洱茶的“醇”，由生涩对应而来，往往越生涩转化得越“醇”。但是自然陈化的过程，实在是过于缓慢。而在自然陈化的过程中，温度、湿度等不确定性也较多，很难进行大批量的生产。面对日益高涨的普洱茶需求，商人们必须想出更为经济实惠的陈化方法。

李拂一先生在《佛海茶业概况》中写道：

> （高品）须先一日湿以相当之水分曰“潮茶”，经过一夜，于是再行发酵，成团之后，因水分尚多，又发酵一次，是为第三次之发酵，数日之后，表里皆发生一种黄霉。藏人自言黄霉之茶最佳……

由此可见，关于普洱茶人工后发酵的尝试，在民国时期就已经开始了。

1973年12月，经中土畜总公司同意，云南普洱茶由云南茶叶分公司自营出口。公司开始办理自营出口茶叶业务。是年，在昆明茶厂试制发水渥堆熟普洱茶，当年出口普洱茶10.2吨。

1974年，云南省茶叶进出口公司在昆明、下关、勐海、普洱四个茶厂推广加工渥堆发酵普洱茶。是年，勐海茶厂开始采用现代工艺加工制作普洱茶，生产普洱茶（熟茶）6担。当时由于发酵技术的原因，勐海茶厂的高级别熟散茶（如三四级、五六级）因汤色、老味等指标达不到外商的要求，而被称为云南青。

云南茶界自民国一直到新中国成立后，都在尝试普洱茶人工后发酵的可能性。只是碍于技术限制，一直处于高耗能、低稳定性的状态，因此很难推广开来。

与此同时，粤港澳地区开始尝试利用加温加湿的办法，加速普洱茶的陈化与发酵，最终在上世纪50年代，在工艺上取得突破性的进展。这一段历史，我在《广东普洱》一文中已有详尽的论述，这里便不再赘言。

1975年4月15日，外贸部决定，云南普洱茶由本省对港澳直接出口。这样的政策，使得云南茶产业迎来了商机。但商机的背后，又是巨大的挑战。珠三角地区的饮茶人，早已习惯饮用人工后发酵的红汤普洱茶。云南的普洱茶想要畅销港澳，不做人工后发酵工艺是不行的。可是云南自身的普洱茶后发酵技术并不成熟，所以必须到广东取经。

1975年6月，在云南省茶叶进出口公司的安排下，勐海茶厂车间领导和技术骨干曹振兴、邹炳良、侯三、蔡玉德、刀占刚，偕同昆明茶厂的吴启英等人，前往广东口岸公司河南茶厂进行了为期半个月的参观考察，考察的项目是广东“发水茶”工艺。时任勐海茶厂紧压茶车间主任兼党支部书记的曹振兴是考察队的领队。从广东返回后，经过反复试验，昆明茶厂和勐海茶厂掌握了人工后发酵工艺，正式采用湿水发酵速成法（人工渥堆发酵）批量生产熟普洱茶，并由云南省茶叶进出口公司自营对港澳及新马地区出口“普洱散茶”和“云南青”。

综上所述，云南大规模生产人工后发酵普洱茶的历史，应自上世纪70年代中期算起。人工后发酵普洱茶，是普洱发展的必然趋势，也是普洱发酵的技术基础。人工后发酵出的普洱茶，并不等于自然陈化的普洱，但两者异曲同工，都是为了做出顺口顺心的普洱茶。

这里所谓人工后发酵普洱茶，也就是如今坊间所称的熟普洱。只是当时生普洱还未大行其道，所以普洱茶只分为自然陈化普洱和人工后发酵普洱两种。生普与熟普的概念，提出是很晚近的事情了。俗话说得好，没有高山，不显平地。阴与阳、黑与白、生与熟，都是相对而言的事情罢了。现如今提出熟普的概念，只是为了让生普能堂而皇之地列入茶饮范畴。实际上，普洱生茶不过是晒青绿茶，又怎么能代表普洱的风味呢？

○ 熟茶优劣

讲完了普洱熟茶的发展历史，但文章开头的问题，还没有正面回答。

到底生普洱好，还是熟普洱好呢？

其实云南的普洱，和北京的柿子是一回事。如果您觉得普洱茶太过高深玄妙，那我干脆就拿柿子来举例说明。北京是一个出柿子的地方，《光绪顺天府志》中记载：

> 柿为赤果实，大者霜后熟，形圆微扁，中有拗，形如盖，可去皮晒干为饼。出精液，白如霜，名柿霜，味甘，食之能消痰。

北京城西北方向的山区里，遍野都是柿子树。就连城里的不少宅门府邸庵观寺院，也都在庭院中栽种柿子树。远了不提，就连我家的小院里也种着一棵呢。长大后我才知道，敢情中国柿子的种类可真多，有硬柿、盖柿、火柿、青柿、方柿等等不一。我在北京常吃到的柿子，就是盖柿。

刚摘下来的柿子很硬，质地甚至和苹果差不多，口感却很差，主要是涩口难咽。老北京人吃柿子，都是买回来放在四合院室外的窗台上。等到轻轻一按，柿子就能陷下去一个坑，那就是可以吃了。吃的时候，把柿子皮揭开一个口子，用嘴顺着口儿轻轻一吸，就把柿子的甜汁带着果肉都吸到口中了。清甜的果味，绝对是饭后最好的甜品。怪不得老年间胡同里的小贩都吆喝："喝了蜜的，大柿子。"这可真不是虚假宣传。

从硬邦邦的涩柿子放成软乎乎的甜柿子，大致需要一两周的时间。如果有的人嘴急，等不了那么长时间，那当然也有办法。老人会拿一两个熟透了的苹果或是鸭梨，把它们和涩柿子放在一个袋子里，再扎紧口。与熟果同处一袋，大致两三天柿子就可以变软了。这种方法叫作“漤柿子”，是百试不爽的胡同秘方。

唠叨了半天的柿子，我们赶紧回到普洱的正题上来。实际上，刚做出来的普洱茶，就如同刚摘下来的生柿子，都是生涩而难以入口。柿子呢，要放一放才好吃；普洱呢，要陈一陈才好喝。人们心急，就发明了加速成熟的法子。柿子呢，可以和熟果放在一起；普洱呢，可以用控制温湿度的办法渥堆。漤熟，为的是吃到甜美的柿子果肉；渥堆，为的是喝到温顺甜糯的普洱茶汤。

熟普洱，其实就如同漤熟的柿子。这么一讲，想必大家都能明白了吧？有些人，总喜欢故意把普洱茶讲得很神秘。到底有何目的？真是搞不懂。

当然，让我搞不懂的事情还有很多呢。例如，人们现在还是不吃生柿子，为何却如此追捧生普洱呢？一个人，边喝着刚刚做出来的霸烈生普，边嘲笑喝熟普洱的人不懂茶。这样的场景，就如同一个人，边啃着刚摘下来的涩柿子，边嘲笑吃熟柿子的人不懂吃。

到底谁懂谁不懂？我不知道。

谁胃疼，谁自己知道。

Pu-erh Tea
THÉ
YUNNAN
云南沱茶
中國傳統的保健飲料
雲南普洱茶
雲南普洱茶已有一千多年的歷史，常飲有減脂肪、輕體重之功效，是中國傳統的保健飲料。
中國土產畜產進出口公司
雲南省茶葉分公司
中國雲南昆明市北京路五七六號
外貿大樓十四樓
電話：35685 35654
電傳：64021 YUTEA CN
傳真：35685

20 世纪 80 年代普洱茶广告纸

老茶头与碎银子

○ 老茶头

现如今，普洱熟茶里又出了两个网红产品：老茶头与碎银子。

有些人，将这两种茶吹得神乎其神。也有些人，又将这两种茶骂得一文不值。双方吵得不可开交，倒是把爱茶人给搞糊涂了。以至于这两年，我在北京人民广播电台的茶文化节目中，经常会收到市民们关于老茶头和碎银子的问题。看起来，不仔细聊聊也是说不过去了。

先说老茶头，它的出现与普洱熟茶的制作工艺直接相关。

普洱的渥堆发酵，要在散茶阶段进行。真要是压成了茶饼，也就没法再进行渥堆的工艺了。工人会先将普洱散茶打成一个堆头，然后再洒水进行渥堆发酵。在这个发酵当中，茶堆会出现升温的过程。所以每隔一段时间，工人们就要翻堆降温。一不留神温度太高，茶叶就会出现闷焦的问题。

而茶叶在发酵过程之中，会析出果胶质。这些黏稠的果胶质，在翻动过程中粘连茶叶，慢慢滚成一团一团的疙瘩。等到茶叶发酵完毕，工人师傅要把粘连过于紧结的茶疙瘩拣剔出来，这便是所谓“茶头”了。

由于卖相不佳，因此茶头不能够直接拼入正常的熟普洱中。一般情况下，茶头都被作为发酵不合格的副茶来看待。以前厂子里的做法，是将茶头切碎后再拼入低档产品中出售。若是单独作为副茶售卖，也一般是减价处理。

后来有心人发现，茶头的品质并不差。反而因为是紧结成团，所以耐冲泡程度有所提高。至于丰富的果胶质含量，还使得茶汤也显得格外浓稠。于是包装一番，再在茶头前加上一个“老”字，一下子就成了商品。其实老茶头一点都不老，不过是近些年的新鲜事物罢了。若看到有人出售民国老茶头，不用喝也知道是在吹牛了。民国时期，还没有成熟的人工后发酵普洱茶工艺呢。

普洱茶中的老茶头，让很多茶商吹得天花乱坠。其实，拿烤鸭店里的鸭架子举例子，诸位爱茶人就全明白了。我小时候住在北京的前门大街附近，离着全聚德烤鸭店的老店不远。那时候的烤鸭店门口，时常都有鸭架子出售。所谓鸭架子，就是片过鸭肉后的烤鸭。虽说是骨架，其实上面可还挂着不少肉呢。有些客人并不打包带走，店里就省下来另行出售了。上世纪90年代，鸭架子大概是五块钱一只，非常经济实惠。买回去剁成鸭块，用甜面酱在锅里一炒，吃起来真是太解馋了。但是鸭架子数量有限，运气不好排半天队也买不到呢。

老茶头说得再神，也和鸭架子差不多，都是副产品的再利用。不过就是普洱熟茶生产中的副产品罢了，数量并不会很多。真正能将老茶头作为商品出售，必须基于相当巨大的普洱熟茶生产规模。现如今的一些网店，觉得老茶头有噱头有卖点，甚至就打出了专营老茶头的旗号。看似专业，实则荒唐。您什么时候见过，不卖烤鸭却专营鸭架子的店铺呢？若真有这种店铺，那些鸭架子您敢吃吗？

与此同时，老茶头质量的好坏，完全取决于该厂普洱熟茶的生产水平。换句话说，这家店烤鸭做得都很难吃，鸭架子能好吃的了吗？一些小作坊工艺粗糙卫生不达标，生产熟茶原本都没有出路了，现如今追着热点，摇身一变成为老茶头的生产者，反而做得风生水起。这样的产品，质量实在令人不敢恭维。因此，我建议选购老茶头一定要寻找大品牌。一些来路不明的老茶头，还是敬而远之为好。

○ 碎银子

至于碎银子，与老茶头长得很像，却又不是一码事儿。

我不喝碎银子，却熟知它的来龙去脉。

诸位感兴趣，咱们便也不妨聊几句。

碎银子能成为网红，一多半要归功于这个名字。

我们想了解它，也不妨就从名字入手吧。

明清时期，白银成为法定货币，但用法又与西方有所不同。西方的金币也好银币也罢，使用前人们会先赋予它一个价值，然后直接把数字铸造在上面。人们日常消费时，就按照货币上的面值来使用。中国的白银货币则不然，只是单纯的计重，而并未进行赋值。

因此人们在使用白银交易时，就要不断地称重。我们在电视剧上看到的银元宝，都是非常大额的银两。真是买个日常用品，基本上都用不到。当人们遇到小额交易的时候，就只能把大块银子剪成若干个小块，这便是真实的“碎银子”。

至于碎银子这款茶，呈颗粒状，坚硬紧结，表面光滑，甚至还闪着一点贼光。仔细端详，还真有点像明清时期剪下来的一块块的散碎银两。不知道是哪位运作高手，就给起了这么一个形象生动的茶名。至于是不是稍有铜臭气，那可就顾不了这么多了。

根据“茶叶炒作学”的原则，光有抓人眼球的名字还不行，必须再编一个离奇动人的故事。

碎银子的故事，是这样讲的。据说在茶马古道上，山高路远坎坷难行。马帮不仅要与恶劣的自然环境斗争，还经常面临着关卡的阻拦。为了能够顺利通行，就必须贿赂爱财如命的小吏。而有一种紧结细碎的普洱茶，香高水甜最为珍贵。因此，每次遇到有人拦路为难，马锅头就赶紧抓一把这种神奇的普洱茶贿赂对方。久而久之，这种普洱成了茶马古道上堪比金银的硬通货，人们亲切地称之为“碎银子”。

不得不说，故事讲到这里，我自己差点都信了。但只要知道了碎银子的制作工艺，这样“动人”的故事也就不攻自破了。

碎银子的加工，很多厂家秘不示人。倒不是多么高科技，只是真说出来这茶也就没人喝了。上文提到的老茶头，是发酵熟茶时自然产生的结块。之所以能够成为一团团的茶头，靠的是茶叶中天然果胶的黏性。至于碎银子，则是直接将熟普洱加上一种人工缓凝剂，再用外力加压从而结块。然后再进行粉碎与分筛，大号的叫茶化石，小号的叫碎银子。至于原料选用的是上等熟普，还是边角料发霉茶，那便是全凭良心了。

解密了工艺，便知道碎银子是彻底的现代工业化产品。之前茶马古道硬通货的故事，也就只能当笑话听了。

与此同时，商家口中碎银子的许多优点，也就都可以解释得通了。首先，碎银子大小非常均匀，这便是人工粉碎与分筛后的结果。其次，碎银子极其耐泡。那便是人工缓凝剂的功劳了。您看，一点也不神奇吧？

我身在茶界多年，自然深知碎银子的底细，所以一直不敢尝试。但为了讲课，我只能硬着头皮网购了一份。打开罐子，没闻到什么茶香，倒是一股糯米香扑面而来。开汤冲泡，也没什么茶味，还是一股不自然的糯米味浸在汤中。总之，普洱茶汤该有的风味特征，我买的这罐碎银子都不具备。再拿起罐子仔细检查配料表，原来除去茶叶，还加了糯米香叶。这个表达非常含蓄，到底是香叶还是香精？您品，您仔细品。

优质的普洱茶汤中，会萦绕着一种天然的糯香。网红碎银子的汤水里，则是人工糯米香精的味道。熟普洱的糯香，永远没有碎银子浓郁。熟普洱不是输给了碎银子，而是输给了人工香精。一点也不奇怪。大家放着健康自然的普洱茶不喝，而专门着魔于工业化产品碎银子。这是不是有点奇怪了呢？归根结底，还是碎银子名字起得好，故事讲得妙，再加上人工香精的辅助，真是不成功才怪。

有的人，看似用嘴喝茶，实际上是用心喝茶。

也有的人，看似用嘴喝茶，到头来是用耳朵喝茶。

不一样的途径，不一样的选择。

这样想一想，也就见怪不怪了。

辑六 六堡传奇

六堡的初兴

六堡茶，当然是中国黑茶中的一类。

六堡茶，却又是中国黑茶中的另类。

它的特别之处，在于其发展路径与众不同。

六堡茶的产地，为广西壮族自治区梧州市苍梧县。清同治十三年（1874）王鉌绅、王栋纂修的《苍梧县志》记载：

> 茶产多贤乡六堡，味厚，隔宿不变。

由此可见，六堡的茶品质优异，早在清代就已有一定名气了。

好茶，不可以当饭吃。

好茶，却可以换饭吃。

古今的好茶，都不是自产自销，而一定要进入市场流通领域，从而换取银钱养家糊口。六堡的好茶，又该销往哪里呢？答：广东。

自清代以来，粤地的茶楼文化十分兴盛。作为一种平民化的公共空间，茶楼具有提供饮食、休闲娱乐、听书看戏、洽谈商业等多重功能。在市民生活热络、商业氛围浓郁的广东地区，茶楼变得必不可少。

民国时期澳门合栈茶楼广告资料

两广的饮茶场所，也经过了从简陋到繁复的变化。其中的饮茶处称茶寮，环境嘈杂，设施鄙陋。清代徐珂《清稗类钞》中记载：

粤人有于杂物肆中兼售茶者，不设座，过客立而饮之。

这种简易的饮茶场所，被当时粤地民众称为“一厘馆”，可见其消费之低廉。

随着消费人群的升级，广州这样的大城市里渐渐又出现了“二厘馆”。这种茶空间就有了固定的八仙桌子和长条板凳。除了茶水，还供应糕饼点心，休憩小坐或商贸洽谈都十分合适。这种饮一盅茶水吃两件点心的饮茶方式，又称“一盅两件”。时至今日，粤港澳地区仍然保留着这种特色茶文化。

以六堡茶的产地梧州为例，就可谓茶楼林立。1986年第四期《梧州史志》中，收录了招荫庭撰写的《梧州市的饮食业》一文。其中写道：

到清末民初，梧州市的茶酒楼达到了二三十家，其中最大的有探花楼、燕琼楼、杏花楼、万香楼、进门餐厅等五家。中等的茶楼有醉仙楼、粤海楼、意美斋、同园、南华等五家，在抚河河面有岭南、和合、湘江等三家茶酒楼，附近还停泊有许多妓女花艇。

至于粤港澳地区，茶楼气氛更浓。时至今日，香港的陆羽茶室、澳门的龙华茶楼等老店仍在，略显斑驳的桌椅装潢，都在默默诉说着昔日的繁盛景象。

粤地的茶楼，常用的不是盖碗而是大壶。又因是佐餐之物，所以也要求茶汤需更解腻清口。如上文所述，六堡茶的第一特点便是“味厚”，正要与茶楼的荤素甜咸点心搭配。而茶味“隔宿不变”一条，自然也就最宜大茶壶甚至大茶桶的闷泡饮用。六堡，可谓茶楼用茶之极佳选择。

六堡不仅“天赋异禀”，还占尽了“地理优势”。梧州行政上虽属广西，但其实是粤语文化圈的一部分。从地缘上来讲，梧州又与广东省接壤而邻。现如今乘高铁从梧州至广州，耗时不足三个小时，不可谓不近。

旧时虽无高铁，但梧州到广州的水路极其发达。据考证，每年产茶季节，六堡所产的茶叶，都从六堡镇的合口街码头装上“尖头船”沿六堡河而下，在九城（六堡镇的一个地名）集结，经过梨埠镇码头换装大木船后，顺东安江而下进入西江，然后在广东郁南县都城镇换装大货船，运至广州，最后出口港澳、南洋和世界各地。

顺畅的水路，造就了六堡茶极其低廉的运输成本。

醇厚的茶汤，树立了六堡茶广受赞誉的市场口碑。

自19世纪末至20世纪初，六堡成为粤地最受欢迎的名茶之一。

不管是湖南黑茶、湖北黑茶还是四川黑茶，都是墙内开花墙外香。也就是说自这些黑茶制作出来后，便都是定点销往边疆或境外。或是熬成咸奶茶，或是煮成甜奶茶，或是打成酥油茶。总之，饮茶方式与品茶审美都与中原内地迥异。

当这些黑茶转向内销市场时，多少还是有些水土不服。当年都是放锅里熬煮的边销黑茶，拿盖碗或茶壶冲泡总是不够尽兴。泡出的茶汤颜色浅淡，滋味的醇和度也总觉得差一口气儿。毕竟，这些黑茶就是宜煮不宜泡，此乃文化基因所决定。近几年各种煮茶壶、蒸茶壶的出现，其实便是边销黑茶品饮方式“本土化”的一种尝试。

六堡，情况完全不同。

它的紧度适中，几乎可视作散茶。既不用榔头也不用刀斧，取拿十分方便。

它的冲泡简单，几乎无任何禁忌。大壶闷泡品饮即可，茶汤放冷也不失风味。

它的口感醇厚，几乎不招人厌恶。既不像湖南、四川黑茶般霸烈，又不失后发酵茶之醇厚糯润之感。

六堡，本就是内销市场上的热门名茶。晚清之后，中国社会动荡不安，大批粤籍华工“下南洋”谋生。渐渐地，这才将家乡物美价廉的六堡茶带出国门。后来外销大于内销，六堡茶也便从“内销茶”成了“侨销茶”。

关于六堡下南洋的故事还有很多，请诸位读者容我单独辟文讲述，这里只是先专注梳理一段六堡的前史，以便如今的爱茶人更好地理解这款名茶。

黑茶，原属中国名茶的冷门。

六堡，又是中国黑茶的冷门。

然而如今很多爱茶人，开始喜爱品饮六堡。甚至有不少人，将其定为了自己的口粮茶。可能很大程度上，是由于六堡的基因里本就是内销茶。

冲泡品饮六堡时，不像其他黑茶一样非要蒸煮。大可选用紫砂或瓷壶，注入沸水略加闷泡即可饮用。不管是茶器的选择或是口味的审美，都不存在着水土不服的情况。

六堡茶，算不算最容易接受的黑茶？

答案，在爱茶人心中。

六堡的低谷

○ 短暂的复兴

解放初期，百废待兴。

六堡茶作为出口换汇的重要物质，受到政府的相当重视。

当时的广西省政府组建了多个茶叶改进工作组，深入各茶区了解情况，并且制定相应的帮扶政策。因战乱而废弛的六堡茶生产，再次迎来了发展的机遇。

据1952年11月14日郭镇安编写的《省茶叶改进工作组工作报告》（现藏于苍梧县档案馆）中记载：

> 自解放后至1951年，茶叶产量逐渐增加，大家都整理茶园，除草、修复荒茶、新垦茶园等。在五堡、六堡的五个乡中，总计44个行政村中32个村产茶，茶农人口12893人，茶地面积约16000亩，年产量约80万斤，由六堡输出约50万斤，由狮寨输出约35万斤。

不仅六堡茶的生产得到恢复，其出口海外的商业路径也渐渐畅通。

总部设在香港的陈春兰烟茶庄，是当时六堡茶在南洋地区的主要经销商。该茶行购进六堡后，再标以“宝兰牌”进行分销。在最兴旺时，陈春兰烟茶庄每3个月就要购进300筐六堡茶（每筐重量为50公斤），业务量相当可观。当时包装盒上印有君子兰商标的宝兰六堡茶，在南洋地区极受欢迎。

○ 自乱的阵脚

十年动乱时期，六堡茶原本良好的发展势头受到了严重阻碍。

虽然六堡茶的生产没有停止，甚至还增加了茶叶初制茶和初精合一加工厂，但是由于体制的原因，六堡的茶树培管以及产品生产都不能正常进行。这一时期六堡茶的质量，出现了直线下滑的情况。

广西农学院热作分院的教员们，在广西区土产公司茶叶培训班上印发的《区茶叶干训讲义》（1981年）中，道出了20世纪70年代六堡茶品质下降的情况。其中写道：

> 近年来（20世纪70年代末），由于制造方法上的某些变更，特别是初制过程中贪快，一来揉捻不足，条索粗松，欠紧结或者加压过重，致使大部分呈扁条和断片；二来揉后即烘，不经沤堆发酵，有的即使沤堆，时间过短，叶色尚未转色便进行烘干。因此，烘出的六堡毛茶既不像六堡茶也不像青毛茶，其毛茶色泽枯黄，欠黑褐滑润，汤色浅黄，滋味苦涩……

但凡了解六堡茶制作的人都知道，沤堆对于“红、浓、陈、醇”特定品质形成的重要意义。工匠之心尽失，连沤堆都不做或是草草了事，这样的六堡茶自然不会好喝了。

好容易熬到了十年动乱结束，按理说六堡的生产应该得以发展，但实际上，六堡茶却迎来了更大的危机。

○ 委屈的茶农

原来从1982年开始，六堡乡的茶园也实行了包产到户。而公家下辖的十二个茶场，除去部分由个人承包外，全部划分给了茶农经营。六堡茶的生产结构，发生了重大的变化。

其实包产到户也好，承包责任制也罢，实际上都有利于提高生产积极性。但是茶叶的收购，还没有完全放开。上世纪80年代初期，六堡仍然按计划经济模式实行统购统销。每斤六堡毛茶的收购价仅为六毛钱，比其他农副产品低很多。但收购价再低，茶农生产的毛茶也必须卖给国家。若是你自己卖茶，那就属于投机倒把，轻则罚款重则判刑。

生产与销售环节的错位，使得茶农生产六堡不但不能赚钱，反而是生产越多越赔钱。这直接导致了六堡茶农心灰意冷，甚至将茶园里的茶树砍掉，改种八角与肉桂等经济作物。诸位，也不要怪茶农无情。土地就是那么多，既然茶树不赚钱，自然要砍掉。时至今日，在六堡茶乡很难见到老茶树，也就是这个历史原因了。所以市场上所谓“古树六堡”，大半是脱离六堡茶史的虚假宣传了。各位爱茶人，要格外警惕才是。

原来六堡公社下辖的八个六堡茶初制厂，相继因经营不善而关闭。到了1986年底，位于六堡镇内的苍梧县六堡茶厂也被迫停产。此时，就连横县茶厂与桂林茶厂这些曾经负责六堡茶制作的大型国有茶企，也相继停止了六堡茶的生产。

横县茶厂因为实在难以为继，只得靠加工北方市场欢迎的茉莉花茶来维持经营。渐渐地，茉莉花茶的产业逐渐做大，横县也成了茉莉花茶之都。这可真是塞翁失马，焉知非福。横县茶业的奇迹都是后话，咱们暂且按下不表，接着聊六堡茶的危机。

20世纪80年代横县茶厂广告资料

上世纪80年代的六堡茶生产，一直仅能维持最低的外销需求。虽然在1988年，广西茶叶出口总量达到了建国后历史最高水平的5466.75吨，但是此时广西出口茶中以红碎茶为重，六堡已经不再为主要品类了。

总体而言，上世纪60至80年代是六堡茶发展的低谷。这二十年间的六堡茶产量较低，虽不乏精品，但大部分品质差强人意。如今随着六堡的兴起，六堡老茶也逐渐金贵起来。价格猛涨，神乎其神。

老中医，不等于好中医。

老司机，不等于好司机。

老茶，也不等于好茶。

生活中，自应该敬爱老人。

茶事中，却不能迷信老茶。

上世纪60至80年代，产能本就低下，怎么又会在市场上沉淀下那么多老六堡呢？

这种老六堡是否合理呢？

诸位思量。

就算的确是那一时期的老六堡，可就一定是佳品珍茗吗？特殊历史时期生产的茶叶，质量可能连一般水平都达不到，又何必去追捧呢？

诸位再思。

絮絮叨叨讲了这么多六堡的旧事，仍是为了关照如今的饮茶生活。不了解背后的文化，恐怕就没法读懂一杯茶汤。下次再碰到老六堡，我劝诸位要慎重！

六堡的敌人

○ **普洱的挑战**

旧时的六堡茶，多销往茶楼文化兴盛的珠三角地区。

云南的普洱，也与六堡一样，适合早茶佐餐。但相较于六堡，普洱名气更大价格也高。茶楼的老板，自然看重的是性价比。六堡惠而不费，因此需求量更大。也有一些老板，干脆就将六堡掺入普洱后再以云南普洱的名目销售。

世界茶文化交流协会会长白水清曾回忆，当年金山楼（香港的旧式茶楼）因为云南普洱茶的来货价高，就需要用广西六堡茶来拼堆，以降低茶叶的营运成本。

六堡，原本是普洱的替代品。但谁也想不到，不久后的一次工艺革新，使得六堡终被普洱所替代。

这一切，还要从红汤普洱的问世说起。

早期运输普洱的交通工具，就是原始的骡马驮运。商队从云南到广州，长途跋涉，行程数月。这其中，自然也就少不了日晒雨淋。云南青毛茶运抵广州时，茶叶品质其实已经变化。

茶商意外地发现，受潮后的茶叶苦涩大大降低，出现了令人意外的美味茶汤。勤劳智慧的粤港澳茶商，由受潮变质的普洱茶中得到了灵感和启发，从而潜心研究其中的变化规律。他们以加温加湿的方法，加速云南青毛茶由苦涩感向醇和滋味转化的进程。

1955年，广东茶叶进出口公司专门成立了由袁励成任组长，曾广誉、张成为组员的“三人攻关技术小组”，于1957年研发成功了红汤普洱。

红汤普洱滑润甘甜的口感及温和熨帖的体感，受到了香港、澳门以及旅居东南亚的粤籍人士的喜爱。

广西农学院热作分院的教员们，在《区茶叶干训讲义》中，记载了六堡市场的变化情况：

> 香港在五十年代六堡茶十分盛行，到六十年代，已被上述诸国的发水红汤茶所代替，目前香港市场，六堡茶几乎快绝迹，只有马来西亚这个市场年销500~600吨的六堡茶。如果不提高质量，这个市场也难以巩固。

由此可见，六堡在港澳的市场，逐步被红汤普洱蚕食殆尽了。读到这里，爱茶人可能会想：幸好六堡还有南洋的市场嘛。但实际情况不容乐观，六堡的南洋市场也早已危机重重了。

○ 锡矿的衰落

自晚清以来的百余年间，六堡茶绝对可谓墙内开花墙外香。

由于六堡物美价廉，调和身体颇有奇效，所以特别适合辛劳艰苦的南洋矿工。久而久之，六堡的外贸出口地就集中在了南洋地区。至于消费阶层，也主要集中在当地从事矿业开采的华工群体及其后代。

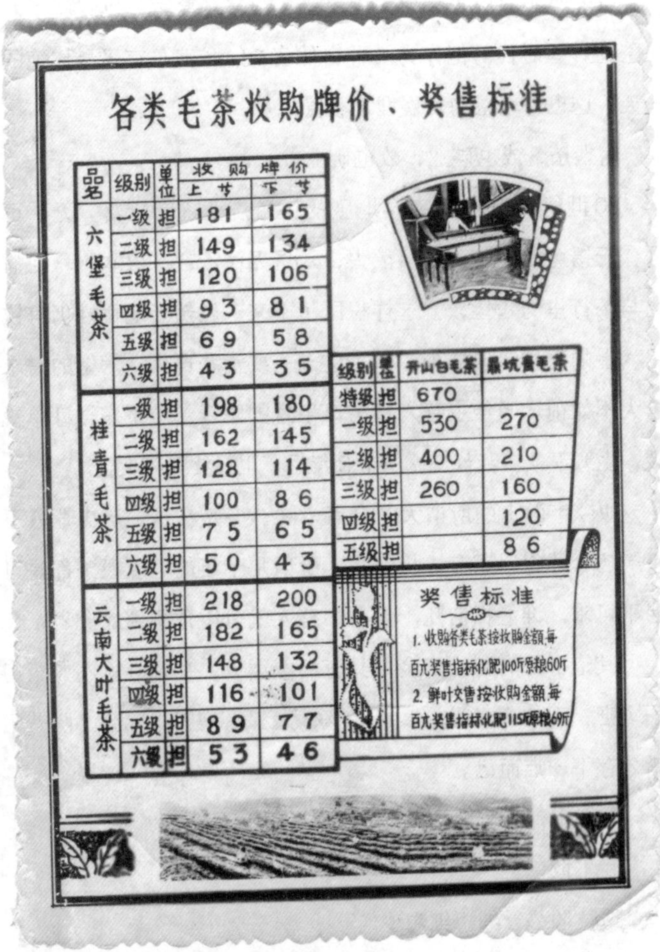

各类毛茶收购牌价、奖售标准

品名	级别	单位	收购牌价	
			上节	下节
六堡毛茶	一级	担	181	165
	二级	担	149	134
	三级	担	120	106
	四级	担	93	81
	五级	担	69	58
	六级	担	43	35
桂青毛茶	一级	担	198	180
	二级	担	162	145
	三级	担	128	114
	四级	担	100	86
	五级	担	75	65
	六级	担	50	43
云南大叶毛茶	一级	担	218	200
	二级	担	182	165
	三级	担	148	132
	四级	担	116	101
	五级	担	89	77
	六级	担	53	46

级别	单位	开山白毛茶	[illegible]坑[illegible]毛茶
特级	担	670	
一级	担	530	270
二级	担	400	210
三级	担	260	160
四级	担		120
五级	担		86

奖售标准

1. 收购各类毛茶按收购金额，每百亢奖售指标化肥100斤原粮60斤
2. 鲜叶交售按收购金额，每百亢奖售指标化肥115斤原粮69斤

20世纪50年代广西毛茶收购价格表

马来西亚的锡矿，为该国带来了财富与繁荣，也成就了六堡茶的辉煌时代。但作为一种自然资源，矿藏总有采尽挖绝的一天。这也为六堡的发展埋下了隐患。

六堡茶，成也矿业，败也矿业。

20世纪70年代，南洋地区的锡矿产业逐渐衰落。无矿可采，无锡可挖，矿工逐渐散去，六堡无法消耗。原本囤积在矿场与茶行里的六堡，就这样积压了下来。虽然当地百姓仍有饮用六堡的习惯，但缺少了矿工这一主要消费群体，六堡的需求量大不如前。当年主营六堡出口生意的陈春兰烟茶庄，订单锐减，生意萧条。苦苦支撑了十余年后，也最终关门大吉。

如今市面上的所谓大马仓老六堡，多是在这一历史背景下机缘巧合才得以留存。相信我，所谓几十年的老六堡茶都是可遇不可求。谁能相信几十年前，有人就可以预测到如今老茶会大行其道？如有那份资金，又有那份远见，存茶叶就不如买房子了吧？现如今可见的零星老茶，大都只是因缘际会、阴差阳错才存下一点而已。

市场上铺天盖地的老茶，又都是从何而来呢？

我不敢说。

诸位明公，细思细想。

○ 大叶的替代

市场上的老六堡，有的年份虽对，却选材不真。

一不留神，您花了大价钱，买的其实是山寨六堡茶。

六堡的山寨化，肇始于香港茶商。

六堡茶，旧时多由香港茶商代转出口。久而久之，香港商人不甘心只做六堡茶的搬运工，准备尝试着做六堡茶的生产者了。

早在民国时期，就有香港茶商绕开广西六堡茶区，而用广东清远、江门、西樵山等地的茶青制作所谓六堡茶。可以讲，这便是山寨六堡的开端了。

后来，精明的香港茶商逐渐发现越南、缅甸等地的大叶种滋味尚佳，而且价格十分低廉。于是他们收购东南亚的茶青，在香港自制六堡茶。由于采用的是大叶种，外形与正宗六堡差异很大，人们便干脆将这种山寨的六堡称为“大叶”了。

到底是哪家茶庄最早发明了大叶，如今已经不可考据了。毕竟不是什么光荣的事情，估计也没有谁愿意承认吧？但是由于利益的驱使，当年香港很多茶庄都经营这种大叶。包括大名鼎鼎的陈春兰烟茶庄和梁瑞生茶行，也都在六堡中拼入大叶，甚至干脆直接出售。

由于大叶条索松散，在外观上就与正宗六堡茶天差地别，所以这种瞒天过海的伎俩，自然没法骗过东南亚常饮六堡的茶客。但是久而久之，大家还是逐渐接受了大叶。甚至在东南亚，大叶成了六堡的同义词。这又是为何呢？

一方面，当地的茶商刻意引导消费者，将大叶作为六堡的别名来解释和推广。另一方面，大叶的价格确实低廉。对于沏大壶茶的南洋百姓来说，对茶价的高低还是相当敏感的。大叶六堡的流行，撼动了正宗六堡在南洋市场的地位。

几年前，我的学生张莉到马来西亚的槟城旅行，买到了一款陈年六堡茶。按店主的介绍，这款六堡已有二十年左右，但价格却十分便宜，这不由得让她起疑。拿回来我一看，正是一款陈年大叶。其实现如今市场上的老六堡茶，有些年份倒的确够久，但实际上是大叶，而非真正的六堡。在这里我也将自己经手大叶六堡的经验分享给大家，权当鉴别的技巧了。

正宗的六堡茶，条索整洁，滋味醇和，绵软细腻。而以缅甸、越南等地茶青制成的大叶条索杂乱，粗细不匀，大小不齐。开汤冲泡，口感绵软不足，滋味较为淡薄，且耐泡程度稍差。除此之外，有些年份浅近的大叶六堡还带有特殊的香气，霸烈有余韵味不足。

大叶在南洋，算不上茶界秘密。但是对于内地的爱茶人，还算是冷门的知识。因此絮絮叨叨地讲了很多，希望有助于大家更为全面地认知六堡茶。

习茶之事，本不艰深。

说到底就是知识、见识与常识的综合积累而已。

六堡的精进

○ 炊蒸工艺

自沤堆工艺出现之后，六堡已完全脱离了绿茶范畴。

但经杀青、揉捻、沤堆与干燥之后的六堡毛茶，充其量还只能算是半成品，浓强酷烈，不适宜直接冲泡饮用。这就像市场上的所谓普洱生茶，不经过熟成也不适宜入口，两者道理相同。如何使六堡茶汤喝起来更加厚重熨帖，就成了制茶师傅努力的方向。

可是对于六堡茶商而言，一时半会儿还顾不上改革制茶工艺。

因为对于他们而言，运输的不便是更急需解决的问题。

原来，最初六堡的茶产业十分粗犷原始，制成毛茶后直接装竹篓后贩运。但是有时候茶叶粗老蓬松，一个竹筐也装不了多少茶叶，运输效率十分低下。而且长途运输与搬运，筐中的茶叶破损率很高。一筐整茶从产地出发，到了终点一半都成了碎末，着实让人头疼。

出于便于运输的考虑，旧时茶商们摸索出一种蒸软后压箩晾置的工艺。具体操作是将毛茶先炊蒸变软，再压实在箩筐内。这样既有效地利用了空间，也避免了运输过程中的破损。

与此同时，茶商们发现经过炊蒸压装晾置的六堡茶，比未蒸的新茶更为醇和顺口。六堡的匠人们便在“炊蒸压筐”中得到了灵感，最终创制出六堡精制环节独特的“焗堆”工艺。

○ 焗堆工艺

比起原始的炊蒸压筐，焗堆工艺就要复杂很多了。

制好的六堡毛茶，按照生产需求先进行拼配。制茶师傅根据毛茶干湿情况，决定是否需要加水。随后放入特制的蒸格，进行炊蒸处理。至于炊蒸的时间，依据六堡毛茶的老嫩程度而微有浮动，一般也就是在三分钟上下。等到茶叶软绵湿润、手捏成团、松手不散之时，就算是完成了初蒸工艺。

初蒸好的六堡毛茶，叶温下降到80℃左右时，就可以进行焗堆了。先将毛茶根据老嫩程度，堆成一米左右高的茶堆并尽量压实，密闭窗门静置20~30天，待色泽转为红褐、发出醇香即可。

随后将初蒸焗堆后的半成品再复蒸一分钟左右。这个工艺用时虽短，但要求热气透顶方能达到效果。蒸后再摊晾、散热，待叶温降到80℃左右时，再装入茶篓压实。最后再经晾置与陈化，六堡茶方才可以入口饮用。由于需要两次炊蒸与两次压实，所以坊间也称这种六堡精制工艺为“双蒸双压”法。又因为需要借助蒸汽炊蒸，所以也称为六堡的“热发酵”工艺。

六堡的焗堆，是毛茶经由水热作用继续发酵，使得部分多酚类氧化物发生非酶性氧化。叶色转为黄褐乃至红褐，汤色转为橙黄甚至橙红，滋味也开始柔顺温和。可以说，焗堆工艺出现后，六堡茶变得更好喝了。但与此同时，六堡在粤港澳茶界的地位，却正遭受严峻的挑战。

20 世纪 80 年代六堡茶广告资料

○ 渥堆工艺

上个世纪50年代前后，广州、香港等地的茶商，开始用洒水闷渥的办法加工云南普洱毛茶。以加温加湿的方法，加速云南青毛茶苦涩感向醇和滋味转化的进程。这样制成的普洱，抹去了刺激性，却保留了丰富感，汤色红润口感厚重，大受粤港澳乃至东南亚华侨欢迎。

当时，广东茶叶进出口公司专门成立了“三人攻关技术小组”，于1957年获得成功。这段红汤普洱的发展史，在拙作《中国名茶谱》《熟普洱》一篇中有详细论述，就不在此赘述。

双蒸双压的六堡，其实已经开始让茶汤变得柔顺。怎奈转化程度尚浅，需要更多时间才能真的达到红、浓、陈、醇的口感。但经过加工处理的红汤普洱，可以快速达到较为醇香的汤感，一下子抢占了原本属于六堡茶的市场。红汤普洱的出现，对六堡茶造成重大威胁。六堡工艺的改革，迫在眉睫。

通过香港德信茶行反馈的信息、资料与茶样，广西梧州茶厂开始加速后发酵工艺的研究，最终形成了六堡茶独具特色的渥堆工艺。

将分类拼配好的半成品茶叶以5~10吨分为一堆，茶堆高约1米上下。需分层加干净的冷水，搅拌均匀。毛茶级别不同，加水量也有所差异，总之不超过30%为宜。渥堆的难点，在于茶堆温度的控制。当堆温达到40℃~60℃时，就要翻堆散热。一般不要超过60℃，以免出现烧芯现象。整个发酵过程要

30~60天，方可大功告成。

据梧州茶厂的技术骨干覃纪全老人回忆，1958年梧州茶厂通过技术革新，开始试制现代渥堆工艺的六堡并获得成功，同时部分量产。只是由于历史的原因，直到1965年才全面采用现代工艺生产。

这种渥堆工艺，实际上是用喷洒冷水直接渥堆代替了炊蒸之后的焗堆。由于不靠热蒸汽而用冷水，因此也被称为六堡茶的“冷发酵”工艺。

○ 三种工艺

对于习茶人来说，六堡的沤堆、焗堆与渥堆是容易混淆的概念。但正所谓：一字入公门，九牛曳不出。

差之虽仅毫厘，谬之不止千里。

沤堆，是六堡茶初制工艺之一。

焗堆与渥堆，是六堡茶精制工艺的一部分。

沤堆，绝不加水。

焗堆，需靠热蒸汽带来的水分。

渥堆，必须喷洒大量的冷水，方可助其发酵。

这些制茶工艺的问题，听起来的确让人头大。搞不清楚也没关系，我们不妨先喝杯六堡茶。红、浓、陈、醇的六堡茶汤，质地极其绵软。色泽深而口味沉，却又不失爽利之气。喝一口下去，是极甜的。茶味，弥散于甜味当中，若有似无。咕咚一声，将热的六堡茶咽下去，似乎不只是口腔的享受，连肠胃都得到了熨帖。

其实不管是沤堆、焗堆还是渥堆，都是历代六堡工匠们对于茶汤口感不断完善而做出的努力。

我想，他们是成功的。

现如今的六堡茶，真的很好喝。

六堡的味道

○ 待客之物

传说产于广西梧州的六堡茶，具有一种神秘的槟榔香。

槟榔香之所以神秘，是因为当代爱茶人对于槟榔早已经十分陌生。现代医学研究表明，长期嚼食槟榔容易患上口腔癌。再加上嚼过槟榔后，鲜红的汁液充盈着嘴巴，吃相十分不雅。所以现如今的城市人，已经很少有人吃槟榔了。

倒是一些高强度劳动者，还习惯通过嚼食槟榔提神醒脑。记得那一年在缅甸的佤邦访茶，当地司机阿鲁每次开长途前都要买一大包槟榔，一路上边开车边咀嚼。偶尔回头说话，我总会被他的“血盆大口”吓一大跳。

其实中国人使用槟榔，有着十分悠久的历史。晋代嵇含所撰写的《南方草木状》一书，记载了当时中国两广及越南地区的植物生长分布情况。其中有关槟榔的内容，原文抄录如下：

> 交广人凡贵胜族客，必先呈此果。若邂逅不设，用相嫌恨。则槟榔名义，盖取于此。

由此可见，魏晋时期的岭南人常用槟榔接待贵宾。如果客人来了没有给上槟榔，那便是非常失礼的举动了。从字形来分析，“槟榔”二字拆去木字旁，便写为“宾”与“郎”了。由此可以推断，槟榔的最初作用便是款待作为贵宾的男子。

○ **零嘴小食**

我以前听家中长辈讲，老北京人也有吃槟榔的习惯。怎奈我生也晚，并没有真正见过。而且那会儿年纪太小，老人讲述的很多细节都记不清了。直到后来读了美食家唐鲁孙先生的《槟榔·砂仁·豆蔻》一文，才对于老北京人吃槟榔的情况更为了解。其文写道：

> 每天中晚饭后，惯例总是由我把这朱漆盘捧到祖母面前，由她老人家拣取一两种嚼用。其中槟榔种类很多：有“糊槟榔”焦而且脆，一咬就碎；“盐水槟榔”上面有一层盐霜，涩里带咸；“枣儿槟榔”棕润殷红，因为用冰糖蒸过，其甘如饴，所以必须放在小瓷罐里；“槟榔面儿”是把槟榔研成极细粉末，也要放在带盖儿的瓷樽里，以免受潮之后，结成粉块儿就没法子吃了。

唐鲁孙先生是满族镶红旗后裔，珍妃、瑾妃的堂侄孙。他生于晚清乱世，长于贵胄家庭，对于清末民国老北京的风俗、掌故乃至宫廷秘闻了如指掌。唐先生的祖母是贵族妇女，竟然也常食用槟榔？这是今人很难想象的事情。其实清朝康熙年间刑部尚书王士禛在《条陈给事》一诗中也写道：

> 趋朝向火未渠央，听鼓应官有底忙？
>
> 行到前门门未启，轿中端坐吃槟榔。

由此可见，那时槟榔的受众人群阶层不低，大抵是贵族茶余饭后的零嘴小食。

旧时北京的“烟儿铺”，大都代卖槟榔。但在北京出售的槟榔，却与广东、海南乃至于台湾的槟榔大不相同。岭南人喜欢把鲜槟榔与牡蛎灰、甘草、石灰等物合在一起咀嚼。而老北京则嫌石灰入口，容易灼伤口腔。且鲜槟榔汁颜色血红，吃起来实在有碍观瞻。所以烟儿铺只卖干槟榔，鲜槟榔偶尔摆一两个作为展示，却是断然不会在京津冀鲁豫等北方省份出售。

除此之外，老北京还有一种叫作“槟榔糕”的小食。据王隐菊、田光远、金应元编著的《旧都三百六十行》记载：

> 卖槟榔糕的，提着装槟榔糕的木头匣，并带有布口袋一个，系装乱头发用。（笔者按：旧时卖槟榔糕的小贩，代收妇女的长发来做假发）摆摊的多用小木头人手拿烟袋做幌子。因为那时烟叶铺都代卖槟榔。槟榔糕的做法与熬糖梨糕的方法差不多，但火候要大些，熬糖时里面放有切成小薄片的槟榔。

综上可知，旧时人们对于槟榔并不陌生。大家的脑海里，恐怕也都有“槟榔香”的概念吧？

○ 首次记录

走访许多梧州的老人，都回忆说很早就听说过六堡有槟榔香的说法。由此可见，槟榔香不至于是近几年茶商编造出的概念。但是口口相传，总不如白纸黑字来得确切。关于“槟榔香”的说法，最早的文字记载又在哪里呢？

我能查到最早的相关文献，为1961年陈兆谋、黄可邕撰写的《六堡茶》（现藏于苍梧县档案馆）。其中写道：

> （六堡茶）如果发酵得好，就能达到成茶黑色有光泽，冲泡后水色红亮，滋味浓厚而醇，且陈味即产生一种特有的似乎槟榔的香气，并达到叶底呈猪肝色的品质要求。

上文明确提到了槟榔的香气，并且指出要出现在陈茶之上。细究起来，这里面有两个疑点。其一，真正的槟榔，尤其在腌渍后都没有十分特别的香气。其二，年份黑茶，其中的芳香类物质大部分已经转化殆尽。所以不管是普洱或是六堡，若年头够久，茶汤中一般都找不到什么特别的香气了。

六堡的槟榔香，到底是什么呢？现如今坊间说法很多，甚至成了茶界未解之谜。

○ 鱼香肉丝

话说至此，不妨先换个思路。

槟榔香神秘莫测，那干脆先说点通俗易懂的吧。

例如，鱼香肉丝。

既然叫鱼香肉丝，那么似乎其中就应该有鱼的香味才对。可其实，这本身也很矛盾。鱼作为一种食材，没有太多的味道。即使吃新鲜的鱼生，认真咀嚼后也只有丝丝的回甜。难不成要在鱼香肉丝中，尝到“特色”的鱼腥味才算正宗？若真是那样，恐怕鱼香肉丝是难以做到风靡全国了。

既不是“甜”也不是“腥”，这“鱼香”二字又要怎么解释呢？

有人说，这两个字应该写作“余香”。由于这个菜好吃，有回味无穷的感觉而得名。好的音乐，都可说是余音绕梁。好的菜，也都可说是余香盈齿。余香肉丝，又为何特指如今的这道菜呢？也有人说，这两个字应该写作“渝湘”。重庆不与四川联合，反过来要与湖南口味混搭？于情于理也都说不通。

2015年，我作为CCTV-10《味道》栏目的文化顾问，随节目组到四川美食之城——自贡市拍摄纪录片。自贡民间有道名菜，叫作“假鱼海椒”。虽是老百姓家的下饭菜，做法却很讲究。主料选取自贡当地的酸菜、泡姜和泡海椒，都是越陈越好。除此之外，还要准备新鲜的辣椒和葱姜蒜。所有食材，一律铡成小丁备用。别看都是小丁，一会儿下锅的顺序上还要讲究个“长幼尊卑”。

菜籽油烧熟后，先将泡菜倒入锅中。煸出水分后，下入泡姜和泡海椒。随后再放姜蒜，最后起锅前再放姜。这菜看似简单，但食材下锅的顺序丝毫马虎不得。美食的最高境界，可能也就是这样的“小题大做”了吧？据说自贡人对于“假鱼海椒”情有独钟，即使给条真鱼都不愿意换呢。

从食材口感来看，这道菜和鱼肉真是风马牛不相及。这“假鱼”二字，更多的是体现在口味之上。原来在四川，做鱼时都要放泡椒、泡菜、泡姜以及葱姜蒜。“假鱼海椒”这道菜，其实是做鱼作料的大聚会。鱼肉本身以鲜美著称，至于口味多是跟着作料走。因此，当人们吃到了做鱼作料的时候，自然会联想到吃鱼的“美好回忆”。虽没有鱼肉，但获得了吃鱼的满足感与幸福感，“假鱼海椒”因此得名。

后来，人们用假鱼海椒一类的调料去烹调猪里脊丝，在猪肉丝里，便也吃出了做鱼作料的味道。除去鱼香肉丝，四川家庭里常做的鱼香茄子、鱼香蛋也都是以“鱼香”为基本味型的菜肴。那本属于烹鱼才有的酸甜微辣口味，就是人们心底的“鱼香”了。

且慢！

本是聊六堡的槟榔香，怎么又说起川菜的鱼香了呢？

20 世纪 80 年代广西横县茶厂广告纸

茶文化，本就是中国饮食文化的一部分。我们研究茶文化，自然也应以饮食文化的高度入手才对。现如今很多茶界中人，一味拔高茶事活动，甚至想将茶引入玄学的境界。在他们眼里，茶是阳春白雪，鱼香肉丝只是下里巴人。在他们心中，槟榔香高雅神秘，鱼香粗鄙不堪。他们自然不会将六堡茶和鱼香肉丝放在一起讨论。殊不知，将茶学导入神秘化，绝不是对茶的尊重，而是对茶的曲解。

饮茶，不必离开生活。

习茶，必须扎根生活。

汉语日常的语境中，“香”与“味”二字本可通用。例如，我们夸赞妈妈饭菜可口美味时，可以直接说“您做的饭菜可真香”。这里的“真香”，与“味道好”意义完全相同。鱼香，可解释为烹鱼的味道。槟榔香，自然也可以解释为槟榔的味道了。我们不妨做出大胆的推断，传说中的“槟榔香”很可能就是“槟榔味”的意思。

○ 槟榔味道

那么问题来了，槟榔到底是什么味道呢？

明代医书《本草纲目》给予了我们精准而权威的回答，原文写道：

> 苦、辛、温、涩、无毒。

若上述的口感即为槟榔味，那的确能在六堡的茶汤中找到。

就以我喝2007年那款古法六堡的经验来看吧。沸水入壶稍作浸泡，汤色呈现稠艳的绛红色。这时的茶汤口感稍重，入口有较为明显的苦味，且伴随有嚼槟榔时曾出现的微涩感觉。

若赶上茶汤最浓稠时，甚至还会有微麻刺痛的口腔体验。但苦涩迅速回甘，且快速生津。这样的六堡性子霸烈，一般人可能不好接受。但真的三五冲连续喝下去，甘、辛、苦、涩、甜五蕴七味俱全。不由得让我这个重口味的喝茶人，也酣然怡然如痴如醉了。

综合我喝过的数款有槟榔味的六堡茶，其苦、涩、辛、甘程度还各有不同。唯一的相同点，就是出现槟榔味的六堡都比较耐泡。有时候汤色都开始浅淡了，槟榔味却绵绵长存。另有马来西亚的茶人告诉我，似乎在东南亚存过的六堡才更容易出现槟榔味。虽无法证实，也不妨先行记录。

所以以我粗浅的认知判断，槟榔味的出现恐怕与原材料及仓储环境都有关系。但可以肯定，绝非每款六堡都会出现槟榔味。

槟榔味，只是六堡的趣味。

槟榔味，不是六堡的标配。

若是在每一款六堡中都苛求找到槟榔味，那便也是自寻烦恼了。六堡茶，红、浓、陈、醇就够了。槟榔味，恐怕只是机缘巧合的上天恩赐了。

遇到了，要珍惜。

没遇到，平常心。

喝茶与做人，道理相同。

当然，我想肯定会有人批评我的见识肤浅，曲解了六堡的槟榔香。莎士比亚曾说，一千个人眼中，就有一千个哈姆雷特。那么同理推论，一千个六堡的粉丝心中，恐怕也有一千种槟榔香了吧？

我试图去解释传说中的槟榔香，本来就是大煞风景的事情了。

还不该被批评吗？

应该，应该。

六堡的兴盛

自19世纪中叶起，广西六堡地区的好茶已在粤地崭露头角。但真正使其名扬天下的动因，则要归结为马来西亚地区的矿业发展。

公元1847年、1880年，马来西亚霹雳州的拉律和近打谷相继发现储量极丰的锡矿。采矿属劳动密集型产业，需要大量的青壮劳力。大马当地的居民，生性懒散，不堪重用。于是乎，大批华工陆续赴马来西亚开采锡矿及进入其他产业，参与到轰轰烈烈的“下南洋”潮流当中。

下南洋讨生活的华工，数量十分庞大。据卢文迪、陈泽宪、彭家礼编写的《华工出国史料汇编》“第四辑”中的统计，自19世纪中期至20世纪初期，下南洋的华工人数有200多万人。简光沂主编的《华侨简史与华人经济》中则讲，从19世纪末至20世纪30年代，华工出国总数有1400多万人，这其中许多人的目的地，就是南洋诸国。

马来西亚气候炎热且多雨潮湿，不少华工到当地务工，都出现了水土不服的情况。若是从事矿业开采，劳动环境则更为恶劣。矿井内酷热溽暑的工作条件，使得很多人上吐下泻，甚至命丧荒山。因地理位置的特殊性，两广籍劳力在下南洋的华工中占据了相当比重。他们随身携带着粤地流行的六堡茶，不仅可以大壶随意闷泡，更是具有消暑排热、祛湿润肠的功能，最适宜南洋务工的壮劳力。

六堡的茶，在关键时刻成了南洋华工的保命良药。

物美价廉，品质醇厚，祛湿和胃，且易于保存，适合长途海运，六堡的茶优点实在不胜枚举。更何况，那杯茶汤里更蕴含着万里之遥的家乡味道。呷一口茶汤，忆一段往事，保命养身的同时，更可暂缓思乡之情。

六堡的茶，在艰苦岁月里成了南洋华工的精神寄托。

南洋销路的开拓，使得订单纷至沓来。苏海文在1951年第二卷第七期《中国茶讯》中写道：

> （六堡茶）除在穗港销售一部分外，其余大部分销南洋怡保及吉隆坡一带……它的消费对象，大部分为工人阶级，尤其是南洋一带的矿工，酷爱饮用六堡茶。

19世纪末至20世纪初，六堡的茶迎来了一次发展高峰。

销量的激增，也使得六堡地区的制茶工艺发生了巨大的变化。

最初六堡地区制茶，基本因循着采摘、摊晾、杀青、揉捻与干燥数个步骤。从工艺角度来讲，古时六堡地区的茶更偏向于绿茶。

随着六堡地区茶叶外销量的猛增，产区种植面积不断扩大，产茶季节更是异常忙碌。天蒙蒙亮，茶农就要上山采茶。而采回的茶青，则要经过摊晾失水后于傍晚杀青，再连夜揉捻和干燥。第二天清晨，继续采摘新一批的茶青，周而复始直至茶季结束。

白天采茶量越来越大，晚间的制茶压力开始显现。傍晚的杀青与揉捻还好说，烘干却是慢工出细活的事情，既耗时也费工，而且欲速则不达。于是，人们只好把茶先烘到七成干，然后赶紧烘干下一轮揉捻好的茶。待第二天早上，腾出工夫再将七成干的茶做到足干。

到后来，即使是这样两段式的方法也忙不过来了。制茶人只好把揉捻好的茶堆放在墙角，等第二天再陆续烘干。然而，茶农们发现这样堆放十余个小时的茶，制成后滋味更为醇和，苦涩感也大大降低，喝起来也更为顺口。于是，这种揉捻后堆放一夜的做法逐步固定下来，从而形成了六堡茶特有的堆闷工艺，当地人也称之为沤堆。

本是权宜之计，终成经典工艺。

广西省（笔者按：当时未称壮族自治区）供销合作社编写的《茶叶采制方法》（1957年）中明确写道：

> 六堡茶原产于苍梧县六堡乡，炒制比较特别，既不是红茶，也不是青茶，是我省特有的特产，所以就以产地定名叫作六堡茶。主要的特点是杀青、揉捻之后，堆放几点钟进行后发酵后，再行干燥……

这里就明确地提到工艺中的“堆放”几小时的“后发酵”工艺。

自沤堆工艺出现后，六堡的茶开始脱离了绿茶的范围。

六堡的茶，终于成为如今的六堡茶。

特别要指出的是，这种沤堆工艺，与后来更为人熟知的渥堆工艺还有着很大不同。首先，沤堆出现在六堡茶的初制环节，渥堆出现在六堡茶的精制环节。其次，沤堆不加水，只是利用揉捻后茶中自带的水分。渥堆工艺，则一定要人工洒水后进行。总而言之，自19世纪末至20世纪60年代前，采摘、摊晾、杀青、揉捻、沤堆、干燥成为六堡茶的主流工艺。至于渥堆工艺的出现则是后话，笔者另辟一篇去说。

现如今，市场上一些茶商将这种只沤堆而不渥堆的六堡称为“生六堡”，而将既沤堆又渥堆的六堡称为“熟六堡”。这显然是参考了普洱中生熟茶的概念，但似乎也有不妥之处。

所谓普洱生茶工艺，更近似于晒青绿茶。而六堡在制作过程中，多了“沤堆”这样一处至关重要的工艺。因此，完成初制的六堡已是非红非绿，叫生茶也就不恰当了。

也有人将这种只沤堆而不渥堆的六堡称为“农家六堡”，可能也不符合其发展历史。在精制渥堆没有出现之前，不管是民国的大茶庄还是新中国成立初期的国营厂，采用的都是这种只有沤堆没有渥堆的工艺。换句话说，在相当长的时间里，这都是六堡茶的主流工艺，又怎能局限于“农家”二字呢？

我想，这种只沤堆而无渥堆的六堡，还是叫作“传统六堡茶”或“古法六堡茶”更为适宜。

所谓古法工艺六堡，从树种上也必须严格采摘自原种六堡茶地方群体品种。这个树种属于早芽品种，且六堡茶区地处桂东，所以发芽奇早。因此上等的古法六堡，采摘标准较高，叶底也显得格外细嫩。制好的古法六堡，条索粗壮，略显蓬松，黑中透褐，重实洁净。

一两年的新茶，汤色较现代工艺六堡茶浅淡，一般仅呈现黄绿色。以个人经验来看，非得存放十年以上的传统工艺六堡，才能逐步体现其特有的风味特征。

陈年的传统六堡，仍符合“红、浓、陈、醇”的四字口诀。但与此同时，茶汤中还增添了三分灵活与一丝霸烈。因此投茶量要先稍作斟酌，再根据个人口味增加即可。

当然，如今现代工艺六堡茶已成为主流，古法工艺六堡茶已成为小众。对于习茶人来讲，则仅可作为值得仔细品鉴的趣味品种了。

可遇不可求，是好茶的一处通病。

辑七　花茶详说

茉莉花茶的口味

○ 高碎与高末儿

年底以来，北京几家大茶企又开始出售高碎了。好这口儿的人闻风而动，以至于茶店门口都排起了长队。据说店家还有规定，一人最多只能买两斤。在北京人民广播电台的直播节目中，有听众告诉我，他愣是跑了五家店，排了五次队，直到十斤高碎到手才满意而归。

高碎，是北京特有的一路茶。起码在外埠，我至今还没见过。中国名茶，凡是沾上“毫”“尖”“峰”等字，一定是细嫩芽叶茶，例如白毫银针、都匀毛尖、黄山毛峰等。您不用问，价格便宜不了。高碎的茶名里沾了个“碎”字，听着就不是太高级的茶。在拙作《中国名茶谱》中，我曾特意为其撰写了一篇文章。愣是将“高碎”塞进了中国名茶之列，也算是尽了一名北京人的义务。

其实喝高碎，还真是老北京的传统。起码清末民国，高碎已经有不少粉丝了。不仅是下里巴人喜欢，甚至也入得了作家文人的法眼。1949年以后，旅居台湾的老北京人不少。由于历史及政治的双重原因，大陆与台湾，海天相望，关山暌隔。于是乎，出现了不少回忆老北京的著作。在这一批著作中，不少人讲述旧京茶事时，不约而同地都提到了高碎。其中写得最为精彩传神者，非陈鸿年先生莫属。

陈鸿年先生，世居北京，于上世纪40年代末迁台。我曾在台北旧书店淘换到他的《故都风物》（正中书局，1970年版），但对于他的生平经历，就知之甚少了。这册《故都风物》的简体字版，后来由九州出版社在大陆出版，改名为《北平风物》。可巧，出版社请赵珩先生为新版的《北平风物》作序。借此机会，我又在珩翁处，知道了关于陈先生更多的事情。

《故都风物》中大部分文字，是陈先生在台湾报刊发表的文章和遗稿的辑录，多见于他在副刊《北平风物》专栏等处发表的作品。1965年，陈先生病故于台湾。他去世后，由副刊编者薛心镕先生汇集文字，最终于1970年出版了这册图书。

陈先生以纯正的老北京文字语汇，向读者讲述北京故事。我若是转述，一定会失去真味。思前想后，我还是直接抄录一段陈先生的文章吧。原文如下：

> 有种人，嘴头儿馋，爱喝好茶叶，喝好茶叶，可又罗锅儿上树——钱（前）缺。虽上树而钱缺，可又爱喝好茶叶，怎么办？
>
> 茶叶铺，无论多好的茶叶，用手抓来抓去，卖到最后，茶叶罐子里，都剩了碎的了。于是用筛子一过，筛子上面的，又倒在茶叶罐子里了。
>
> 筛子下面的，都是末儿了，然后又给它起了个名儿，曰"高末儿"。专门廉价卖给罗锅儿上树的人，花钱儿不多，味道可一如好茶叶之好，他还要说嘴自鸣得意一番呢！

这里多说一句，陈先生提到的高末儿，与高碎是一路茶。有时候指比高碎更碎的茶，有时候几乎就与高碎意思相同了。

特此说明一下，以免引起读者疑惑。

如今，像罗锅儿上树——钱（前）紧这路话，已经没什么人说了。当然，现在因为钱紧而选择高碎的人也很少了。例如前文提到的那位听众朋友，也是福到小康的公司白领。人家费那么大劲排队买高碎，绝对不是为了省钱。如今喜欢高碎的人，痴迷的是那种独特的口感。

高碎沏出来，醇和浓郁，味厚微涩，香留舌本。究其原因，一曰高，二曰碎。一方面，高碎里一定有高档茉莉花茶的茶叶碎末，品质自然错不了。另一方面，由于是碎茶，析出就特别充分，口感也就浓酽厚重了。喝茶人的口味，往往是越来越重。所以高碎，也就容易满足一部分老茶客的需求。

茶叶越碎，泡时越有讲究。水先要烧滚，随后稍稍落开。开水壶注水时，离茶壶尽量近一点，叶子也要闷透了再往里倒。不能愣砸愣冲，也不能马上出汤，不然茶叶末子漂得满杯都是。要不然，这路茶又叫满天星呢。

○ 花茶芯与花三角

现如今茶店，公开出售高碎，既是一种情怀，也是一种噱头。高碎也好，高末儿也罢，毕竟是副产品，量小且不能长期供应，所以旧时很少公开售卖。基本上都是关系户拿走，内部就消化掉了。例如唐鲁孙先生的文章中，就曾回忆过这样一段旧京茶事。北平宣武门外的天兴居大茶馆，是西南城遛鸟儿朋友早晨的集散地。他家有一种物美价廉的茶叶叫“高末儿”，不是天天去遛弯儿的常客他还不卖的。据说他们东家恒星五跟前门外吴德泰茶叶庄的铺东是磕头把兄弟。有一年吴德泰清仓底，扫出几箩茶叶末。正赶上恒四爷在柜上闲坐聊天，一闻挺香，就要了一大包。回来用开水泡了一小壶来喝，醇厚微涩，香留舌本。这也难怪，高末儿里有极品的茶叶末在内。吴德泰高级香片卖得多，所以他家的高末儿也特别馥。每天到天兴居喝早茶的客人们，逐渐知道了这个秘密。从此谁都不带茶叶，专要柜上的高末儿喝。

上世纪七八十年代，真正公开售卖的品种不是高碎或高末儿，而是茶芯和三角片。这两种茶，现在知道的人不多了。咱们借机多聊几句，也算钩沉一段回忆吧。

所谓茶芯，也叫花茶芯，是茉莉花茶拼配及分装过程中所产生的副产品。顾名思义，茶芯虽是碎茶，干茶中却能见到嫩蕊白芯。这种茶的品质特点是外形细碎，略含片稍花，水色稍深黄，香气透，茉莉香尚鲜浓，滋味尚醇正，叶底较嫩欠匀齐。

花茶芯的售价，其实并不低。上世纪80年代初，高档花茶芯售价为四元六角每市斤，一般花茶芯售价为三元四角每市斤。这样的价格，相当于中低档的整茶了。

至于三角片，也称花三角。这种茶等级低于花茶芯，因为多是三角形的茶碎而得名三角片。这种茶外形为片状，水色较深黄。茉莉花香味较好，滋味纯正，叶底老嫩欠匀。

花三角也好，花茶芯也罢，当年都是作为正规商品售卖。换句话说，这些都是符合卫生条件的茶。我收藏有若干份80年代北京市茶叶加工厂出品的花三角包装，大都是一两一份的纸袋。其中一套三张，上面还戳有每市斤的价格，分别为三元、二元五角、二元二角。由于物美价廉，受到大众的欢迎。

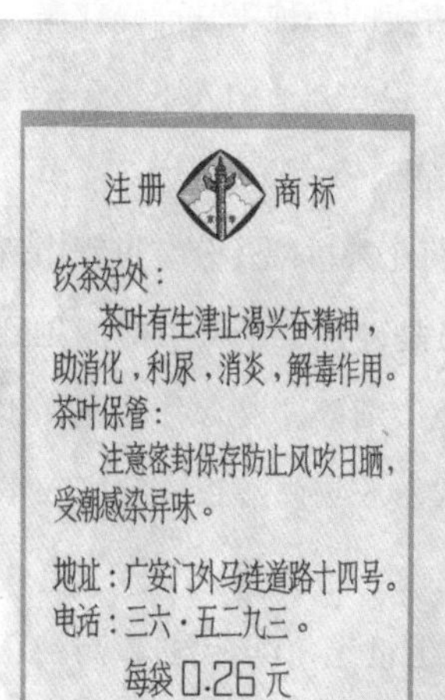

注册
商标
饮茶好处：
茶叶有生津止渴兴奋精神，助消化，利尿，消炎，解毒作用。
茶叶保管：
注意密封保存防止风吹日晒，受潮感染异味。
地址：广安门外马连道路十四号。
电话：三六·五二九三。
每袋0.26元

20世纪80年代北京市茶叶加工厂包装纸

高碎与高末儿，因质量不能保证，一般不公开售卖。另有一种茶土，那就根本不符合卫生标准了。北京花茶拼配技艺第五代传承人沈红老师，却曾跟我说过一段关于茶土的“美好回忆”。上世纪七八十年代，茶土是北京市茶叶加工厂员工的福利。每隔一段时间，就能领到一大包。我质疑说：茶土太脏，根本不能喝。沈红老师却笑笑说：那年头困难呀，有茶土喝就不错了。

○1号与18号

现如今，真给您来一大包茶土，估计也没人敢喝了吧？时代在发展，社会在进步，我们饮茶的口味也在发生变化。上世纪80年代的北京，茉莉花茶的市场占有率在98%以上。时至今日，茉莉花茶在北京茶叶市场的占比已降至60%左右。让出来的份额，由黑茶、白茶、红茶、乌龙等其他茶类填补。如今爱茶人的家中，真说得上是六大茶类齐备了。

其实茉莉花茶，也在悄悄地改变。我们不妨通过当年北京最大的茶叶品牌——京华，来给您说明这个问题。北京人有个特殊的习惯，喜欢“指价买茶”。一般买东西，都是看好了货以后再问价钱。北京人买茉莉花茶时恰恰相反，是先说价钱后看东西。买茶人不记茶名，到柜台直接说，自己要200一斤的或是300一斤的。简单干脆，买完就走。

针对这一特殊的购茶习惯，上世纪80年代，京华茶业推出了号茶。也就是以数字的编号，来代替茶叶的名称。这样一来，大家就从“指价买茶”进步为“指号买茶”。起初，只有1至5号，后来又陆续增添。到了90年代，已将产品分了十个编号，其实也就是十个等级。按价格依次排列，1号最低，10号最高。1号茶与10号茶之间，价格相差将近十倍。

我记得小时候，家里亲戚串门时送来了京华10号。老人接过来，连声说：你瞧你，净花这冤枉钱。送礼的人赶紧答：应该的，应该的。等这位亲戚一走，老人就把这包10号茶收到柜子里了。回头跟我说：咱自己家喝，5号就得了。这包先留着，等过年给你二奶奶送去。

但是现如今，10号花茶最多算是中档了。京华茶业陆续更新，如今最好的已经是18号了。另外我要提醒您，再到京华专卖店，可找不到1号花茶了。甭说1号了，2号、3号、4号乃至5号都已经停止生产多年了。为什么？档次太低，口感太粗，已经没有市场了。

当年喝一包京华5号，就觉得蛮不错的了。现如今，您就是喝京华10号，也未必觉得如何稀奇。我们总是抱怨，某某东西没有原来好吃了。其实，不见得是美食变化了，而是您的口味变化了。当年肚子里没油水，吃烤鸭是一件特别幸福的事情。现如今烤鸭上桌，大家最多吃一两卷。怎么不多吃呢？太油。其实您不知道，现在这鸭子还“减肥”了呢。

面点大师冯怀申老师，与我交情深厚。老爷子总是跟我感叹，现在这面点小吃真是没法做。我追问原因，冯老师倒出了一肚子苦水。想当年师父教他做北京小吃豌豆黄，要求一斤豌豆必须配一斤白砂糖。现如今，这种豌豆黄谁敢吃？不健康啊。没办法，冯老师就开始减糖。现如今，已经是一斤豌豆配半斤糖了，但是大家还说甜。现如今总推崇古法制作，要是您老吃古法制作的豌豆黄，怕是早晚得糖尿病。由此可见，古法也不一定好。

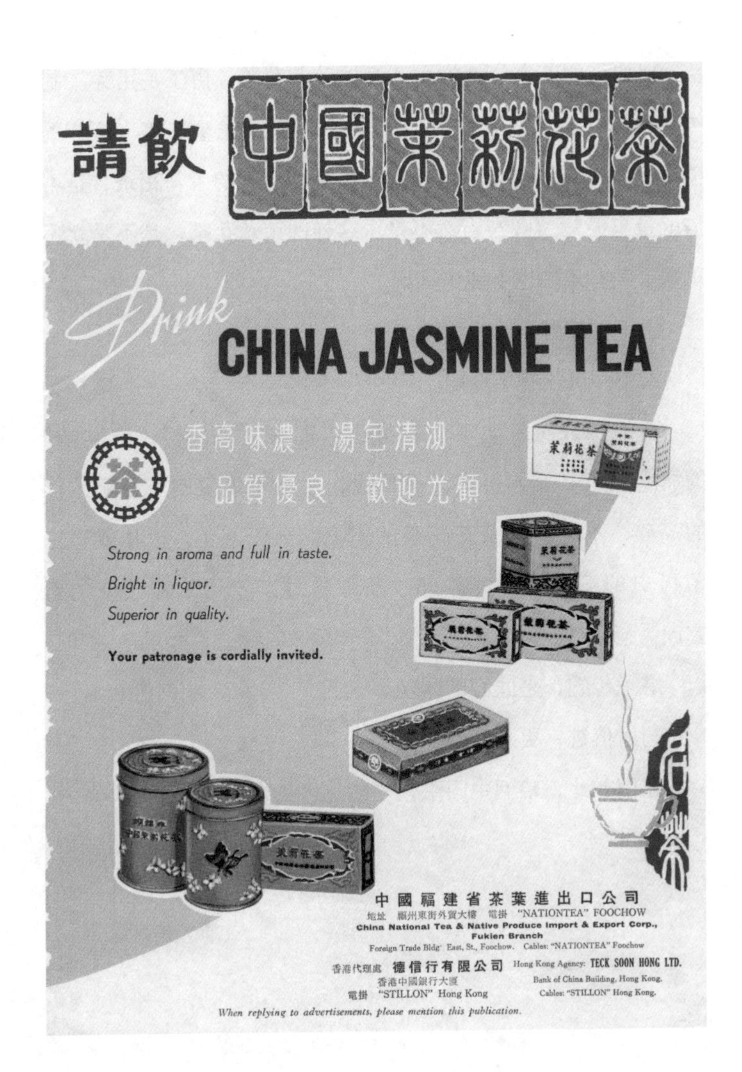

20世纪80年代茉莉花茶广告海报

现如今的茶企，都推出了高档茉莉花茶。由于是用芽头制作，所以都起了好听的名字，如“灵芽”“龙豪”等。这样的精工细作，在以前是不可想象的事情。这样的茉莉花茶，是不是就是离经叛道呢？当然不是。这样的茉莉花茶，是不是就不正宗了呢？恐怕也不能这么说。

天下，没有不散的宴席。

天下，也没有不变的工艺。

现如今，商家动不动就打出“古法”“传统”“古早味”的旗号。可其实，历史没有假设，生活不能复制。苦酽浓涩的高碎，不会再是茉莉花茶的主流。至于茶土，也早就退出了历史的舞台。鲜爽馥郁，汤透味甘，才是茉莉花茶的新方向。

继承传统，是匠心的体现。

与时俱进，更是匠心的要求。

正因如此，咱们中国茶，才能越来越好喝。

茉莉花茶的窨制

○ 茉莉与茶的缘分

茉莉花与茶，什么时候结合在一起，至今没有明确的答案。明初朱权《茶谱》中，就记载过花茶的制作方法：

百花有香者皆可，当花盛开时，以纸糊竹笼两隔。上层置茶，下层置花，宜密封固，经宿开换旧花。如此数日，其茶自有香气可爱。

写下这段文字的朱权，可不是一般的文人墨客。他是明太祖朱元璋的第十七子，受封为宁王。能让王爷写上一笔，也可见“用花熏茶”是一种高雅的玩法。

一百多年之后，晚明著名戏曲家、文学家屠隆在《考槃余事》中详细记载了一个更有意思的玩法：

茉莉花，以熟水半杯放冷，铺竹纸一层，上穿数孔。晚时采初开茉莉花缀于孔内，上用纸封不令泄气。明晨取花簪之水，香可点茶。

敢情晚明文人觉得以茶熏花都不过瘾，干脆直接拿花熏水。用茉莉花熏过的水，再去点茶，味道想必错不了。总之，茉莉与茶在明代就已经结缘。

但这样的缘分，充其量只能算一面之缘。那时以茉莉熏茶，只是文人雅士的一种游戏罢了。不管是朱权的法子，还是屠隆的秘方，都是既费工又费料，根本不可能投入实际生产。大明朝的寻常百姓，喝不到茉莉花茶。

20世纪80年代茉莉花茶广告纸

茉莉花茶，成为一个稳定的茶类，并在市场上大规模销售，历史并不太长。而且发明茉莉花茶的人不是茶商，而是另有其人。这到底是怎么回事，您听我慢慢道来。

要想搞明白茉莉花茶的起源，必须先要聊聊鼻烟。世界上的烟草种类很多，有卷烟、旱烟、水烟、雪茄等等。但是不用嘴就能享受的只有一种，那就是鼻烟。一般烟草是吸的，鼻烟是闻的。

现如今提起鼻烟，总觉得是有一种老北京文化的烙印。可实际上，鼻烟是地道的舶来品。明末有学者说，鼻烟是明代永乐年间三宝太监下西洋带回来的玩意儿。清代的王渔洋在笔记里说鼻烟是由意大利传来。总而言之，鼻烟一定是随着海洋贸易传入中国，这是确信无疑的事。

到了清代康雍乾时期，我们国家就可以自产鼻烟了。乾隆皇帝还多次把鼻烟以及烟壶赏赐给各国使节。据唐鲁孙先生在文章中说，鼻烟烟味可分膻、酸、豆、甜、咸等若干类。予生也晚，虽然也跟着老人闻过鼻烟，但仅仅尝到过甜与酸两种而已。唐先生说的其余几种，也仅是听人说过，自己没闻过，也说不上太多了。

大约是道光、咸丰年间，出了一种熏烟。制法是把烟叶碾成细末，再用各种花来熏。最普通的是茉莉熏和玫瑰熏。后来因为茉莉熏、玫瑰熏嗜者日众，于是紧跟着又出了水仙、兰花、珠兰、玳玳花、白兰味的各种熏烟，五花八门，各有各的买主。

在咸丰年间（1851—1861），北京有家汪正大鼻烟铺。他们将制好的鼻烟运到福建长乐县，用当地的鲜茉莉花精心窨制。这种茉莉熏鼻烟极受欢迎，运回北京总是一抢而空。长乐当地的茶商李祥春，商业嗅觉非常敏感。他想着如果用茉莉花窨制茶叶，是否也可以畅销京城呢？

于是李掌柜大胆尝试，利用鲜茉莉花熏鼻烟的技术，做出了一款茉莉香片。拿到京城茶庄，结果一炮走红。至此之后，茉莉花茶逐渐发展起来。北京乃至北方的茶客，都慢慢用茉莉花茶取代了绿茶。

茉莉花茶的工艺，是不是一定就来源自茉莉鼻烟呢？实话实说，并没有确切的文献记载。但我相信并采用这一说法，大致有两点考虑。其一，这种说法，解释了茉莉花茶与北京的特殊情缘。北京人因喜闻茉莉鼻烟，进而接受茉莉花茶，道理上说得过去。其二，清代中期之前，文献都没有茉莉花茶的记载。由此可见，茉莉花茶不会是一种很早发明的中国名茶。先有熏烟，后有花茶，这也与文献留存情况相符。

现如今讲茉莉花茶的历史，大多避开以熏烟为灵感这一段。究其原因，恐怕还是对鼻烟文化不了解所造成的。茶学，是一种农业科学。茶文化学，可就不只是农业科学了。研习中国茶文化，功夫在茶汤中，更在茶汤外。

○ 茉莉与茶的结合

茉莉花茶，是茉莉与茶结合的产物。茉莉花茶的口味，也由茉莉与茶共同决定。那么问题来了，成品茉莉花茶中，到底是否应该见到大量的茉莉花干呢？花干越多的茶，是不是也就越香呢？要回答这些问题，我们首先要了解茉莉花的放香特点，以及茉莉花茶复杂的加工流程。

从植物学的角度讲，茉莉是一种气质花。诚然，她花朵洁白，香味芬芳，人见人爱。但这里说的“气质花”，可并不是说茉莉花茶特别有气质。所谓“气质花”，是说茉莉具有“开花吐香，不开不香，开毕香尽”的特点。所以刚刚绽开的茉莉花，芬馥满室，沁人心脾。但是放一会儿，香吐尽了，这朵茉莉花也就没味儿了。桂花就不一样了，即使是干花也有甜腻的香气。原因很简单，桂花不是气质花，而是体质花。

所以茉莉花茶里的花干再多，其实也对您喝的茶汤没有增益作用。与此相反，花干多了其实还存在着问题。这又是怎么回事呢？咱们得从茉莉花茶的工艺说起。茶叶加工时，先要将采下的含苞欲放的花蕾进行一系列技术处理，行内称为“养花”。等到花蕾呈虎爪形微开吐香时，均匀拌和到茶坯中。鲜花一边绽开，一边吐露开浓香。茶叶便在鲜花的簇拥下，贪婪地吸食花香。这一吐一吸，既有物理吸附过程，又伴随着化学变化过程。

茶叶加工中下花量的多少，也大有门道。一般每500克成品花茶在整个加工中要依次配鲜花150克到500克，共计600朵至2000朵。经过若干小时的窨制，鲜花开败，芳香吐尽。这时的茉莉花，已经没有香气了，留在茶中反而可能引起沤味儿。所以应迅速将其筛出，再将茶叶经数道工艺加工后，得到一个窨制的花茶。中、高级花茶，需要重复若干次上述过程，才能成为商品茶。加工中筛出的残花被称为“花渣”，旧时一般埋入土下用于肥田。

所以按照正规窨花工艺生产的茉莉花茶，从外观上看应该见不到大量整朵的花干。隐约可见一星半点的花瓣，也都是个别漏网之花而已。别看不见花，闻茶叶时却有一股子打鼻儿的茉莉花香。

您路过北京老茶庄的门口，老远就能闻见茶香。那种茶香里，必然混着阵阵茉莉的清爽。虽然不进去买茶，可就是在门口站一下，都已经是舌底生津神清气爽了。其实您就是往店里摆一百盆鲜茉莉花，也出不来那股子香味儿。诸位闻到的花香，那可是几千几万斤茉莉花的精华。香气浸入茶骨，早已是闻香不见花了。

如今市场上有一些掺花干的茶叶，仅是将筛出的花渣晒干或烘干后大量掺入绿茶内，冒充花茶以假乱真。或将下花量很少的低劣花茶，拌入花干冒充高级花茶，以次充好。所以茉莉花茶，花多的不一定好，没花的不一定差。

不过这些年，茉莉花茶产业也有新发展。例如四川有一种茉莉花茶，专门要拌入大量花干。这样茶沏出来，花瓣漂在水面上，观感非常漂亮。有高人给这路茶起了个名字——碧潭飘雪。这类四川花茶由于花干量太大，起初并不符合国家标准，但是架不住人家颜值高，市场认知度大，久而久之，碧潭飘雪也就渐渐被行业所接受，成为茉莉花茶中的另类产品了。

○ 茉莉与茶的窨制

借着碧潭飘雪的话题，我们不妨多聊几句。飘雪，自然指花干。碧潭，说的是茶汤。这种四川花茶，追求花香的同时，要求保留绿茶的清汤。所以在制作工艺上，又与京派花茶大有不同。

茉莉花茶的窨制，实际上是对绿茶的一种再加工。茶叶经过再加工热处理，既保留了绿茶的营养成分，又增强了鲜花般的浓郁香感。更关键的是，窨制后减少了绿茶特有的青涩成分，改善了茶汤的风味，进而形成了一种特殊的茶类。

那么优质的茉莉花茶，到底应该窨制多少次呢？其实大致有五至六次的窨制，已经是很不错的茉莉花茶了。可据我所知，市场上现在有九窨、十窨乃至十二窨的茉莉花茶。当然，窨次越多，价格越高。按商家的说法，窨制越多级别越高，花茶的质量也就越好。其实，根本不是那么回事。

首先，是一个饱和的问题。我们高中学化学时都知道，液体有一个溶解度。达到溶解度，再往里加东西也溶不进去了。茶叶能吸收的香气，也同样存在着极限。您不惜工本玩命下花，却没有问问茶叶的意见。其实只要茶叶吸足了香气，再窨多少次都没有意义。

其次，是一个损耗的问题。每窨一次花，茶叶就要被折腾一次。所以窨制工艺，一定会导致干茶受损。您要是窨个二十次，那这批好茶叶估计也就都折腾碎了。二十窨顶级高碎，那还有意义吗？

茉莉花茶，有花还是没花，都不重要。

茉莉花茶，六窨还是九窨，也不重要。

什么最重要？

好喝呗。

茉莉花茶的拼配

○ 拼配，不是贬义

2020年9月9日，我应邀参加了京华茶业70周年庆典活动。新中国的茶企，能坚持做70年的不多。在北方茶叶市场，这样的老字号就更显得难得。我在庆祝大会上，将自己收藏的一套北京市茶叶加工厂（笔者按：京华茶业的前身）老包装捐赠给了北京茶叶博物馆，仅希望借此表达对于老茶企的敬意与支持。

与此同时，在大会上也见到了许多老朋友。其中与北京花茶拼配技艺第五代传承人沈红老师、第六代传承人吕贤军先生以及第七代传承人楼国柱先生，见面更是有说不完的话。怎奈会场环境嘈杂，终究聊得不够尽兴。后来干脆约定，单独策划一次讲座，主题就讲他们身上传承的绝技——北京花茶拼配。于是乎，这才有了10月17日在景山市民文化中心举办的“揭秘拼配绝技·漫话京华茶香”四人对谈活动。

拼配，还能成为非物质文化遗产吗？这可能是很多爱茶人读到这里时内心冒出的疑问。不得不说，随着纯料普洱的火热，与其相对的“拼配茶”已成了贬义词。似乎只有做纯料茶的人，才算是具备匠人精神。至于那些做拼配茶的人，则成了偷奸耍滑的小人。实际情况，并非如此。

拼配技术，一直广泛应用于各类茶的生产。例如普洱茶，从清末民国到计划经济时代，不拼配根本就不能出售。个中掌故，在拙文《普洱纯料茶》一篇中有详细论述，这里也就不啰唆了。其实北方人喜饮的茉莉花茶，更是必须要拼配。这里头的门道和讲究，可多着呢。您别急，咱们慢慢聊。

○ 拼配，不可或缺

首先，通过拼配可以稳定产品风格。很多人都知道，我们北京人酷爱茉莉花茶。但是北京人买茉莉花茶时独特的习惯，却不为人所知。一般买东西，都是看好了货以后再问价钱。北京人买茉莉花茶时恰恰相反，是先说价钱后看东西。为了让您更好地理解这种独特的买茶方式，我们不妨先来猜一道脑筋急转弯。

场景如下：

一位老大爷，进茶庄后问售货员："同志您好，二百的还有没有？"

服务员答："有，您来多少？"

老大爷说："来一百块钱的吧！"

服务员问："来一百块的对吧？"

老大爷答："对，就来一百块的。"

那么问题来了，老大爷到底买的是多少钱一斤的茉莉花茶呢？

其实老大爷说的"二百"，代指的就是售价二百块一斤的茉莉花茶。后来说"来一百块钱的"，实际的意思是这种售价二百块的茉莉花茶来半斤。您答对了吗？这种做法，就叫指价买茶。

其实每款茉莉花茶，都有自己的商品名。但是老大爷不关心，也不去记那些茶名。反正他每一次就买二百块一斤的那种。因为二百块钱那款花茶的口感，老大爷喝习惯了。要是售货员粗心大意，拿成了一百八十块一斤的茉莉花茶，那可不得了。

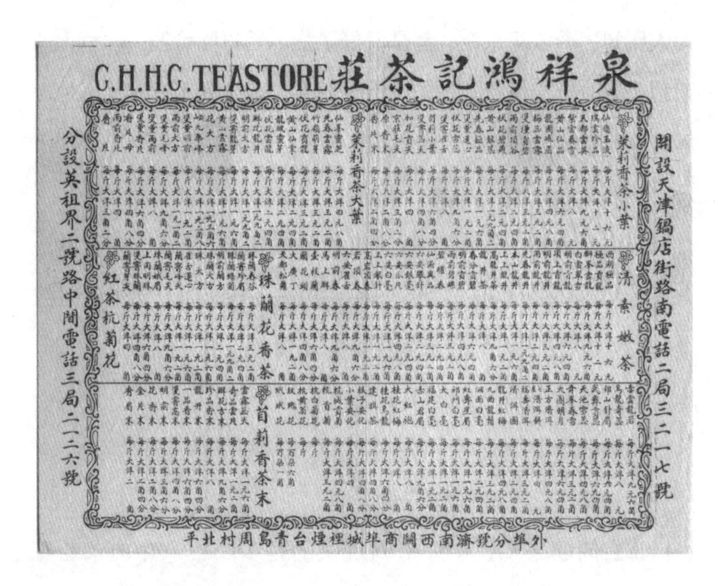
C.H.H.C. TEASTORE 泉祥鴻記茶莊

開設天津鍋店街路南電話二局三二一七號

茉莉香茶小葉

茉莉香茶大葉

清素嫩茶

珠蘭花香茶

紅茶杭菊花

茉莉香茶末

分設英租界二號路中間電話三局二一二六號

外埠分號濟南西關商埠城裡煙台青島周村北平

民国时期泉祥鸿记茶庄价目表

当天下午，老爷子就得登门问罪。别看每斤就差二十块钱，老爷子照样喝得出来。您说神不神？不得不说，民间有高人。

这种特定的买茶方式，就必须保证顾客每次、每月乃至每年选购的茉莉花茶，口味上都不能有变化。诸位别忘了，茶叶是典型的农副产品，存在着很强的不稳定性。不同产地，生产出的茉莉花茶味道不同。不同年份，生产出的茉莉花茶味道也不同。老大爷每一次买二百块一斤的花茶，怎么能保证都是同一个味道呢？这时候，就得仰仗沈红老师、吕贤军先生这些拼配高手了。他们通过排列组合的方式，将不同批次的茶叶最终拼配出恒定的口感。

像以京华茶业茶为代表的号茶，就是以数字代替茶名。每一号茶的口味，都有着固定的标准。您上半年买的10号茶，和年底买的10号茶，口味上肯定要保持一致。与此同时，10号茶与8号茶，口感上又肯定会有明显的差别。这样，通过拼配打造出不同风格的产品，从而服务不同需求的顾客。

所以花茶拼配的过程，也是进行分级和调整质量的过程。拼配工艺，既稳定了茶叶质量，也是对产品进行个性化处理。如今一些茶商，将“拼配”列为贬义词。不知是不懂茶，还是揣着明白装糊涂。

其次，通过拼配可以平衡茶汤口感。咱们就还以我这三位好朋友供职的京华茶业，来给您举例说明吧。京华茶业的前身，就是1950年成立的中国茶叶公司北京分公司。这是新中国成立以来北京市第一家从事茶叶批发和加工的国营企业。成立时公司地点在宣武门里的嘎哩胡同，工厂地点在前门外李铁拐斜街，1956年，搬到广安门外马连道14号。上个世纪80年代，已发展成为我国北方大型的茶叶批发加工企业。1990年前后，京华在城区和郊区布设了18个茶叶分公司；在河北省设有19个茶叶经营处，销售网点遍布城乡的大街小巷，年销量6700多吨。

一年近7000吨的销量，不是一两个茶厂可以满足供给的。所以当年北京茶叶公司茉莉花茶的货源，来自数个省数十个茶厂。几位传承人曾向我展示过一批上世纪80年代的布口袋。那是北京茶叶公司留下来的老物件，上面还都印有各种茶厂的名字。我粗略看了一下，有仙游茶厂、遂昌茶厂、温州茶厂、郑墩茶厂、坦洋茶厂、福安茶厂、政和茶厂、沙县茶厂、霞浦茶厂、建瓯茶厂、寿宁茶厂、福鼎茶厂、松溪茶厂、平阳茶厂、青田县茶厂、丽水地区茶厂、龙泉茶厂等。这些布袋子，都是当年各茶厂向北京茶叶公司运送茉莉花茶时用的包装。北京茉莉花茶货源之复杂，由此便也可见一斑。

由于各厂初制和精制方法不同，生产的茶叶品质特点也有所不同。不管是口感还是观感，都有着很大的差别。例如苏州产的茉莉花茶香气鲜灵浓厚，而福州产的茉莉花茶香气浓郁但欠鲜灵；又如安徽省的茶叶外形粗壮，色泽黄绿，茶味浓厚，而福建省产的茶叶外形较细，色泽黑乌绿，茶味稍淡。从上述情况看，有的好喝不好看，有的好看不好喝，有的受众广，有的受众小。如在市场上单独出售，就会造成有的脱销，有的积压，更会出现质量不稳定的现象。这时候通过拼配，就能取长补短，互相搭配，提高茶叶品质，既有利于消费者购买，也有利于企业经营管理。

拼配，绝不是贬义，更不可或缺。

拼配，既是一种绝技。

拼配，也是一门艺术。

20世纪50年代茉莉花茶广告海报

○ **拼配没有秘方**

拼配可以化腐朽为神奇，产生一加一大于二的效果。那么有人自然要问，可否把几位传承人手里的拼配秘方公布出来，惠泽更多的爱茶人呢？对不起，还真不行。不是几位传承人保守，而是因为拼配就没有秘方。

您很容易找到两台一样的苹果手机，却永远找不到两个一模一样的苹果。原因很简单，苹果手机是工业产品，苹果是农副产品。茶很神奇，但不神秘，也不过是农副产品的一种。正如上文所述，不同产地、不同季节、不同年份生产出的茉莉花茶不可能一样。既然原料一直在变，那您攥着一成不变的秘方还有什么用呢？

所以真正的拼配师，一定是茶叶审评的专家。每一批茶来货后，都要从干茶到香气再到滋味进行全方位的审评。根据审评的结果，拟出这次拼配的配方，我们行内俗称为“开单子”。这关系到成品茶的质量，是执行物价政策、合理使用货源的关键。茶行业内的人都知道，不论是产地还是销区，一般来说都不能随便拼配，必须有一个实物标准样和拼配比例。拼配人员根据样价和各种茶的比例，结合每个茶的品质特点，运用多年的丰富经验来开茶单，然后取样，开汤评审，符合标准后再开正式单子。

但是这张单子，只能是应用于这批货的拼配。明年来了新货，还得重新审评，重新拟单子。拿着去年的单子，拼配今年的茉莉花茶，无异于刻舟求剑。

从清末民国，一直到如今，茉莉花茶的制作者，世代相传的其实不是秘方，而是一颗爱茶的匠心。

诸位传承人，手中不必攥着秘方，心中只要常怀匠心。

这杯茉莉花茶，就错不了。